天津大学·台湾高校
风景园林专业教师作品集

——天津大学建校 120 周年·建筑学院
与台湾高校交流 25 周年纪念

曹磊 喻肇青 李素馨 编

天津大学出版社
TIANJIN UNIVERSITY PRESS

本书编委会

主　编：曹　磊　喻肇青　李素馨
副主编：蔡淑美　张春彦
编　委：刘彤彤　刘庭风　赵　迪　何　捷　张秦英
　　　　胡一可　王　焱　王　苗　杨冬冬　沈　悦
责任编辑：杨笑颜
策划编辑：朱玉红
图文排版：沈　悦

资助项目：

国家自然科学基金面上项目"基于空间形态定量研究的京杭大运河景观遗产保护研究"（51278331）；

国家自然科学基金面上项目"以景观规划设计为途径的京津冀地区城市自然与人工水循环系统耦合方法研究"（51578367）；

国家自然科学基金青年项目"城市生态化雨洪管理型景观空间规划策略研究"（51308318）

资助机构：天津市景观生态化技术工程中心

喻肇青

专业学历
英国雪菲尔哈伦大学 都市与区域计划研究所 博士
学术经历
台湾"中原大学"建筑学系专任教授
台湾"中原大学"设计学院代理院长
台湾"中原大学"建筑学系系主任
专职实务经历
Hall Goodhue Haisley & Barker, San Francisco
规划师与建筑师，1978—1983 年
美国旧金山都市计划局规划顾问
主要研究领域
都市设计 建筑设计 整体建筑研究
居住空间 营造 城市形态研究

喻肇青老师现为台湾"中原大学"景观系名誉教授，2014 年退休前曾任设计学院院长、景观系系主任、建筑系系主任，从事环境设计教育工作 30 余年。喻教授于 1971 年自母校建筑系毕业，后赴美国加州大学伯克利分校攻读建筑硕士学位，取得学位后，他在旧金山一家建筑与城市设计事务所工作并取得美国加州注册建筑师资格。1983 年他受聘回母校建筑系服务并创建了建筑研究所，成立都市设计研究室，之后陆续成立景观系、原居民设计专班，构建了台湾"中原大学"设计学院之环境设计专业教育体系。

喻老师教学、研究与实务工作的主题为永续城市及永续社区之空间规划与营造。在教育工作上，他从专业反思的角度，进行空间规划与设计的基础教学与研究所教学，并以参与实践的方式让学生自真实中学习；在研究工作上，探讨空间专业理想落实于真实生活的理论与方法，并从实践中产生论述，在论述中进行反思，回馈实践；在实务工作上，以永续环境与民众参与的理念，进行都市设计及社区营造的实践工作。

民间力量是台湾社会发展的重要动力，喻老师返台后即加入祐生研究基金会，主持下世代居住规格与共生生态环境之空间组研究。同时，积极参与社会改革与文化资产保存活化工作，曾任专业者都市改革组织理事长、都市设计学会理事长，现任台湾历史资源经理学会理事长，近两年则投入到美感教育的推动工作中。

曹磊

专业学历

天津大学 建筑学 本科 硕士 博士

学术经历

天津大学建筑学院风景园林系教授、系主任、风景园林学科带头人

天津大学建筑设计与规划研究总院风景园林院常务副院长

天津市景观生态化技术工程中心主任

天津市城市规划学会常务理事

天津市规划设计大师

中国风景园林学会理事

《中国园林》杂志 编委

全国风景园林本科专业指导委员会 委员

全国风景园林研究生专业指导委员会 委员

国家一级注册建筑师

主要研究领域

景观遗产保护 城市景观水文与生态修复

    作为学科负责人和学术带头人，曹磊教授积极推动传统风景园林与遗产保护理论和现代生态技术的创新研究，从宏观、中观尺度探索区域及城市的可持续（文脉的延续和生态的可持续）景观规划设计理论与方法，并逐渐在全国高等院校风景园林领域中形成了自己的学科特色和优势。经过多年的艰苦努力和探索实践，天津大学风景园林系不仅取得教育部国家一级博士点授予权，风景园林专业被评为天津市重点学科，而且在 2012 年全国风景园林学科评估中获得全国第五的优秀成绩。

    在科学研究方面，区域及城市景观的文脉延续和生态可持续是曹磊教授主要的研究领域。他作为项目主持人完成国家级、省部级纵向科研课题 10 余项，包括国家自然科学基金委资助的"基于空间形态定量研究的京杭大运河景观遗产保护研究""以景观规划设计为途径的京津冀地区城市自然与人工水循环系统耦合方法研究"面上项目、住房与城乡建设部资助的"环渤海地区城市景观生态系统理论与应用研究——以天津为例"等 3 项科技发展计划项目，以及天津市多项科研项目。曹磊教授以科学研究为基础，出版学术著作 5 部，在国内重要核心学术期刊发表论文 40 余篇，其中作为第一作者、通讯作者发表论文 20 余篇。

    在景观规划实践创作方面，曹磊教授作为主持人完成重要的景观规划设计项目 50 余项，涵盖滨水区景观规划设计、旅游区规划设计、新城中心区景观规划设计、水生态环境修复以及城市复兴改造设计等，其中 8 项获得省部级以上优秀设计奖，两项获得建设部优秀设计奖。

李素馨

　　李素馨教授是一位对台湾景观建筑及休闲游憩发展相当有影响力的学者，在相关教学、研究与校务行政上皆有多年的执行经验及心得。李教授获得美国宾州州立大学公园及游憩管理博士学位、台湾大学园艺学系硕士与学士学位，目前为台湾师范大学地理系教授，曾任职金门大学人文艺术学院院长，逢甲大学建筑学系系主任，景观与游憩研究所所长，以及台湾景观学会理事长、台湾造园景观学会副理事长、建筑学会学术团体委员等职。

　　李教授的研究兴趣与教学领域包括景观规划设计、观光地理、城市设计与更新、空间与社会、文化景观、性别与空间研究、景观评估、游憩管理以及环境行为研究等；曾获得加拿大 Faculty Research Program（FRP）Winner、美国 Fulbright Senior Faculty Award、日本 TOYOTA 基金会赞助研究，联合国教育科学暨文化组织（UNESCO）补助研究等；多年来进行交流研究，曾为日本九州岛大学访问学者、美国伊利诺伊大学与华盛顿大学景观建筑学系 Fulbright 访问学者、澳大利亚悉尼大学建筑学院访问教授。

　　在实务项目部分，李教授曾经参与行政单位的多项研究工作，研究成果包括景观评估、观光发展、城乡规划、生境价值评估、道路景观、文化景观保存等，多篇研究论文发表于重要的学术期刊上，并出版专著《休闲游憩行为》《休闲游憩：理论与实务》《行为观察与公园设计》与《景观设计元素》等。李教授学养俱丰，经常受邀担任审议与咨询顾问，为环境影响评估、区域计划、都市计划、聚落与文化景观、观光与建筑设计等出谋划策。

蔡淑美

蔡淑美博士现为东海大学景观学系助理教授、上境科技股份有限公司总顾问、台湾景观学会秘书长及台湾造园景观学会理事，学历为东海大学景观学系学士，台湾中兴大学园艺系造园组硕、博士，曾担任过朝阳科技大学景观及都市设计系专任助理教授、太乙工程顾问股份有限公司规划设计经理、上境科技股份有限公司董事长及东海大学景观系同学会（系友会）会长。在研究方面，专长为景观规划设计实务、乡村景观规划、生态工程、湿地环境规划设计、闽台传统庭园与新中式景观设计、永续景观规划与设计、社区营造及参与式景观规划设计。实务方面所执行过的项目有2011年度台中市低碳城市建构计划、日月潭风景区整体景观经营管理计划、台中县公园绿地发展计划、台中县观光地区整体发展计划、高美湿地外围公共服务设施整体规划设计、马祖风景区整体景观经营管理规划、台中县大肚山人工湿地（农塘）建置规划、云林县产业地景形塑计划、彰投云嘉农村景观美学营造及推广计划、新北市高滩地总体发展愿景规划、大甲溪水与绿文化生态廊道工程、嘉义县朴子溪流域生态园规划设计、八卦山风景区整体观光发展计划、金门公园游憩服务系统规划设计及台湾湿地保育纲领研拟等项目，在研究及实务方面皆有许多操作经验及心得。

张春彦

张春彦，1977年3月出生于黑龙江省双城市，博士，副教授。1995年毕业于天津大学建筑学院，获建筑学学士学位；2004年毕业于法国巴黎第一大学（Université de Paris I）、巴黎拉维莱特国立高等建筑设计学院（ENSAPLV），获"园林、景观、领土"专业硕士；2010年毕业于法国巴黎社会科学高等科学研究院（EHESS），获"历史与文明专业"景观方向博士。现任天津大学建筑学院风景园林系副主任，天津大学文化遗产保护发展研究院副院长，天津大学国际合作与交流处副处长等职；同时还为中国风景园林学会会员、中国古迹遗址保护协会会员、中国可持续发展研究会人居环境专业委员会会员，兼任法国AMP（建筑·风土·景观）研究所研究员；发表学术论文15篇，主持或参与国家级、省部级科研项目10余项；参与完成"法国大巴黎规划""圆明园保护规划"等国内外多个设计实践项目。

序言
FOREWORD

2015 年金秋 10 月，天津大学（以下简称天大）迎来 120 周年华诞。天大建筑学院与台湾高校的交流持续至今已有 25 载，在这收获的季节，理应共同享受和品味耕耘的成果。

天大建筑学院与台湾高校的交流始于 1989 年 10 月泰国曼谷的第一届海峡两岸建筑学术交流会，其后几乎每年都有包括两岸大学生参与的建筑设计竞赛、夏令营和联合课程设计等学术和教学交流活动。

2008 年 10 月，天大建筑学院成功申请了教育部重点对台交流项目"2008 年两岸大学生传统建筑文化工作坊"，之后每年举办一次工作坊活动，一直持续至今，交流的深度和广度进一步扩大，形成了自己的特色，同时交流的主要内容已从传统建筑逐渐转向风景园林，先后有成功大学、台湾大学、台湾"中原大学"、淡江大学、文化大学、东海大学、台湾师范大学和辅仁大学等高校的数百名师生参加。特别是天大建筑学院风景园林系于 2013 年成功举办了"当代中国风景园林的教学与实践——海峡两岸风景园林学术高峰论坛"，极大地提高了天大在相关领域学术和教学交流的影响力。

25 载转瞬即逝，当年搭建这一桥梁的彭一刚、胡德君、赵利国、喻肇青等前辈大约就是我们现在的年龄，而今天的我们也不再年轻，但可喜的是如今有更多年轻的教师和学生参与其中。在这活动中大家不仅收获了知识，更结下了友谊，成为老友新朋。特别需要提到的是台湾高校的老师们给予我院风景园林学科非常大的支持和帮助，我们今天取得的好成绩有他们的一份功劳，强烈建议给喻肇青、侯锦雄、林晏州、李素馨、吴秉声、张俊彦和蔡淑美等台湾老师颁发"两岸交流贡献奖"。

"2015 两岸大学生园林文化工作坊"于 2015 年 10 月 15 日—22 日在天大举行，同时举办了"宁适城市——北纬 39 度海港城市的新想象"研讨会（会议主题采纳东海大学蔡淑美老师的建议），并出版《天津大学•台湾高校风景园林专业教师作品集》，献给有 120 周年历史的天大母校和尊敬的台湾相关院校师生们。

曹磊　张春彦

于 2015 年 9 月

目录
CONTENTS

理论研究篇

创作实践篇

理论研究篇

Chapter I:Theoretical Research

再思环境规划设计教育：一种美学的观点

台湾"中原大学"景观系　喻肇青

本文所持的"美学"观点，并非指艺术创作或审美经验的美学，也不是设计结果的"美质"，而是直接涉及人的存在与教育的本质。从环境规划设计教育的角度来看，确实值得讨论。

同时，海峡两岸建筑教育界交流已有二十五年，以教育的成长阶段来算，是整整一个世代了。我个人在环境规划设计领域的三十一年教学专职，也在退休后放下。在此时，回顾、展望台湾和大陆的环境规划设计教育，颇有感触。

记得 1988 年第一次来到祖国大陆，看到大都市、小城镇各有文脉特色，我感动不已。若干年后，经济蓬勃发展，而快速的城市建设所带来的"毁灭性"，至今仍在。台湾的城市发展走过类似的路，只是早了几年开始纵容房地产市场的炒作。台湾和大陆环境外貌渐趋一致。气候异变、社会经济冲击已是常态。台湾和大陆年轻的环境规划设计专业者，面对时势变迁下的迷茫、摸索、反叛、努力、模仿、妥协……令我们在教学岗位上的老师不得不认真面对当前的挑战。

如何应对当前全球气候极端化所带来的环境问题以及面对其所导致的社会变迁之趋势，早已不是学者在理论上的预设议题，而是政府与专业必须立刻面对并积极行动的现实挑战。尤其，生活空间与环境是支撑未来可持续生活必要的物质基础，环境规划设计专业所被赋予的任务，当然是极其重要的。然而，我们准备好了吗？

最近两年，我参加了台湾教育部门推动的"美感教育"计划，在第一期的五年计划中我主持了"美感教育实验方案——'生活·环境美感'（空间美学）子计划"。虽然这个计划执行的对象是从幼儿园到高中的学生，但是其美学论述与主张对大学教育也有直接关系。故本文尝试以"美学"的观点再思环境规划设计教育。

一、环境规划设计教育是为了"人"

环境规划设计专业教育都是以建筑为源起的，城市规划、景观、室内设计等专业再陆续延伸。即使各校的体系不同，其教育的任务皆是培育环境规划设计专业人才，而这些专业存在的目的当然是为了服务社会，服务"人"。令人感慨的是，20世纪 70 年代在建筑界掀起的人文关怀，被数字化与计算机技术取代；我们在学校所谈的属于"人"的一切，进入社会现实，都变成了"商品"；执业界所关心的是"市场"，设计者在意的也只剩下了个人的"作品"。于是，通过技术造型的"工具化"，通过市场造物的"商品化"，有意无意地充斥于教学氛围之中，"人"不见了。在课堂上若有涉及"属人"的思维，大多以抽象玄奥的论述呈现，似乎也只能落在设计形式的合理化上，"生活世界"消失了。

二、教育的对象是"人"

若要在环境规划设计教育中回归"属人"的内涵，必须先将学生视为"人"的主体。也就是说，教育的对象是"人"。

大学教育必须给予学生专业知识与技能的学习机会，满足学生获得面对未来的工具与能力的需求，具备回馈社会专业分工的体系。然而，学习是以学生为"主体"的，那么，如何让学生先成为一个"人"，才是教育的基础。

三、再思大学教育

现行教育体制中的大学源自西方，不同于四书中《大学》的"明明德""亲民""至善"的大学之道。中世纪以来的西方大学皆为精英阶层提供教育，由博雅教育到专业分科大都如此。目前台湾的有关文件所赋予大学教育的任务包括教学、研究与服务，当然全世界的大学仍然是以教学任务为首。

然而，因应社会分工的专业人力资源所需，大学教育成为就业前的分科训练，尤其应用类的专业领域更强调就业能力。大学教育响应社会需求，虽无可厚非，但是现今的大学教育目标已从精英教育转为大众教育，通识教育也开始广受重视。因此，"全人教育"已成为当前大学教育最受重视的理念。"全人教育"是专业与通识平衡、学养与人格平衡、个人与群体平衡，是身、心、灵平衡的教育，也就是如何使学生成为一个"人"的教育。

四、"美感教育"的思维架构

使人为人的"全人教育"哲学基础是"美学"。因为"美学"aesthetics 的希腊字源"aisthesis"，意指人的"感觉"与"感知"，是以人的五感为根源。"美学"并非艺术专属，是指人"活着"的状态，是回到人的"全整"，也即"全人"。

"美学"为人类文明探索的哲学思维的重要基础。在西方，自然、上帝、人是传统哲学思索的主要根源问题，人们依此而建构了西方哲学的思想架构——逻辑与认识论、形而上学、伦理学与美学；在中国文化发展过程中，哲学思维的脉络虽然并无如西方宗教理念争辩那样的影响，但是人与自然、人与世界的关系以及人之主体仍然是我们始终关注的问题，也是美学的形上思维的核心。

基于上述的基本认识，"美感教育"之概念范畴包括"存在美学""公民美学""生态美学"，与"全人教育"的三方面直接相关，即人与自己、人与他人、人与自然的关系。

（1）人与空间的关系：探讨存在性的空间，与"存在美学"相关，涉及主体性的成长。

（2）个体与群体的关系：即"位格"，探讨对空间领域的关照，与"公民美学"相关，涉及公民社会之素养。

（3）人与自然的关系：探讨人的主体与自然的生命关系，与"生态美学"相关，涉及接触自然之能力。

图1表达上述的思维架构，将"存在美学""公民美学"与"生态美学"环扣在一起，"身体"置中为三者的基础，"生活·环境"作为涵盖整体的实践领域。其内涵分述如下。

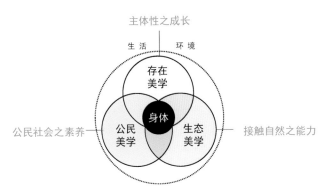

图1 "美感教育"的思维架构

（一）人与空间的关系

"存在美学"关注的"空间"有两个层面：属人的"存在性空间"与通过生活而"活出来的空间"。

从思想体系上来看，"空间"的概念基本上分为物质空间和精神空间两类。在西方的科学与哲学发展过程中，空间的概念影响我们对宇宙的了解甚巨。按亚里士多德的宇宙观，空间是一个极不重要的真实范畴，不涉及任何空间概念；牛顿古典物理学的物质、力、空间三足鼎立，成为真实的三个主要范畴；到了爱因斯坦的"统一场论"，试图以多维空间的理论将一切物质包含在空间之中，虽未如愿，但在此理论之下的宇宙，空间主宰一切，时间被冻结了，物质消失了。于是，人的肉体、存在的生命也将只是幻象。在此，讨论人与空间的关系，我们必须先回到人的"身体"。

1. 身体与实存空间

人置身于生活环境之中，身体是人类直接接触外在世界的媒介，身体本身就是空间的一部分。换言之，身体与外在世界的接触形成了人与世界关系的基础。只是当客观的知识概念取代了主观的身体体验之后，身体与真实世界的主体关系逐渐被社会性客观制约所淡化。这是一个主体经验世界的空间性问题。

对梅洛‐庞蒂（Maurice Merleau-Ponty，1908—1961）而言，"身体"并非只是一个外在认识的对象而已，亦非只是一个易于明白理解的主体。它具有一种经历知觉作用的能力，且使世界万事万物更能彰显出其所潜藏的奥秘。身体不只是一个物质的对象，而是透过"知觉"将人的心灵与外在世界融合为一个真实的"生活世界"。知识可以在当下的"生活世界"里被建构出来，而当下的"生活世界"和"事物自身"便是知识的根源和基石。故梅氏说道：回归事物自身，也就是回归到世

界里，这个世界乃是先于知识而存在的。同时，在这个生活世界中，人的身体即集结生存意义的中心，或者说：我是我的身体，我存在的意义是在行为的结构中被揭示的，身体是我在世存有的唯一中心，这与笛卡儿的"我思故我在"的存在意义是迥然不同的。

因此，回归到生活世界就是回归空间，而这个"空间"不再是客观存在的对象，而是能置"身"其中发生主体经验的"实存空间"。

2. 活出来的生活空间——"所在"

"实存空间"即是"生活世界"中的"所在"（place，常译为"场所"或"地方"，以河洛语的"所在"最为传神）。"所在"是"发生"生活的地方[1]，是由人自身"活出来"并能彰显"活着"的意义之处。简单地说，"所在"是人活着的状态，包括人所处的"空间"，人的"身体"和"当下"的整体，也就是海德格尔在《存在与时间》一书中提出的"Dasein"（在世存有）[2]，以及在《诗、语言、思》中《筑·居·思》一文中讨论"居"的现象，即人居于世上，便是存在于"天、地、神、人""四位一体"的浑然状态之中[3]。换言之，人生活在世上，就是在空间里要"活出"人的"存在"。

海德格尔认为人存在的基础是人对其所处之世界、人群及自身的一切行动的"关切"，它是"在此存有"基本结构的一个特征。建筑学家诺伯舒兹（Christian Norberg-Schulz）延伸讨论，认为"所在"是行动和意象的中心，它是"我们存在中体验到有意义事情的焦点"，这个中心与焦点和我们所维系的是亲密感（intimacy）和关切[4]。这个被"关切"的"所在"，安置了我们曾经拥有的许多经验，同时"关切"也包括了对此"所在"的真实责任与尊重，因为"关切"确实是"人与世界的关系之基础"。人可以通过亲密感、关切、责任、承诺，建立与"所在"的存在意义。

恢复人与空间相互依存的关系，就是美感再现。若以"所在"

---

1 英文词组 take place 是"发生"的意思，事件的"发生"必须在一个特定的 place 之中才能呈现。延伸此意：生活的"发生"是在"所在"中。

2 海德格尔在 1927 年发表《存在与时间》，重新探讨传统西方哲学的存有论，探讨"存有者"之"存有"，将时间带入，故人之存在不仅是现在的"存有"，而且是过去的"己是"和未来的展望的"能是"所展开而称之整体的"在世存有"（Dasein）。

3 海德格尔在《筑·居·思》一文中，认为"居"的现象，就是人类存在于大地之上的状态。然而"大地之上"已经意味着"在苍穹之下"，这是原本的浑然一体，大地、苍天、神和人四者相连归归一。因而"天、地、神、人"四位一体的最终呈现，就是人类存在的现象。

4 诺伯舒兹有关建筑理论的主要英文著作，早在 1965 年即有 *Intentions in Architecture*（1988 曾旭正中译本《建筑意向》），之后引入现象学的观点，有 *Existence, Space and Architecture*（1971）；*Meaning in Western Architecture*（1974）；*Genius Loci, Towards a Phenomenology of Architecture*（1980, 1995 施植民中译本《场所精神：迈向建筑现象学》），*Concept of Dwelling*（1993）是继《场所精神：迈向建筑现象学》之后的重要著作，完整地将海德格尔晚年以"居"（dwell）的概念彰显最人的存在与物的存在的关系，并带进建筑与地景不同尺度的"居"之环境，补足了诺氏在写《场所精神：迈向建筑现象学》探究"存有"与人为环境之间根源关系的企图。事实上，当海德格尔提出"dwell"的英文著作 *Poetry, Language, Thought* 出版也已经是 1971 年以后的事了。在 2000 年诺氏过世当年，仍有 *Principles of Modern Architecture* 和 *Architecture: Presence, Language, Place* 两部著作出版。在台湾，也许因为有中译本的出版，目前只有《场所精神：迈向建筑现象学》一书较为人知。诺氏虽然尝试从社会学、心理学和现象学探讨人与空间的关系，而其最终的目的则是建构一套整合性的建筑理论。诺氏掌握了人的存有与场所的关系，也回归了建筑的本质，并展开了关于建筑存有论的论述。

的本质意义重新来检视"环境"的意涵，则"环境美学"将超越艺术的"审美经验"，在教学的实践上也能以学生"主体性"的学习进入人与环境相互的生命关照。

（二）个体与群体的关系——位格

1. 位格

"位格"（Person）一词在西方多用于神学，是指人是由灵魂和肉体合二为一，且具有理性的个别体，是整个存在及活动的主体。

在中国传统文化观中，生活实践就是"做人"，而做人就是要有"格"，人在不同的"位"，就有不同的"位格"。纪纲在《几重天地几重人》一文中，认为做人的"位格"与所处之天地层界有关，他认为：

人类身心活动的领域，用现代人常识的观点，可概略分为：个体、家庭、社会、民族、世界、宇宙等诸种层界。一层界便是一天地。人在不同天地的生活中，也秉有诸种的做人位格，那就是说一个人原本是个体人，同时也是家庭人、社会人、民族人、世界人、宇宙人。

从个体人到宇宙人的七个位格表现在七个不同层次的空间范围之内：人存在的意义若能以"做人的位格"诠释，那么，人的存在与"所在"的关系也发生于这七个位格和七个层界的"领域"之中。换言之，不同层界的"做人的位格"是定位在自己所认同的"领域"之中的，由"个体人"向外扩大，最后回到了具有形而上意义的"小宇宙"（人）与"大宇宙"（自然）的"宇宙人"呼应，也同时回到了主体自身。在这七个位格中，除了"个体人"，其他六个位格都是属于"群体性"的，而"宇宙人"虽然似乎回到了个体，却是群体人位格中最饱满的。

在我们的经验中，"个体人"与"家庭人"的位格是最具体的；而"民族人"位格在"教化"和转变中，虽不明确，但不陌生；而"世界人"位格也已是面对全球资源所形成的一种态度与反思；至于"宇宙人"位格则是个人依其精神上的需求而自处的一种状态。在这七种位格中，唯独"社会人"一直没有在公民教育过程中形成。在过去"修身、齐家、治国、平天下"的人格修养与社会贡献的关系中，服务社会的概念隐藏在"家族"的结构之中，并非存在于城市文明的"社会"。

2. "群我关系"与公民社会

纪纲强调中国文化的核心思想是"群"，"群我文化观"是文化意识，是一种价值取向。公民社会的群我关系源自柏拉图的《理想国》，近代政治哲学所发展的"社群主义"（Communitarianism）并不同意现代自由主义将人视为能独立于社会的个体，而主张个体的存在只有在特殊社会文化脉络中才能被认同。同时，他不仅强调个人权利、责任与社会利益相平衡的重要性，而且还强调确保强大的社群不会压迫个人的需要。事实上，在西方文化脉络中有其公民社会的文化基因，个人的权利与责任的清楚界定是群我关系的基础。反观我们，文化"群"的意识很清晰，而人个体的意识却相对模糊，群我关系则依各人道德标准而有所不同。

从纪刚"群我文化观"强调的人之"位格"与其所处之天地层界领域有关，则"社会人"的位格必呈现于社会领域之中。如前所述，人与空间的关系是"相互关照"的，也就是在生活中经营"所在"，不同的"位格"就会展现于由个体到群体不同层界的"所在"之中。"公民美学"应在生活环境中展现"社会人"的位格。

（三）人与自然的关系

1. 西方思维中的"自然"

从西方哲学史的发展脉络来看，什么是"自然"及人与"自然"的关系如何，是古希腊哲学的主要问题。从亚里士多德将理性的问题统整之后，自然就成为之后西方科学研究的对象，人与自然的关系的看法也被宗教垄断。文艺复兴时期，哲学回归希腊人文主义，之后的宗教改革也带动了科学革命。西方对自然世界的了解恢复了理性的探讨，延续至今造就了科技上的成就。然而，人与自然的关系在西方近代哲学发展中，一直围绕着对神的诠释，当然也对"人的存在"问题不断思辨，在唯物论与泛神论之间寻找人存在的位置。

2. 中国哲学中的"自然"

史作柽[1]在《中国哲学精神溯源》中探索中国文明之图像表达与西方拼音文字文明之源头，提出中国之"自然智慧"实源于天成的"自然"与人为的"文字"间之差异。在其《读老子：笔记62则》中更强调"人与自然"之"直接"关系，以及在真正"一人一宇宙"的大世界里，体会真属"自然"之物，或一如老子所言之"婴儿"或"朴"，而非"道"而已。也就是说，人与"真自然"的直接关系如婴儿状态之自然"生命"，不需要通过文字理论或知识系统即可彰显。

3. "主体"与"自然"

从"地景"来看，台湾地理地位特殊，从热带到寒带的生物分布在台湾地质年代近、地形变化复杂的土地上，其多变之热带与亚热带季风气候，形成了丰富的微型栖息环境，其丰富度全球罕见，更是北半球的生物基因库。从自然环境的条件来看"人与自然"关系的美感教育，我们极有机会通过人的主体经验直接体验自然。也就是从与人直接相关的当地自然环境的现象中，体验自然生态之美，并且体会自身主体的存在感。

其实，人的"主体"就是存在的生命事实，人主体性的生命课题即是人存在的基础。因此，在主体生命经验中，若人之"主"为内在之"神"，则人之"体"为内在之"自然"，与西方思维中"位格神"及对象化"自然"之意义，截然不同。

然而，当如此意义深刻的"自然"被纳入学校的教育体系，作为特定的教学课题时，很容易将"自然"视为"环境"或"生态"，是具有一定范畴的知识学习对象（即自然、生态、环保等）。一旦自然的"生命"被自然的"知识"取代，则学生的"主体"消失了。若学生的"主体"消失，"身体"就不存在，自主与共存之"位格"也不存在，内在与"自然"的直接关系也就断裂了。

因此，就"生态美学"的美感教育实践来说，台湾各地区环境各异，人文与自然地景也各有特质，各级学校分布其中，规模大小不一，小学数量多，城乡分布广，若能经由"地景阅读"来理解自然与人文条件支撑的"生活地景"，通过师生主体与地景之间的对话，体会生命的"生态"关系，美感自在其中。

1　史作柽先生生于1934年，现居台湾新竹市，为当代哲学界之重要学者。史先生毕生研究中西哲学，有50余册著作，以人类史观视野探讨形上哲学，并从近代科学、艺术、人类学、心理学等层面思考属人之生命课题与人之存在性。

五、再思"环境规划设计教育"的思维架构

环境规划设计教育在大学教育体系中，其教学内容与方式最能呼应"全人教育"的内涵，应该就是"全人教育"了。只是我们被对象化、工具化的设计教学引领到专业分工的窠臼中，注重作品外在的表现，忽视学生内化的成长，远离了"全人"的教育。

上述"美感教育"的思维论述是以人的存在为核心，以身体为基点，展开"主体性""社会性"的成长，并能回归与个体生命相关的"生态性"感应，与环境规划设计教育所关怀的"自主""民主"与"可持续"直接相关。故将此思维架构转化应用于环境规划设计教育中，以"存在""民主"与"生态"三方面将个体空间之"身体"环扣于中心，以环境规划设计为范畴，展开"人我关系之位格""社区营造"与"生命之同理心"之内涵，并可尝试发展课程教学。

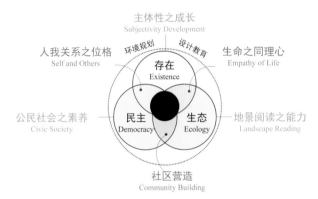

图 2 "环境规划设计教育"的思维架构

六、试拟"全人观"的环境规划设计教学原则

1994 年台湾"中原大学"建筑系鉴于环境规划设计教育的整体性需求，开始规划在设计学院成立景观学系，该系 2004 年成立，至今也已满十年。当时景观学系是以"环境营造""共生生态""文化地景"三个层面为内涵，以环境规划设计为范畴的专业教育为发展方向。在十年的探索、反省与调整过程中，有一些教学原则与方法与本文的教育论述有相关之处，尽管有甚多尝试并未到位，但仍值得提出讨论。试以"主体性学习""公民社会之素养"与"地景阅读之能力"三项教育原则，响应"自主""民主"与"可持续"的价值趋向。

（一）主体性学习

"主体性学习"一直是设计专业训练的第一原则。因为规划设计之目的是为了"人"，学生若不能先成为一个"人"，就无法对"人"及"与人相关"的事物同理心。尤其在入门阶段，学生习惯了高中以前一切都有标准答案的制式教育，学生的"主体"要被邀请出来，才能开始由自身经验进行设计学习。因此，一年级上学期如何通过基础课程发现学生"主体"的作用，从而达到"启蒙"的效果，是学生后续学习成长的关键。

（二）公民社会之素养

设计专业的服务对象是"人"，除了少数个人需求的项目，环境规划设计专业的对象是"社会人"，处理的空间是"公共性"空间。规划设计者必须先具有"社会人"位格，才能体会、了解与响应"公共性"的需求。而"社会人"位格的培养并非公民教育所能达成的，而是要回到"人我关系"的认识与界定。"人我关系"所划分的个体与群体、私领域与公领域，属于文化的认同与社会的约定俗成，并非依个人的习性、喜好与利益而选择。也就是说，个体人与群体人在"位格"上的界定，是确切而不能浮动的，跨出"人我关系"的界线，就处于"公共"界线之内，仅就"个体"而言，其对自身事务有完全"自理"的责任，也有完全"自控"的权力。事实上，"位格"之于人的认知是由内而外的，也就是以"个体人"为基础，向家庭、社会……延伸的。若"个体人"位格模糊，对"公共性"的认同与对"公共领域"的关照也就会失焦。

常看到设计教室脏乱失序，并不是缺少有效的公共清洁与管理，而是学生对"个体人"位格认识不清，没有尽到照顾自己工作空间的责任，当然就难延伸去关照公共领域。对"群体人"位格没有掌握，如何规划设计公共空间？

（三）地景阅读之能力

"景观"专业在所有环境规划设计领域中，应该是最具有整合性思维与专业能力的，也最应该负起专业整合的责任。当时成立景观学系时，迁就了惯用的"景观"系名。问题是，当 Landscape 被翻译为"景观"，"地"不见了，剩下的是对象化、可视化的"景"与"观"，"地景"中"土地"与人的关系也就消失了。因此，在景观系的课程中，特别关注对"地景"整体的阅读与理解，包括从自然条件的地质、地形、气候、植物、昆虫、动物之间的有机关系，到人文条件的生活、生计与生态的生命关系。当然，地景阅读所需要的背景知识很多，但重要的是，能让学生在培养学习方法与态度伊始，就养成以"整体观"体验、阅读那置身其中的地景环境的习惯，这对之后相关课程的学习会有融会贯通的效果。地景阅读之能力培养不能只靠一门课程，还需要整合性的课程、配套的教学活动，更需要具有地景整体认识的师资。

（四）生命之同理心

在知识系统中的"自然"是一组组成套的概念，是将自然视为研究对象，探索不同的观点并归纳成知识，纳入知识体系，增加我们对自然的了解。然而，通过成套的知识所了解的自然，已经不是自然的本体了，而是在某一特定知识概念中的自然。从人活着的事实来看，人的生命就是自然本体生命的一部分，通过人活着的状态所能接触到、"感应"到的自然，包括了其他活着的生命现象。人与这些活着的事实之间是一种"生命关系"，一旦这活着的生命关系被"知识"所取代，那么活着的人与这些活着的其他生命，就都变成了客观的"生态概念"，活着的"我"不必"存在"了，其他的生命也不"存在"。或者说，"生命关系"只能在知识中被"理解"，不再被人所"感应"，人与自然的直接关系被知识切断了。

我们当然希望环境规划设计的学生，要学到生态的知识，但是若这些知识只存在于理性的了解，而学生不能"感应"到自身与自然之间活着的"生命关系"，那么就没有能力将对自然的"感应"纳入设计，也就无法关照人活着的事实。事实上，我们在还没有知识概念之前，与自然的接触只能靠"感应"。

人与自然之间活着的生命关系，证实了人还活着。

人如何能"感应"到自身与自然之间活着的"生命关系"，不靠知识的理解，而是通过"生命之同理心"。对接触到的自然现象，不要将它"对象化"，而是通过感觉与想象去"感应"自然以及与人一同活着的生命，我们就有能力将"生态概念"通过"生命关系"用在环境规划设计之中。

（五）"大底盘"的入门体验学习

环境规划设计是整体、整合性的，学生在学习过程中也必须要有整体感和整合力，尤其在入门的学习经验中要能感应到环境的整体性。"大底盘"的体验学习教学，是环境规划设计的入门方式。

在一开始入门环境规划设计领域时，老师就与学生一同投入（交互主体性），在一个自然与人文条件较完整的生活场域（原居民部落、农渔村等），通过一段较长的时间（7～10天），让学生"体验"人与自然环境之间的有机关系，以及人与人文条件的生活、生计与生态的生命关系。我们称之为"大底盘"的入门体验学习。

"体验"别无他法，就只能通过自身感觉，将每个人的成长背景、生活经验、生命体会置于当下的环境中进行。体验的时间要够长，才能摆脱实时的感觉和惯性的概念，将由外而内事件的刺激，转化为内在的体验。虽然不知其所以然，但感受那真实的发生，是一种"存在性"的体验。有了如此的"体验"，学生在未来分门别类的课程中，就有机会接触到入门体验，知其所以然，并揣摩所学的局部知识技能与活生生的"整体"环境现象的关系。

然而，我们太习惯于"同心圆"的基础训练方式，由最基本的观念与操作，陆续扩展到较完整的范围。我完全同意这样的训练确实可以累积必要的专业知识，只是若学生在尚未能对整体有所体会之前，就让学生放弃生命中的一切相关基本经验，进入到一种抽象的、概念的、自身背景不能理解的学习状态时，同心圆所包含的有层次的内涵，对学生而言，会是不连续的片段。学生只有具备自己组合所学的能力，对环境规划设计才有较完整的认识，这会是相当一段时间之后了。在此提出的"大底盘"，并非取代"同心圆"，而是以"大底盘"的体验学习带领学生入门，有启蒙的作用，见图3。

（六）由大地景到室内"连续尺度"的环境观

人居环境是一整体现象，专业分工让原本连续的环境被切割成不同尺度的空间领域：景观、城市规划、城市设计、建筑、室内设计……就因为如此的划分，造成了各领域之间的隔阂与本位主张。我们都知道，环境是有机有序的整体，而知识领域的划分和专业分工的结果，所造成环境尺度的不连续，是落实"可持续"环境营造最关键的障碍。

除了各专业在整体环境观念达成共识之外，在操作层面，计算机工具和大数据所带来的实务应用，可以将不连续的环境尺度连接在一起。大尺度地景环境GIS与建筑尺度的BIM衔接在一起，就有机会将大环境的影响因素直接带入小尺度的设计中，还能持续监测环境，并增加使用后评估的环境层面的考虑。也就是说，"连续尺度"的环境观不能只停留在概念层次，必须落实在实践的层面才有意义。

七、结语

前文试拟"全人观"的环境规划设计教学原则，只是一些教学经验的暂时整理。台湾"中原大学"景观系的老师在10余年成长过程中，积累了一些相关的教学经验，包括课程、作业和教学活动等方面，具体包括一年级设计课的"我的历史""主体观察""向自然学习""向原生文化学习""体验下乡常驻""参与式设计"以及中高年级的"地景阅读""社区营造""设计伦理""对话式环境法""海外研习"。

以"美感教育"思维的"存在美学""公民美学"与"生态美学"三个层面，是以身体为本，以人主体的存在性为基础，通过主体性的学习成长，了解人我的"位格"关系，由生活的关照到环境的营造，由大地景的自然关系，经由生命的同理心，最后再回到主体。再思环境规划设计教育的本质，与此思维架构面面相关。

如果我们在学校只能以过去所学的知识，教导现在的学生，去面对未来的问题与挑战，那就辜负了社会赋予我们的责任。在此分享共勉。

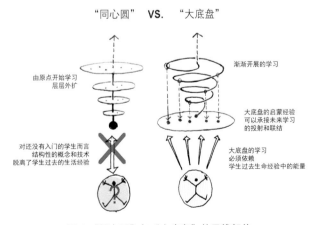

图3 "同心圆"与"大底盘"的思维架构

乌来原居民观光地景与文化真实性之研究
——以南势溪流域原居民部落为例[1]

台湾师范大学 李素馨[2] 陈嘉霖[3]

摘要：乌来地区拥有丰富的原乡文化资源及自然景观，是台湾知名的原居民观光区。半个世纪以来观光消费力量影响了乌来地区的社会文化、经济产业结构与生态自然环境，也改变了原乡的家园地景。本研究以南势溪流域乌来地区泰雅族部落为研究对象，运用戈夫曼理论中"前、后台"与舞台真实性的观点，深度访谈 25 位受访者，探讨部落观光地景发展之文化真实性。本研究通过五项文化真实性指标，发现前、后台部落观光发展策略有很大差异，"前台"乌来部落空间随处可见政府介入之痕迹，乌来的"后台"则呈现政府治理与部落自主之"伙伴关系"。"前台"乌来部落的观光区完全与在地生活断裂，"后台"福山部落生活家园即为观光活动与文化展演之舞台。因此，原居民观光地景之规划与发展需经由充分的在地参与和部落的自主性，方能引导与反映将家园生活与观光相结合而保有的部落文化之真实性。

关键词：文化真实性，家园地景，观光地景，前台与后台

一、前言

1950 年以后台湾原居民部落开始发展观光产业，南势溪流域的乌来地区拥有丰富的原乡文化资源及自然景观，刚好符合后工业时代都市居民对于观光休闲生活之需求，从而成为知名的原居民观光区之一。半个多世纪以来，观光消费的力量影响了乌来地区的社会文化、经济产业结构与生态自然环境，也改变了原乡的家园地景，逐渐发展为观光地景风貌。然而观光消费带来的文化商品化现象，究竟是维持还是劣化了原居民传统文化？原居民部落在观光产业发展过程中，如何保有生活上原居民传统家园地景风貌？原居民部落如何在面对观光市场潮流与政府治理时，使其部落主体性再现原乡风貌并保持文化真实性？

本研究以南势溪流域乌来地区泰雅族部落为研究对象，探讨两个不同部落在观光发展或进行文化展示时，能否保有文化真实性的问题。研究方法主要采用深度访谈法，运用戈夫曼(1959)戏剧论中前、后台与舞台真实性的观点，调查南势溪流域"乌来部落——前台"与"福山部落——后台"，诠释与比较同一族群（泰雅族）不同部落（乌来部落、福山部落）在观光发展中对自然、文化资源在区域空间上之差异以及不同部落在家园地景再现的观光景观过程，发现部落如何与其他部门互动，进行在地营造以呈现原居民部落家园地景的风貌。

二、文献探讨

本研究中的个案，原居民家园生活空间在观光消费的影响下，居民的自主能动性与商品化／政府力量交互作用，家园地景风貌产生变化并产生文化真实性问题，本段落对相关理论文献进行整理，并从文献回顾中发展出本文的分析文化真实性的五个指标。

（一）列斐伏尔的空间理论

列斐伏尔（Henri Lefebvre, 1991）空间批判理论指出，空间是一种"商品"，被消费主义所占据，资本主义不断地生产新空间商品，与空间相关的事物也都成为生产剩余价值的手段。资本主义为了获得更高的利润，忽视空间与文化和生活之间的关联，空间的生产已经深入到社会关系中，支配人们的行为。社会形成和创造了空间，但又受制于空间（冯旺舟、吴宁，2010）。

列斐伏尔提出统合性空间理论，以感知的、构想的、生活的三元向度来掌握空间的重要性，分别对应物质的、心灵的与社会的。借由这三个向度来进行空间的社会生产分析，列斐伏尔提出空间生产的三元性概念，即空间实践、空间再现与再现空间（王志弘，2009）。

在本研究中，原乡家园地景在观光发展中带来的环境变迁影响、政府治理力量的介入、部落文化以及部落营造的自主能动性，呈现的是原乡风貌的再现过程，是空间再现与再现空间

---

1 本论文为台湾行政主管部门下属科技部门专题研究计划（NSC 102－2420－H－003－003－）部分成果。感谢虎尾科技大学文理学院院长候锦雄教授、台湾"中国文化大学"地学研究所陈英任助理教授及学生团队、台湾师范大学地理学系张芝宇硕士协助研究资料的搜集。
2 台湾师范大学地理学系教授，邮箱 shlee@ntnu.edu.tw。
3 台湾"中国文化大学"博士。

的交互作用，Gregory（1994）以抽象空间相对于具体空间的支配来呈现这个概念。政府以空间科学的概念规划建筑，乃至监控具体空间的日常生活，此为"空间再现"，也是将空间概念化、空间置入主流社会秩序物质性。而"再现空间"则指"对抗空间"，此类空间乃源于社会生活的私密层面，是以想象力来质疑主流空间实践和空间性的批判性艺术，是通过后设哲学、节庆与革命而发动的反抗。空间实践则是分别支持抽象空间和具体空间运作的时空惯例和空间结构。

（二）部落治理与公民社会

原居民部落面对政府资源治理力量与观光地景发展过程，如何展现社区自主意识以及公民社会的力量，以部落主体性再现原乡风貌并维持文化真实性？近年来在社区事务治理的政策取向上，强调由下而上、政府与社区建立伙伴关系，这与20世纪80年代以后，公民社会和第三部门论述的兴起有关。

在传统上描绘社会主要制度部门时，大抵只简单地区分为"政府"与"市场"，"两个部门模型"的区分忽略了许多其他组织的范畴，也忽略了社区的自主性。在"三个部门模型"中，政府为"第一部门"，市场为"第二部门"，而其他处于政府和私营企业之间的社会组织，如志愿性团体、家庭、血缘关系以及邻里等，统称为"第三部门"（顾忠华，2005）。

研究第三部门的学者Young，Hollister，Hodgkinson（1993）认为，第三部门是公民社会自主于政府与经济体之外的"结社性活动"，第三部门或公民社会在20世纪80年代之后的重要性与日俱增，主要原因在于资本主义过度发展所产生的"政府失灵""市场失灵"问题。相对于政府—市场的二元结构，第三条路的观点可以说是一种结构多元主义，它提出公私伙伴关系以改善政府治理，并以社区主义、合作等价值提倡公私协力（Giddens，1999）。

有些文化地理学者亦批评官僚体制和政府的干预，在规划过程中没有考虑（或考虑不周）人民和社会的习惯，亦没有考虑人民的生活方式。而Salamon（1987）也指出由于经济、社会的快速变迁以及民主政治本身的特性，政府本身往往发生失灵的危机。政府必须与私营部门、非营利组织进行互动协调，同时地方治理也可以作为地方政府未来提升自我能力的目标。至此，由下而上的地方实践已开始进入社区治理的范畴，形成目前一股势不可挡的价值主流（李素馨、刘子绮、侯锦雄，2011），此概念同时成为本研究探究原居民部落以部落主体性再现原乡风貌呈现文化真实性的主要观点。

（三）原居民观光与文化真实性

文化产业在20世纪末期成为地方经济再生的主要策略，在地文化产业之"特殊性"及"稀有性"亦成为吸引观光休闲人潮、带动观光经济以及凝聚社区居民的共同意识。地方文化产业可以表现地域特色的创造力与想象力，借由文化塑造"地方性"特色并创造出地方特有发展的产品。例如，原居民采收新鲜的当地食材，可以在地方出售与消费、体验与认知，通过饮食的调理，其地方独特性的创造力得以展现。地方性饮食产业利用当地自然食材，除了保有传统智慧外，加上创新特殊料理，结合历史文化传承所，开创特殊风格的地方风味餐与地方风格餐厅，将推动"饮食文化复兴运动"，延续地方传统文化与凝聚社群共识。再通过地理商标与产品认证，强化地方领域感与认同感功能，这些有形或无形的景观呈现形成在地的文化景观（侯锦雄、李素馨、欧双盘、王乃玉，2010）。

人类学家Boorstin认为"文化商品化"使得旅游者无法看到文化的真实性，旅游者通常对于旅行的目的有一些偏狭的期待，喜欢一些非真实的仿制品和舞台化的产物，旅游者难以体验到真实的民族文化（Boorstin，1964）。Culler认为，对被视为"旅游凝视"对象的文化和族群来说，"文化真实性"是根据旅游者的刻板印象和心理期待而贴在当地人身上的标签，真实性成为旅游者自身信仰、期待与偏好的一种反映。

对于观光和部落文化之间的关系较为正面的论述认为，观光可为部落文化振兴、族群意识苏醒等带来正面的影响（Zeppel，1998）。亦有学者认为"文化商品化"有助于维持一个正在衰退的文化，精华的传统文化可在商品化、创新的过程中被观光客欣赏并消费，因而被保留；反之，如果一个文化无法适当转换与创新为可被贩卖的商品时，其凋零消失的过程会相当迅速（刘可强、王应棠，1998）。

观光发展过程的文化真实性问题，必须考虑文化真实性具有哪些指标？文化真实性指标的研究，较早的有Cohen在1988年提出的真实性应具备手工制作、天然的材料和不是专为市场而造等特性。而Littrell，Anderson，Brown（1993）则通过对于Talavera陶器的真实性知觉研究，发现游客认为真实的手工艺品应该具备某些特性，包含独特性及原始性、手艺、完整的文化和历史、观光的功能、实用性、工匠的特性、工匠间的相互影响以及购物体验等项目（Revilla & Dodd，2003）。

其后Revilla & Dodd（2003）参考了Cohen以及Anderson & Brown的研究，发展出"外观／功能""传统的特征与证明""难以取得的""当地生产"以及"低成本"等五项指标。

在本土的研究方面，学者张兆菱（2006）亦参考了Revilla & Dodd的五个因素及各问项，作为乌来泰雅族编织工艺品真实性研究的内容依据，通过反向翻译及专家效度法确认后，最后分析得出泰雅族手工艺真实性因素为"在地性""传统特征""功能性"及"市场取向"等。

本研究以Anderson & Brown（1993）的分类方式为基础，并参考Anderson & Brown（1993）、Revilla & Dodd（2003）、张兆菱（2006）等对于真实性指标的分类方式，修改后提出五项真实性指标："在地性及传统特征""完整的文化与历史""市场取向""工艺师的特性"及"方案、活动解释程序"，分析前台乌来部落及后台福山部落的田野访察成果。

三、研究范围及方法

（一）研究范围

本研究计划以南势溪流域乌来地区福山部落与乌来部落为主要研究区域。福山部落位于新北市乌来区南势溪上游，是乌来泰雅族的发源地，目前是乌来地区后山最大的泰雅族聚落。与福山部落紧临的哈盆地区拥有极丰富的自然资源，区内大部分地区为未经破坏的原始天然阔叶林，长久以来为乌来地区泰雅族原居民的猎场。但是也因福山部落位于水源保护区内，产业开发受到限制，早期有许多年轻人前往台北都会区或乌来部落观光区谋生，人口外流情况相当严重。

乌来部落位于南势溪中下游，"乌来"地名源自泰雅族语"Ulai"，意为"温泉"，部落内有乌来街区（Ulai）、野要（Yayao）、西罗岸（Silagan）、啦卡（Laga）等聚落，人口约为2600人。乌来部落是台湾知名的观光旅游风景区，因临近都会区交通便利，已历经半世纪不同阶段与形态之观光发展。部落发展特色包括温泉旅游、生态文化观光、传统聚落文化（传统编织、工艺、美食、歌舞）等。

同属南势溪流域的福山及乌来部落，不仅在族群文化上相同，在社会与区域经济发展的方向上也有密切的关系。观光产业历经半个世纪不同阶段与形态的发展，乌来部落逐渐成为观光消费区以及工作场所（前台），而福山部落则为日常生活居住区（后台）。两者在经济及社会层面上数十年来发展成不同的面貌，但近年两者都在寻求以原居民文化为主体观光产业的发展途径。本研究以福山及乌来部落为主要的研究区域（见图1），通过比较与归纳分析，发现不同发展路径的部落在推动文化创新产业时，传统知识的运用、创新的脉络、文化认同以及观光产业中的文化真实性等方面的相同与不同之处，具有相当的研究价值。

图 1 研究范围（新北市乌来区乌来里、福山里，引自 Google Earth，2012）

（二）研究方法

1. 环境观察与调查

环境观察与调查的重点在于检视乌来部落的文化与生活空间之元素，在原居民传统生活中的文化图腾、饮食文化、传统技艺、阶级制度、居住生活空间、神话故事、祭祀仪典等将可能成为观光舞台之展演空间，通过环境检视记录原居民之元素。

2. 深度访谈

本研究于 2013 年 3 月 4 日至 3 月 15 日搜集福山部落当地环境资料与生态旅游发展之方式，以参与观察及深度访谈，进入研究地区摄影与访谈，并对福山社区发展协会干部、区公所代表人士、小学教师及地方居民进行访谈（表1），每位受访者受访时间 1～2 小时，以作为本文分析理解之文本。

本研究亦于 2012 年 8 月 21 日至 2012 年 10 月 30 日以观察及深度访谈搜集乌来部落当地环境资料与文化观光旅游发展之方式。观察场域以观光区公共空间为主，访谈对象则以从事文化观光产业的经营者、社区工作者为主（见表2）。本研究的访谈问项与问题意识之间的关联如表3所示。

四、原居民家园地景再现与文化真实性

本研究运用戈夫曼戏剧论中前、后台与舞台真实性的观点，调查南势溪流域"乌来部落—前台"与"福山部落—后台"，通过田野调查、访谈与环境观察，比较同一族群（泰雅族）不同部落（乌来部落、福山部落）在观光地景发展中自然、文化资源在区域空间上之差异，探讨部落如何凝聚社区主体性力量进行在地营造从而呈现原居民家园地景并维持文化真实性。本文参考 Anderson & Brown（1993）、Revilla & Dodd（2003）以及张兆菱（2006）等对于真实性指标的分类方式，以"在地性及传统特征""完整的文化与历史""市场取向""工艺师的特性"及"方案、活动解释程序"五项真实性指标分析前台乌来部落及后台福山部落的田野访察成果。

表 1 福山部落受访者资料

编码	性别	身份	村民背景	访谈地点
A	男	原居民	当地居民（猎人）	教堂
B	男	原居民	福山社区发展协会干部	福山小学
C	男	汉族	福山小学教师	社区凉亭
D	女	汉族	当地居民（家管）	住屋前空地
E	女	原居民	福山部落解说员	福山小学
F	男	原居民	当地居民（农人）	住屋前空地
G	男	原居民	区公所代表人士	社区凉亭
H	男	原居民	福山里长	福山里长办公室
I	女	原居民	生态旅游导览人员	福山里长办公室
J	男	原居民	餐厅经营者	餐厅
K	男	原居民	福山社区里干事	餐厅

表2 乌来部落受访者资料

编码	性别	身份	受访者背景	访谈地点
L	女	原居民	尤盖编织工作坊经营者（织女）	编织工坊
M	女	原居民	达卡编织工作坊经营者（织女）	编织工坊
N	女	原居民	传统编织文化工作者（织女）	住家及工作室
O	男	汉族	民族美编织工作室经营者	社区街道
P	男	原居民	乌来里里长	住家
Q	女	原居民	沙力达民宿经营者	民宿
R	女	原居民	乌来休闲产业发展协会工作者	协会办公室
S	女	汉族	那鲁湾统一超商经营者	统一超商店面
T	男	原居民	泰雅婆婆餐厅经营者	餐厅
U	女	原居民	尤奈编织工坊经营者	编织工作室
V	男	原居民	给树营地经营者	文化教室
W	男	原居民	艺术工作者	工作室
X	女	汉族	艺品店经营者	艺品店
Y	女	原居民	乌来博物馆导览人员	博物馆

表3 访谈问项与问题意识

问题意识	访谈问项大纲
同一族群（泰雅族）不同部落（乌来部落、福山部落）在观光发展中对自然、文化资源在区域空间上之差异。家园地景的含义与比较	1.您对观光发展的看法，观光发展对部落的冲击、好处与坏处分别是什么？ 2.您认为乌来/福山部落最主要的特色是什么？您会推荐外地游客参观什么？ 3.您认为部落发展观光应朝向哪个方向？应具备什么特色？目前有没有观光发展计划正在进行？
部落如何凝聚社区自主性和公、私部门互动，进行在地营造呈现原居民部落家园地景的风貌	1.部落主要的文化复兴或传承活动有哪些？这些文化活动有没有发展成为观光活动？ 2.文化课程或是体验活动需要的传统知识老师，大多数是当地人还是外地聘请的？ 3.部落有哪些协会？这些协会有没有参与社区营造工作？有没有与政府合作的例子？ 4.您的（营业场所、观光空间）有没有特殊的原居民文化内涵？在土地／空间利用上有没有遇到法令限制的问题？ 5.传统文化对于部落发展观光有什么影响？某项文化商品经营的状况如何？ 6.您是否可以举一些例子，通过观光活动可以让游客更加了解原居民文化？

（一）前台：乌来部落

依据本研究的实地访查研究，乌来部落的观光地景受到观光活动影响极深，在现代性力量的影响下，文化真实性存在严重的问题，市场经济的运作逻辑劣化了乌来原居民传统文化，主要原因在于观光地景发展过程缺乏在地参与。但据本研究发现，前台乌来部落虽然高度舞台化，但仍有许多观光地景呈现高度的文化真实性。本研究发现由部落自主营造的观光地景，能在传统文化的脉络下进行商品化创新，比市场等现代性力量影响的空间有更高的文化真实性。以下分别以五项真实性指标分析前台乌来部落的文化真实性。

1. 在地性及传统特征

在乌来部落的观光消费区内，有商店密集的乌来老街及温泉饭店区（图2），乌来老街商店区的店家大多数为外地人所经营，贩卖的商品也多为外来的仿制品，虽然商品试图融合小米、编织及传统图腾等原居民文化元素，但多是在地生活文化断裂片段的模仿或错误引用，不具有文化真实性。

泰雅族有著名的编织文化，因此乌来老街也充斥着原居民的编织商品，但多为廉价的工厂仿制品，与在地文化断裂，乌来部落的传统文化工作者表示：

乌来老街上那些贩卖原居民服饰的，都只是胡乱拼凑的，有的时候泰雅族、阿美族不同族群的图纹出现在同一件衣服上。那些都是平地工厂制作的商品，是要卖给观光客的，和我们真正在地编织的服饰不一样。（受访者L）

例如图3及图4中店铺展示的编织或服饰仅为粗劣仿制的舞台化产物，并非真正的泰雅传统服饰，也不是基于传统文化脉络的创新。这些极度缺乏文化真实性的泰雅编织商品，不仅对原居民文化的传承或创新毫无帮助，而且劣化了原本的传统文化。

经济商品化逻辑使乌来泰雅文化舞台化且不具有文化真实性，而公部门为了让乌来部落重现泰雅聚落风貌，施作了不少泰雅传统图腾以作为街景装饰，这些图腾设施颇受乌来居民诟病，最主要的原因在于在地未参与讨论的过程，加上公部门不了解当地文化而使文化真实性存在问题。乌来部落的在地生态文化讲师表示：

那些政府做的公共艺术，非常不符合我们泰雅族的文化……可能是说没有邀请我们老人家去做专业的口述想法。那个猎人与猎狗的雕像（图5），那个纹面不太像是我们这边的纹路，每个家族都有一个属于自己的纹面，纹面就像身份证一样，可以代表一个家族。（受访者V）

2. 完整的文化与历史

与传统生活紧密联系的文化产业通常较具有文化真实性，乌来部落的沙力达民宿就是一个很好的例子。沙力达民宿的文化意象与空间规划，反映出耆老对于童年部落生活以及长辈的想念，也是一种文化认同和自我认同。

我常常怀念小时候跟阿公一起生活的日子，他会唱歌给我听，我们晚上是睡在传统竹子做的床上面，以前我们都是用竹子作为建筑和家具的材料，所以现在我的民宿也都以竹子作为室内设计，这些图腾也是我们从小在部落生活每天会看到的，所以我也把这些图腾呈现在民宿上。（图6、图7）（受访者Q）

沙力达民宿的庭院耸立了一座瞭望台（图8），瞭望台是泰

图2 外地人经营的商店街

图3 穿着工厂仿制品服饰的店家销售员

图4 仿制品缺乏传统文化真实性

图5 猎人与猎狗雕像，缺乏在地性
并错误引用传统图腾

图6 沙力达民宿的泰雅文化意象，竹屋

图7 沙力达民宿的泰雅文化意象，竹棚与绘画

雅族传统部落最重要的公共建筑。虽然现代生活中瞭望台的实质功能已不存在，但在耆老心中瞭望台却是联结童年在尖石泰雅部落传统生活记忆的纽带。

以前我们部落最重要的就是这个瞭望台，它代表一个部落的精神。以前瞭望台底下都会有一个火堆，部落男人的重要集会都会在那边。我的梦想就是建立一个好比传统部落生活的家园，但目前还做不到，所以我就尽力把民宿营造成传统的样子。（受访者Q）

"再现空间"源于社会生活的私密层面，是以想象力来质疑主流空间实践和空间性的批判性艺术（Gregory，1994）。沙力达民宿就是这类空间，空间中的传统图腾反映经营者对于传统部落生活的怀念以及深沉的文化认同，这与主流空间对于文化形式粗劣的模仿或是与地方生活断裂的图腾意象装饰截然不同。沙力达民宿虽然在空间视觉上有许多的文化图腾特色，但更丰富的文化意蕴只有通过耆老的口述分享，旅客才能体会其中的内涵。耆老对于童年部落生活的怀念，使得民宿的文化图腾更显得深刻且真实，并且造访沙力达的住宿游客能在夜晚聆听泰雅耆老的童年故事，使民宿的观光空间成为游客与住民对话、互相学习的场所，也使沙力达民宿的商品化空间仍保有高度的文化真实性。

3. 市场取向

以列斐伏尔的空间批判理论观点，乌来部落的观光空间是一种"商品"，被消费主义占据，资本主义不断生产新空间商品，与空间相关的事物也都成为生产剩余价值的手段。并且资本主义为了获得更高的利润，忽视空间与传统泰雅文化和在地生活之间的关联。乌来老街的特产商品经营者表示：

其实我不是很了解泰雅文化……我这边主要就是卖一些特色商品，其实这些东西也是外面工厂做好送过来的……游客不会在意这些东西是不是真的在地的产品。游客到原居民的地方就是要吃小米麻麻糬、小米酒等，所以我就卖这些东西。（受访者X）

店家经营者的表述也反映出游客对于原居民部落的刻板印象，近年台湾几乎所有的原居民部落观光区都买得到大同小异的工业化福特主义商品，在消费主义的影响下，文化真实性极低（图9、图10）。

乌来部落的现代化过程主要受到市场及政府两股力量的作用，整个社区在近50年来以发展市场经济为主，公部门的介入

也是以发展市场经济为主要目标。乌来部落商业化程度最高的是"乌来老街"，街上商店林立，有风味餐厅、艺品店、温泉旅馆等三大类业态。

4. 工艺师的特性

工艺师的知识与技艺与在地文化、历史与生活的直接联系，是观察文化真实性的一项重要指标。乌来部落再现传统编织文化的行动主体是"乌来原居民编织协会"，协会成员的织艺技术几乎都是源自同一位编织耆老的知识技术，逐渐形成目前乌来编织产业的特殊的社区人际网络结构。达卡工作室的织女分享了这样一段历程：

开始学织艺的前五年，学得很辛苦，几个好姐妹互相鼓励才继续学下去。目前我们都是乌来原居民编织协会的成员，我们主要有四个成员，从一开始就一起学习编织，现在我们也是乌来村比较主要的四个工作室。（受访者M）

受访者口中的四个工作室分别是韵艺工作室、笔蔺工作室、达卡工作室及尤盖工作室，这四个工作室会互相支持订单的制作，也会一起接受编制传统服饰的委托。乌来在地编织产业在织女的努力下，由传统染织技艺发展到现代织艺创作与织品产业化，逐步发展出产销一贯的在地编织工作室经营模式。

"乌来原居民编织协会"的编织工艺师们也影响了"乌来泰雅民族博物馆"展览文物的文化真实性程度。泰雅民族博物馆分为常设展与特展。常设展由馆方及学者所规划，而特展则有较多的在地参与及地方知识的链接。"贝珠衣物展"由新北市政府主办，乌来泰雅民族博物馆承办，但是特展所需的传统服饰以及传统编织知识，都是由在地部落提供的。

我们在地有一个编织协会（乌来原居民编织协会），周小云她们说，贝珠衣都是找在地的。贝珠衣展就是编织协会自己发挥，不是博物馆来告诉他们要怎样做，等于是编织协会主导，到底贝珠衣传统文化最后被呈现成什么样子，其实就是当地专家（乌来原居民编织协会）的专业，由他们来告诉博物馆说要怎样来举办。（受访者Y）

由于"贝珠衣物展"（图11）由在地织女主导，因此贝珠衣的知识与技艺与在地文化、历史与生活有直接的联系，文化真实性高，并且更有助于传统文化的传承。

我们馆内的导览人员就衍生出一个问题，就是说，贝珠衣像周小云她们专业做出来的衣服，导览人员要怎样去解释这个衣服。所以我们展示这些贝珠衣之前要做培训……培训也是请

图8 沙力达民宿的泰雅传统建筑瞭望台

图9 乌来老街上的商店

图10 乌来老街商店的商品陈列

编织协会的人来当讲师，她们会提供教材给我们，我们再来做人员的培训。（受访者Y）

图11 乌来泰雅博物馆贝珠衣物展

"贝珠衣物展"的例子是近年乌来部落开始反思与反抗现代性观光发展并逐渐凝聚自主性营造家园地景的其中一个现象。贝珠衣物展所展现的自主性背后是一个更广、为期更久的文化复兴运动。乌来部落泰雅族织艺近十年来发展迅速，由传统染织技艺发展到现代织艺创作与织品产业化，逐步发展出产销一贯的在地编织工作室经营模式。在地编织工作室基于对编织商品化现象的反思以及族群认同，逐渐发展出编织文化观光产业商品的创新脉络，将传统文化融入商品或服务之中。现在乌来部落自主发展出的编织文化商品与老街上的外来经营者所贩卖的工厂仿制品相比，具有较高的文化真实性。乌来编织产业发展如图12所示。

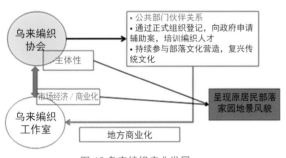

图12 乌来编织产业发展

5. 方案、活动解释程序

"给树营地"是在地经营者在私人的土地上开辟一个营区，以作为猎人文化体验场所（图13、14、15）。其文化课程讲师是由在地熟知传统知识的族人担任，因此具有很高的文化真实性与知识的地方性。给树营地的观光活动都以文化课程的方式呈现，强调游客与部落知识的深度互动。经营者陈老师表示：

我把知道的去教给他们，也让外来的人了解到泰雅生活、野外求生、动植物技能和本能，那可以让他们知道泰雅的生活是这样子……像两日游，一般是先从教学开始，早上教学，然后下午就做一些比较基本的器具，像水中器具、鱼叉等等。我们也有泰雅文化故事，过去的狩猎、陷阱、弓箭……比较深度的是到深山里面，体验泰雅的一些狩猎，然后怎么样去捕捉

一些鱼类跟山里头的东西，跟实际的生火……（受访者V）

图13 给树营地的文化课程空间，　图14 给树营地的文化课程空间，
　　　射箭场　　　　　　　　　　　　教室

（二）后台：福山部落

福山部落地处新北市乌来区南势溪上游，距离都会区较远，且受限于水源地的开发限制，观光与现代化发展较少，在本研究的分析架构中被视为"后台"，与"前台"乌来部落进行家园地景的比较分析。以下分别对五项真实性指标加以分析。

1. 在地性及传统特征

福山部落因位处水源特定区，相关开发的制度限制是福山部落得以保有原始自然景观的重要原因（图16）。政府以公权力控制福山部落的空间物质性秩序，以主流社会的土地伦理规范塑造原乡家园风貌。近年的原乡部落的政策典范"生态旅游"，亦引导福山部落家园地景的发展趋势，也成为目前福山部落普遍的观光地景风貌（图17）。

长期以来制度的限制与就业机会的缺乏，让福山部落族人非常期待观光消费活动及其带来的就业机会，而生态旅游所需要的导览培训工作，因为具有文化传承的意义，容易获得族人的认同，因此福山部落的观光导览人员也多由在地人担任。福山部落积极推动生态旅游的导览人员表示：

导览人员培训课程里面有很多泰雅的传统知识，导览人员在导览的时候也可以跟游客介绍这些植物以前老人家是怎么用的，而且还可以认识自己的文化。（受访者I）

受访者I也表示，目前的导览人员培训课程中，许多讲师是由当地耆老担任，传授泰雅传统知识与在地知识，通过这种方式，也让福山部落的生态旅游能够真正在地化，体现文化真实性。

2. 完整的文化与历史

虽然生态旅游政策是政府由上而下地推行，但因其自然保育立场与泰雅文化的土地伦理、猎人文化有契合之处，因此福山部落族人能在政策中，融入自身对于族群文化的认同，进而演化新的价值并形成集体行动远景与部落集体意识，在生态旅游产业发展中成为行动者而能掌握自主性营造原乡家园地景。福山部落导览人员表示：

我觉得大家都认同生态导览，因为可以认识我们的传统文化，虽然我们有的时候会上课，上课内容有一些不是我们的文化，像植物的名称是教一些学名，不见得是我们的母语，所以我们建议要多讲一些我们的传统知识，而不是些学术的东西。（受访者I）

福山部落原居民普遍认为部落的观光资源在于生态景观，

其次是打猎文化。相较于高度开发的乌来部落，福山部落居民十分自豪仍保有原始的自然生态环境，而狩猎至今仍是许多部落族人日常生活的重要组成部分，因此当官员学者倡议生态旅游发展愿景，自然容易获得福山部落原居民的共鸣。并且福山部落长期缺乏在地产业，如今出现新的发展契机，更引发部落对于观光产业的期待，并对部落未来的发展产生新的认同想象，如今这个认同想象已经成为部落的集体意识与集体行动。

3. 市场取向

市场经济对于福山部落的家园地景影响十分微弱，目前可于部落内见到初形成的观光地景与消费区，主要为原居民风味餐厅（图18）。市场经济对福山的影响是间接的，主要表现为都会区就业市场对福山部落人口的拉力造成福山部落人口外移严重。

由于人口外移严重，福山部落居民致力于发展生态旅游产业以创造就业机会，能让族人留在部落工作，但是目前生态旅游所产生的观光消费仍不足以支持足够的就业人口。曾协助福山部落培训导览人员的乌来休闲产业发展协会曾申请"劳委会多元就业方案"，通过在地组织将公共部门资源引入，成立猎人教育园区，劳委会方案提供十个猎人导览人员每月的人事费用。但是三年后当劳委会方案结束，猎人教育园区的经营立即发生困难：

我们不可能负担得起十个猎人的薪水，就算猎人之旅经营口碑很好，大家也有理念做深入的文化旅游，但是缺乏经费，协会撑得很辛苦，后来方案一结束，猎人教育园区的猎人也全

部改成兼职，有案子才接，平常做别的工作。（受访者R）

由于福山部落市场化程度不高，所以极为依赖公共部门的资源挹注，因此部落采取和公共部门建立伙伴关系的策略，借以掌握资源并投入观光地景的营造。

4. 工艺师的特性

福山部落仍保有原始的自然生态环境，不乏具有传统知识基础的族人投入生态旅游产业。福山部落目前有森林生态廊道、大罗兰溪生态护鱼步道、哈盆古道巡礼等生态旅游行程，并且如果游客愿意体验较为有深度的文化，也会安排猎人文化的各项课程或体验活动。这些行程所需的传统知识包含动植物的传统泰雅族语名称、传统草药认识、狩猎技巧及传统祭仪等。根据本研究的田野访查，这些知识大都来自福山部落的在地耆老以及仍在实践狩猎文化的泰雅族猎人们，因此相当具有文化的真实性。

5. 方案、活动解释程序

福山部落的观光活动以生态旅游为主，游客分为自行参观及参加导览活动两大类。福山部落的生态、登山步道上设有导览解说牌、部落地图等，让自行参观的游客也能通过解说牌认识当地的自然生态（图19、20）。导览及生态旅游活动分为半日游、一日游及过夜的营队，根据游客的时间及偏好，福山部落可提供深浅不同的导览行程，参加导览活动的游客更可通过行程的设计及导览人员的解说，深入地了解泰雅传统知识以及生态环境。

图15 给树营地的文化课程空间，猎具小屋

图16 福山部落仍保有自然地景风貌

图17 福山部落发展生态旅游

图18 福山部落的餐厅与消费区

图19 福山部落的导览图

图20 福山部落步道旁的地景解说牌

五、结论

本研究以南势溪流域乌来地区泰雅族部落为研究对象，探讨不同部落在观光发展或进行文化展现时，运用戈夫曼戏剧论中"前、后台"与舞台真实性的观点，通过田野调查、访谈，比较两者的观光发展，发现部落如何与公、私部门进行沟通协商，凝聚社区主体性进行在地营造。本文通过五项真实性指标分析观光地景的真实性问题，并归纳出以下几点结论。

（一）政府治理与部落自主

公共部门在前、后台的治理策略上有很大的不同，"前台：乌来部落"空间上随处可见政府介入的痕迹，将空间置入主流社会秩序物质性，与在地生活与知识断裂。反观部落自主营造的观光地景，比政府力量所影响的空间有较高的文化真实性。在本文的例子中，沙力达民宿、乌来编织协会及给树营地，呈现部落自主营造的"再现空间"，直接连接底层的社会生活，相对于"空间再现"的现代性秩序，有较高的文化真实性。

"后台：福山部落"在政府治理与部落自主两者关系上则呈现与前台不同的情况。政府由上而下地倡议生态旅游，其保育之基本立场与泰雅文化的土地伦理、猎人文化相契合，因此福山部落族人能融入自身对于族群文化的认同，进而演化新的价值并形成集体行动远景，在生态旅游发展中成为行动者而能掌握自主性营造原乡家园地景，因此可说是政府治理与部落自主之间形成一种"伙伴关系"。

（二）生活家园与观光舞台化

前台：乌来部落的观光区完全与在地生活断裂，对应MacCannell（1973）的六个舞台形式，是纯粹的"前台"，但是乌来部落也因近年部落自主意识的觉醒，以自身历史与文化来质疑主流空间实践和空间性，建立起"重新建立的前台情境，而类似于后台情境前台"，将生活家园的部分经验提取到观光活动之中，也因此有了较高的文化真实性观光地景。

后台：福山部落的生活家园与观光舞台化的界线较不明显，例如大罗兰溪生态护鱼步道、哈盆古道等，生活家园即为观光活动与文化展演的舞台。并且福山部落的日常生活亦较原汁原味地转化为观光活动，例如耆老的传统知识与猎人的狩猎技巧。福山部落的观光舞台化对应MacCannell（1973）的六个舞台形式，可界定为"经过整顿和修饰的后台"。

（三）家园与观光的混合与镶嵌

在本研究的真实性指标分析中，具有文化真实性的例子都为家园生活与观光的混合与镶嵌，例如乌来部落的编织产业、给树营地的文化课程、福山部落的导览游程与猎人之旅等。能够顺利地将家园生活与观光镶嵌而不失其文化真实性，其关键在于充分的在地参与和部落的自主能动性，通过族人对传统部落生活的怀念以及深刻的文化认同，与主流空间对于文化形式粗略的模仿或是与地方生活断裂的图腾意象装饰截然不同。通过本研究质化访谈之分析与归纳，有助于理解原居民观光地景发展与文化之真实性，希冀原居民观光地景之规划与发展需经由充分的在地参与和部落的自主性，方能引导与反映家园生活与观光的融合而保有部落文化之真实性。

地景、校园规划与文化战争

台湾师范大学 谭鸿仁

一、绪论

文学家的空间感是感性的，一沙一世界中见到的也许早超越了空间本身，但列斐伏尔（H. Lefebvre）不做如是观。列斐伏尔（王志弘，2009）认为空间的生成可以有三个层面：空间实践（spatial practice）、空间的再现（representations of space）与再现的空间（representational spaces）。在这三项的空间分析层面中，列斐伏尔的观点给我们一些感性之外的参考：空间的现状是社会参与的，是辨证互动的，是历史的。空间的象征或是再现对不同的使用者具有不同的意义，这不只是在观念上我们能不能接受后现代、多元的差异，而主要是在空间生成的机制上（例如规划或设计）我们可不可以容忍差异或者尊重不同使用者的空间需求。不同使用者的空间想象即为列斐伏尔所言的空间的再现，规划者与任何使用者都有其空间欲再现或代表的意图。

米契尔（Don Mitchell, 2000）的文化战争（Culture War）理论可以更进一步解释列斐伏尔的空间实践概念。米契尔认为任何空间都是某种意图的展现，它可以是抗拒、传统、教化或是领域的宣示等。但这种意图在被展现出来之前，空间是一场文化战争。我们常见的纪念碑、摩天大楼，甚至古迹的指定与保存都是文化战争的例子。文化战争决定空间的归属以及谁具有使用的权力，同时它也指出传统的文化地理学视空间为媒介，而人为演员的中立观点缺乏一个认识冲突与透视公共空间政治的能力。

空间的实践冲突与政治道出了空间生产的本质，但是这还有一点不足：发生的场域，每一个独特的空间都有其独特的空间生产文化与特有的价值，而这样的特有价值与文化也许会影响空间的发展与处理空间冲突的文化。空间的实践调和不同的空间想象。在不同的地方，空间也许是一块画家肆意展现创意的画布，例如私人的住宅或商业场所，但空间也许是一个必须公平面对不同使用者的公共领域。因此，当我们面对空间与空间的生成时，必须考虑空间所处的地方，特别是公共空间。在公共空间内有正式的空间规范，例如都市的土地分区管制，此外，也有一些非正式的价值或传统，而大学校园可以算得上是一个代表性的例子。前面谈到的列斐伏尔与米契尔的理论可以是一个空间的一般性理论，但是这些理论在面对个别案例时是不够的，其功用在于为我们提供分析独特个案的观点，但是在面对这些个案时，我们要了解的是个案的特有价值，而不是这些理论。另外，我们甚至可能通过这些个案的细致探索来补充理论。

以下我们将提出一个生活上的案例：台湾师范大学（台师大）的古迹保存案例。通过上述的理论介绍，我们可以发现一栋大楼的兴建不只是一座古迹的灭亡而已。在台师大的案例中，

不同空间的再现呈现了多元的文化理念，有老树、环境、规划与人文，或正或反、或发展或保存等理念。这些空间的再现是不是文化战争？也许是，但相见恨晚，因为它们并没有在适当的时间相遇形成讨论。在个案中有一个独特的文化，包裹了这种种冲突。案例中有空间的实践，但是这个无交会的实践呈现出一个更大的冲突：大学是什么？大学中的种种冲突都无可避免地指向了"大学应当是什么？"的怀疑与确认。前述的理论给了予了一个认识与方法的观点，而大学的地方性则让我们再思索大学的本体。

从台师大的例子可以看出，制式的理性规划缺乏理性，并且形成议题设定的效力。这是一个缺乏公共参与与整体规划所造成议题设定的问题，引导古迹保存与学校发展之间的一个假冲突。通过文化战争的例子可以解构出公共空间的设计与使用是一场文化战争。然而文化战争与规划中的程序理性是镶嵌于另一个校园民主与参与的机制之上的。

二、空间的文化战争

2003年年初，台师大的一项校园建设计划在校内外引起一个"大楼兴建与老树古迹保存"的议题。学校行政单位的一项规划八年的计划在校内外遇上了阻力。此计划预备在校本部的角落兴建一栋高50米共18层的大楼。大楼一旦兴建，原土地上的一群老树及台师大第一批建筑——文荟厅将遭到移除及拆解。尽管台师大行政单位宣称老树仅是移植，而文荟厅拆除后仍将重新置于"乐智大楼"内，但台师大内部师生则反对这项计划。这群教师与学生（保护团队）认为该项建设案不仅在规划时间内无民主参与，且该项建设案将破坏师大最珍贵的校园生态与人文，一项古迹保存之校园社会运动随即展开。该运动从校园内扩展至校园外。台师大行政单位坚持该计划已完成一切建筑兴建之必要手续为势在必行。相对的，保护团队依照相关对主管单位——台北市文化局提出申请，希望文荟厅被指定为市定古迹（见图1～图5）。

在向文化局申请成为古迹期间，文荟厅保存的正反双方展开角力，各自向主管机关——台北市文化局（大楼兴建之预算主管机关）陈情游说。2003年7月，台北市文化局古迹委员会指定台师大文荟厅为台北市第108号市定古迹。而台师大行政当局则不放弃兴建大楼之努力，继续向有关部门陈情，希望乐智大楼可以按原计划兴建。尽管历经了多次陈情，台师大的乐智大楼兴建案仍被否决了，文荟厅与老树都得以保存了下来。

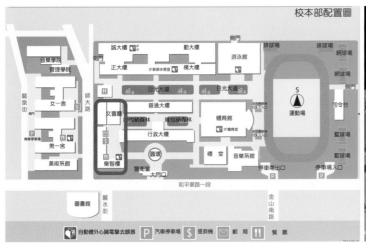

图 1 台师大校区示意图（左下红框处即为乐智大楼兴建所在地）

图 2 乐智大楼模型示意图

图 3 乐智大楼兴建地之老树（2003）

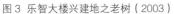

图 4 乐智大楼兴建地之老树（2003）

图 5 文荟厅的空间使用（2003）（作为餐饮空间）

17

文荟厅的保存案例是土地使用的争议，也是校园内空间配置与空间资源的争议；是校园内决策的争议，也是校园民主与参与的争议；是古迹价值、古迹保存、建筑与规划专业的争议，也是校内事务或公领域事务的争议。在本文的讨论之前，有几个西方的空间使用争议可以提出来与文荟厅的争议做一个比较。

（1）科罗拉多州的丹佛市（Denver）在1990年完成一座花费一亿两千六百万美金的会议中心（Convention Center），希望其可以重建地方经济（Mitchell，2000）。在该中心的一项工程中，艺术家Barbara Jo Revelle制作了一项名为"科罗拉多全景"（Cororado Panorama）的地景艺术，将168名具代表性之科罗拉多历史人物肖像置于墙上。艺术家所选择之肖像引起计划当局的反对。当局要求移除掉黑豹党人、艾滋病运动者及民权主义者等的肖像。艺术家力保其所选的人物肖像列在墙上，但最终此计划仍未能完成。Revelle认为市政府当局要的是没有争议的、美好的、不冲击任何人与正面的历史。

（2）Harvey（1992）在一篇讨论社会正义的文章中介绍了另一个空间与土地使用的故事。纽约的Tompins广场公园在1991年之前是一个热闹、多元及充满冲突的空间。除了近300名游民聚集在这个公园之外，还有滑板族、玩棒球的、带小孩的母亲、朋克族、光头族等。这种多元的地景使纽约迷人不已。这种多元的地景，由不同人共同使用这个空间，构成了一个后现代城市包容多元文化的绝佳范例。城市的自由氛围造成团体的发展与分化，形成不同的社会团体。Harvey认为当时的Tompins广场空间包容与尊重群体差异。但由于这个公园有许多游民及帮派，纽约警方在1991年6月清空整个公园，赶走游民，并且永久地驻派警卫看守。Harvey认为公园这种公共空间本身包含着不同的空间使用想象。Tompins公园被清空之后的管理在Harvey的眼中是嘲弄与压迫。Harvey问道："公共空间的公共性究竟是什么？"

（3）20世纪90年代起，"228建碑委员会"便与台北市政府协商纪念碑的坐落地点，预定地包括事件发生地，如建成公园、台北火车站等，最后决定落脚新公园。选定新公园是因其临近政治中心，且为现代化的象征，空间内涵又特殊的缘故。此纪念碑之用意在于抚平历史的伤痕，但被采用的纪念碑表现出一种不安的氛围，其形体棱角分明，顶端呈针尖状朝天放射，除了有"出头天""反抗""愤怒"等意象外，更有台湾人"赌咒"的隐喻，可说是诉诸事件的压迫性。作品由王俊雄等四人设计，在当时被评为第三名。为什么第三名的作品最后会中选呢？而它是否也凸显了特定的意识形态？

三、文化战争与公共性

上述案例包含着土地使用、地景不同想象在竞争上的共同点。台师大的例子是有限的校地上要盖大楼或保存古迹；丹佛市地景艺术的例子是谁决定何者是可以被揭露的历史，公共空间上应该陈列哪些历史？纽约市的例子则是谁可以使用公园这个公共空间，公共空间的公共性究竟是什么？新公园的纪念碑的纪念主体是谁？这四者也许主角不同，即土地使用、公共艺术的内容（形式）与谁可以使用特定的公共空间（什么是公共性）。然而非常明显的是，这四者均指出文化地景是一场文化战争。

而文化战争则包含着一个二重结构，即冲突与经营冲突的机制（文化与民主）。米契尔指出文化战争根植于意识形态、宗教、阶级、族群等。文化战争决定合法性、局内人或局外人以及公共性。从文化战争的观点看，任何文化地景的存在与发展可能包含明示或暗藏的"应然"冲突，例如兴建大楼与古迹保存这两种"应然"的冲突，而文化地景即为冲突的结果。这与传统文化地景学者Carl Sauer的观点不同。Sauer（1925）认为文化地景是文化在自然环境上的表现。Sauer的文化地景是基于一个稳定、静态的时空环境所产生的结果，他重视地景最终的样貌，却忽略不同的群体有不同的文化，文化间的关系未必是和谐的。文化地景或任何的空间现象应当是冲突或者妥协后的结果。

台师大文荟厅保存的案例中，文荟厅的保存与乐智大楼的兴建是相冲突的，它们并不能同时成立。在倡议兴建大楼的过程之中，台师大行政单位认为盖大楼等于台师大的发展。因此，行政单位与校内外人士之间的冲突就成了发展与保存之间的文化战争。因为如此，原先的规划构想与古迹保存之间的矛盾被转化为发展与保存之间的对立。盖大楼等同于发展尽管是有争议的，但是学校发展怎么会狭隘到等同于校内的土木建设上呢？诺贝尔获奖者沈恩（Sen）指出："我们是否愿意为了促进经济发展，而牺牲一些基本自由与公民权利？"（引自朱敬一、林全，2002），这一问题是不通的，因为发展的目的本身就是在增进自由与人的权利。这样的问题无异于在问"为了达到目的而牺牲目的可不可以？"这当然是荒谬的，是个伪命题。同样的，大楼的兴建是否即为发展？这其实是一个值得探讨的问题，但更值得追问的是何种结构（校园生态、权力结构与校内参与机制）使得这样有争议的议题无争议地通过校内的决策机制？换句话说，台师大这个案例中文化战争——盖不盖大楼——事实上反映出一个更重要的校园内的政治结构。这个政治结构除了生产出乐智大楼这个规划构想外，也产生出保存文荟厅这个校园社会运动的韵律：学校行政单位如何看待反对者与反对的意见？反对者在运动中如何经历角色转化与社会化的过程（这暗示的是校园内与社会是脱节的）。米契尔在文化地景的讨论中主张，文化地景是文化战争的结果，没有文化这回事（Mitchell，1995：75引自Marston，2000）。然而，尽管我们可以同意文化地景是文化战争的结果，它是权力运作最后的产物，但是权力可以有不同的形式，不同的运作机制。也许这个地方（locality）所有的权力运作机制才是我们必须更进一步解释的。就如同John Forester指出的"我们不能只说权力、权力，我们更应当了解权力的界限与改变它。"

四、文荟厅的多元论述

对历史问题的一个饶有趣味的处理方法是问"如果没有（有）……则……会有什么不同的发展"。例如孔子说："微管仲，吾其被发左衽矣"；曹孟德亦感慨："设使天下无有孤，不知当几人称帝，几人称王。"历史学家可以假设某个历史事件的改变，根据已知的条件做逻辑的推理。同样的，文荟厅保存案例中"乐智大楼"经历了八年筹划已拥有兴建执照，在2003年预备动工兴建。它的执行已完成一切手续，待建筑基地内老树移走即可开工兴建。之后的演变完全来自一则老树摄影比赛海报所引发的一名教授的好奇、追踪与抗议。该名教授的抗议海报随后形成了一股稀少的反对力量。当然历史的发展不可能是如此线性，但以当时距老树移植仅月余、兴建执照已取得、经费已确定的情况下，如果没有当时的竞赛海报，则校内多数人将很可能到老树断根时才会知道文荟厅一案。在移植老树一事曝光后，台师大行政单位为反对意见特召开老树移植会议。此会议议题为老树移植，但保护团队在会议中才发现老树移植之始末实牵涉大楼兴建。

台师大内部一直缺乏校园规划的参与机制，另外台师大行政单位一直对保护团队之意见无善意之响应，以学生为主之"师大学生校园关怀小组"（简称学生团队）开始在校内展开宣传、动员，办理网络联署、校园导览、黄丝带周等活动；而以教师为主的"台湾师大校园空间、老树古迹关怀团队"（简称关怀团队）则开始联络校外之民间组织。首波活动是联络"乐山基金会"向台北市政府申请古迹指定。在整个师生互动过程中，学校一直未有响应，直到关怀团队邀请相关部门协调时才同意开会讨论。台师大行政单位在校内共召开两次讨论会议，然而两次校内之协调会议均无沟通、讨论与妥协的结果。两次的校内协调会议结果较倾向于保存文荟厅。尤其是第二次协调会议，一名具校友身份的委员在会议中听取双方意见后竟意外地表达其个人希望保存之意愿。在校外的会议部分，台北市文化局共召开两次公听会，由文化局主持，邀请古迹审查委员听取双方及民间团体（正、反均有）表达对文荟厅保存的意见。在这四次校内外的会议中，台师大行政单位兴建大楼的立场丝毫未有改变，而学生团队与关怀团队则持续地在校内、外动员。5月份1300名师生及校友联署，6月份学生团队至教育主管部门陈情并获得300余名市民之联署支持。在媒体与舆论方面，古迹保存始终不是一个热门之话题，但仍得到媒体与舆论的支持。

就实质的讨论内容而言，虽然双方多次沟通后仍无交集与妥协，但其具体内容仍可分述如下。台师大行政单位的看法是：

（1）台师大各系所有强烈的空间需求，建乐智大楼方能满足，促进学校发展；

（2）本案已完成一切手续，重新规划旷日废时，且经费可能被回收；

（3）本案作业七年，无黑箱作业，在行政、校务会议中均完成讨论；

（4）文荟厅之布局与人文意义并不重要，且文荟厅屋顶已烧毁应无古迹价值。

而关怀团队、学生团队的意见为：

（1）规划报告书有误，空间规划宜有需求之正确数目；

（2）兴建乐智大楼不等于发展，且学校仍有空间及校地可使用，关怀团队等不反对兴建乐智大楼，但反对牺牲古迹兴建大楼；

（3）校园内无参与之渠道；

（4）台师大内古迹之历史与人文价值不可被牺牲，文荟厅之古迹价值具独特性；

（5）台师大之古迹为公领域，不应为台师大内部事物，由现任行政单位片面决策。

上述之观点在四次的正式与非正式的会议中一再被提及，大体上均围绕着"大学发展、规划程序、古迹价值、公领域之界定"等四项讨论。台师大行政单位与关怀团队之师生们无任何沟通与妥协。在文化局方面也非惯例地召开了两次公听会、三次审查会。台北市文化局希望校园内能达成共识，但在势不可违的情况下，文化局仍将做出决议。台北市文化局在2003年7月提出审查结果，指定文荟厅具古迹之价值，遂指定其为台北市第108号市定古迹。

五、讨论与分析：没有输赢的文化战争

如果文化地景是文化战争的成果，那在个案中的四项主要论述的前两项是台师大行政单位的主要论述，而后两项则是关怀团队的主要论述与行动依据。台师大行政单位一直强调大楼对大学发展之必要性。事实上关怀团队之师生也强调他们不反对兴建大楼，仅反对于现有建筑基地之上兴建，以牺牲老树与文荟厅为代价。由此看来，关怀团队在发展此主题上与行政单位其实未有重大分歧，所差异者，在选址上而已。行政单位所坚持的是不愿意否定过去七年的努力，并担心一旦重新规划恐怕夜长梦多。对于一项七年的计划被否定，规划者自然不能接受，然而这也显示这七年的规划没有师生的参与，也没有得到师生普遍的支持。这七年决策的合理性十分令人怀疑。关怀团队也强调七年来台湾高等教育的环境有极大的转变，都市计划每五年必须通盘检讨，而乐智大楼的兴建案已有七年应加以检讨以真正符合需求。关怀团队建议行政单位重新以学校现有之空地兴建大楼。学校行政单位的主要响应是在第二项规划程序上，一方面不愿意同意原规划之失败，另一点原因是重新规划将再耗费三年时间（原建筑师估计），充满变数。

关怀团队主要的论述是文荟厅与其他相邻的建筑除本身之历史、文化价值外，亦形成一个自有之古典格局。此外，文荟厅应属于全民共有之公有财产，它不仅是台师大之资产，也是全台北市市民之资产，否则不应由台北市文化局为主管机关判定其是否具有文化古迹之价值。因此，关怀团队师生除了在校内继续寻求沟通之可能外，也向校外的民间团体、市民宣传，希望大家共同向台北市政府陈情。台师大行政单位以及赞成兴建乐智大楼的师生除主张文荟厅无古迹价值、文荟厅为日本军国主义遗毒外，还强调文荟厅是台师大的事，参与之相关官员与文化局长为台大人，为何要干预师大的事务，暗示公领域是有限制的。也就是说，此议题背后牵涉到如何界定公领域，进而限制谁是利益关系人。又如谭鸿仁（2003）指出具有地缘性的公领域，会因其地理距离的远近，其外部性效益的渐弱，而造成民众参与此公领域的意愿有地理上的差异，例如古迹保存以及邻避设施。

台师大行政单位一方面坚持规划的程序理性，以此作为其正当性来源。然而，也因为此，造成兴建大楼之主张不可改变的结果。整个事件关键的论述：发展是什么？文荟厅之价值以及公领域、公共财产的争论并未被提及。而这也使得文荟厅事件自始即进入一个死胡同之中，无丝毫转圜空间。如果在过去的七年之中，这三项争议可以在校内的决策机构讨论，如果台师大过去的校园参与、校园民主能够真正地发现议题，调节冲突，

那么这场文化战争或许可以进入一项民主的议程中，最起码得到形式上的处理。

台师大文荟厅保存的事件从文化战争的观点来看，文荟厅的保存是一个文化战争，它反映了不同的发展、人文及参与概念的战争，而由权力决定文化意识形态的胜败，胜败不必然代表优劣。在前阶段七年的规划历程中缺乏校园参与，仅有的一场象征性的参与仅是一份自说自话的诱导性问卷。问卷虽回收了四千份，但回答者仅能选择乐智大楼一角日后要兴建八角亭或钟楼。问卷的目的不在于多数人的选择是什么，而是在此规划过程中有一个外人不可得知的无意义参与，作为台师大当局决策之民主脂粉。2003年之后的文荟厅事件转型始于巧合，文化战争于是开始。

自从师生参与此事件，他们的行动在两方面解构此案例。第一是建立校内外师生对话之界面，同时直接与台师大行政单位对话；第二是重新界定文荟厅之保存为公领域之活动，台师大行政单位的角色由决策者、裁决者、主管转变为权利相当的利害关系人，由主持会议、界定议程、指导、纠正的家父长，成为必须公平参与的城市公民，进入另一个决策过程（古迹指定过程）。在进入这个过程中，文荟厅事件成为一场进行文化战争的抵抗地理。在抵抗地理中，我们不仅要找出地理上可见的抵抗行动，更应当要审视何种地理条件能够生产出该空间生产之抵抗？这和谐的空间表象无法显现空间需求的张力（系所空间不足？目前空间配置的合理性，系所空间需求与闲置空地并存的荒谬）以及与之对应的抵拒。文荟厅事件能成为一个抗拒空间必须置于一个更大的脉络之下：台师大的空间张力及其原因，台师大的闲置空间，以及乐智大楼的兴建计划三者之互动，而这三者之互动即是抵抗地理之必要条件。在文荟厅事件中，地理上的表征也许不明显，但是其结构因素才是我们应当再观察的。

六、结论

在古迹保存文化战争以及抗拒地理的观点中，这两个概念各自有其结构的分析途径。文化战争主张文荟厅的保存是一个意识形态的冲突，而由权力决定空间成果。文荟厅的移除有其发展主义的意识形态与校园内独特的政治结构；而抵抗地理的观点自然也是以冲突的观点看待文化地景与空间的形成。抗拒的地理形式下还有空间张力与政治结构。这两个观点不约而同地指出空间的构成脱离不了政治的过程。Castell指出抗拒起始于公民社会而必须形成一个新的集体认同（Pile，1997）。在文荟厅的事件之中，抗拒发生的场域以及校外声援的团体与民众的确是发生在一个公民社会之中，虽然文荟厅得以保存，然而历史人文与古迹的价值以及校园政治结构的改善与认同是否存在依然值得观察。

后话：文荟厅及老树的现况可见图6至图10。老树区新增木平台，并在其上增列桌椅，可供人小憩之用。文荟厅则为开放的讨论空间，有自助借书机，并出售台师大相关纪念品、出版物与茶点。

图6 老树现况（2015）

图7 老树现况（2015）（可以看见新增的木平台及休憩空间）

图8 文荟厅现况及空间使用（2015）（文荟厅现为开放的讨论空间、兼售台师大纪念品与咖啡、茶点）

图 9 文荟厅现况及空间使用（2015）（不少校园活动会在文荟厅举办，
诸如座谈会、论文发表等）

图 10 文荟厅外观（2015）

作者简介

谭鸿仁，副教授，英国雪菲尔大学都市与区域计划研究所博士，主
要研究领域为空间政治经济学、地理方法论、土地利用政治地理研讨、
规划理论民众参与社区发展。

时间的形状："淡水文化年历"文化地图的建构

淡江大学建筑系　黄瑞茂

一、前言

活动策划者必须细致地掌握大众参与的"中介"作用，不受限于体制的条件，在制度性缝隙之间，寻找一个可以让集体行动主体共享经验以及让"认知绘图"能力持续提高的场合，并且提升其政治意识。

本文主要是回顾淡水地区种种与设计有关的活动，进行一趟"编织"之旅。"编织"本身允许既有的、试验的、对话的、种种的混杂经验，对关于参与市街空间中的多种活动进行拼贴，归结出一个示意图，在行为场所讨论的基础上，进行关于时间形状的描述。这个旅程不是静态的，也不是完整的，而是关于一个生活世界非结构性改变的规划行动的暂时性结论。编织所启动的"认知绘图"能力，聚焦于交互主体的"社区设计"的企图，是一种地域文化重构的行动策略。通过空间与活动之间相互作用的不断调整与修正，逐渐建立一些共识，让这些共识发展成一个行动的社会条件，这是关于一个将近二十年的社区设计的故事。

二、节庆：参与与想象力的动员

"节庆"是社区动员事件发生与情境塑造的触媒。"节庆"是在传统社会中配合其集居生活与大自然经验而形成的一种生活"习惯"。

传统的节庆是地方上"社会动员"——从整个街区组织、庙会、宗族到家庭中的每个人——的一种具体表现。但随着社会生活方式的改变，以往支持地方节庆的条件已不在，再加上政府的干预，以"节约"的口号限制民间的节庆活动，几年下来，只留下节庆时各种逐渐简化、俗化的表演形式，再见不到从整个街镇到家家户户一齐参与的总动员景象。

地方社会借节庆等公共事务的举办来维系和凝聚当地的社会关系，也是呈现"地方性"的基础。居民在传统节庆活动中往往能够主动积极地参与，并从中获得欢愉与精神寄托。也就是说，每个城镇地方性的表现，不只是实际空间风貌的维持，更重要的是生活方式与价值观的体现。而这正是目前台湾一般市镇所面临的挑战，传统空间规划的理论及实践方式已无法掌握与引导城镇的发展，因此，新的规划模式及工具亟待发现。

基于淡水地域文化经验的累积与民间自主的能力，未来相关活动的推动需要结合这些已经存在的力量，特别是关于活动的举办，其成果与累积的文化经验可以与当地的生活世界编织起来。在此目标上，"培育"成为重要的都市政策意义，借由艺术的形式来增强"在地叙述"的能力与视野。

强化对于地域之艺文环境基础信息的掌握，按地域性的不同确认经营的宗旨与任务，例如一种以文化产业为目的的经营模式，就需要有永续经营的能力，尝试在经验中建构自足的能力。淡水的在地工作经验已经有网络化的累积，与既有的小镇文化经验相连接，例如小学美术教育、社区营造工作、民间自主性活动、社区大学所推动课程等相联系，将成为学习的起点。

淡水各级政府与民间组织已经累积了许多举办文化活动的经验，但是这些夹杂新旧以及传统与现代的活动往往造成生活世界的过度动员，未能形成城市建构新的文化模式的机制。因此，本文提出以"淡水文化年历"的建构作为行动核心，梳理淡水文化经验。

"淡水文化年历"将各个属性的活动依据时序排列，然后放到山水与历史经验建构的活动场景中讨论，体现了新的艺文活动与传统节庆结合的可能性，在"创新"中，让人看见"传统"。其潜力在于从地方性的宗教节庆转变成动员城市新住民的节庆体验。以"淡水文化年历"作为媒介，将启发参与者对于地方文化的认识与想象。它能促成"跨领域"的共同工作方式，激荡出新的文化经验，而完备的工作团队也较能响应真实问题的挑战。项目采取的形式将以工作坊、演出活动、艺术展览的方式呈现，试图以"事件"的方式，累积地方文化创意的能量，并兼顾不同族群、区域、类型等。

以时序作为节庆年历拼贴的架构，提供了从个人到社区的不同策略，并且适当提供行动主体可以超越社区限制的视野，能够在社会转变过程中看到可以作为的缝隙与个人的能力。"节庆"的意义正可以与认知绘图所要求之政治策略的实践形式匹配，面对生活空间的议题时，行动主体建构表现于三个方面：①"节庆"提供创造性的空间体验，在质疑既有"地方感"的同时，创造了新的"地方"体验，并且借由"节庆"重绘了地方的认知地图，原本社会权力所未及的"边缘"地带成为行动的"启动点"；②"节庆年历"的建构是一个多方角力的过程，特别是建构过程中需要跨越传统市街地域的空间限制，响应淡水地区新兴地区居住生活的需要，历史街区不是唯一的对象与场地；③从细致面来看，随着行动所触动的转变过程，"拼贴"过程中呈现了主体期望值的差异，于是，除了对于社会权力支配力量的抵抗作用之外，行动主体间的矛盾成为新的议题。

三、城市作为节庆展演的空间体验架构

逐渐形成的空间架构"穿梭山水之间的城市游廊计划"在河岸与中正路改造之后串联了市街空间中的诸多古迹与历史建筑及具有历史风貌的空间形式。节庆是一种动员参与的在地形式，"是形塑了一个无形的公共沟通场域，容纳多元差异的公众观点。将艺术的介入视为真实而非隐喻性的……透过行动、想法、介入，鼓励观众进来参与。"（Lacy, 1995）

这种参与是一种活动的参与，也是空间的参与。淡水地区举办活动的地点十分多元，户外空间以古迹、街道、亲水河岸为主。这种结合空间体验的展演创作是淡水的体验之一，传统的清水祖师庙"暗访"活动延续传统，将淡水与蜿蜒的巷弄串联起来，这时候，巷弄是主角，即使一条不起眼的小巷弄，也是生活者生活世界的鲜活场景。这一夜，我们看到不同的淡水。

回到淡水河口的文化地景观察，除了早期"原风景"作为艺术家依恋淡水的一种风土乡愁和自然景致，近几年随着本土意识的高涨以及地方文化形塑的认同，情感依附于地方，产生的特殊意义通常都带有回忆历史的特质。在不同时空环境下，人们常不自觉地坠入一种历史情怀中，而唤起一种重临其境的感受。淡水"地方感"的形成与生活其间的个体与群体的生活经验密不可分，随着时间的累积逐渐形成群体生活的社会体验，形成一种对淡水、河口地域的共同意识，让乡土情感落地生根，并进入文化生产的过程，一切皆处于感觉、经验的结构化过程之中。

为数众多、不同属性的艺文团体选择淡水河口作为落脚处，淡水河口自然有在地域上吸引艺文工作者群聚的魅力。湖光山色的吸引、便利的交通或便宜的租金促使艺术家群聚于此，他们也进入了编写淡水艺术的过程中。环境潜移默化地使不同性质的艺术家以在地的土壤为创作的养分。

活动的举办将民众带到都市空间中参与演出，因为参与演出能够体会历史城市的环境美，这是联合国对于城市保存的建议，也是淡水体验的一部分。一些新的经验提供了节庆年历拼贴的具体想象，例如在古迹园区的规划之下，红毛城、小白宫、沪尾炮台等古迹的再利用，为各类活动的举办开创了新的视野与契机。回顾1993年"文化市集"时"原舞者"从白天舞到黄昏，将时间与空间结合起来的演出以及精灵舞蹈团在渔人码头与金色水岸的演出，装点了水岸城市的优雅身姿。金枝演社在沪尾炮台的《祭特洛伊》与《山海经》，小白宫的《仲夏夜之梦》演出，都为戏剧、空间、古迹带来新的体验与想象；2009年在沪尾炮台公园所举办的"西仔反传说"，开启了"淡水国际环境艺术节"的年度活动，真正地触动了淡水人的心。此外，淡水的街道体验是特别丰富的，除了民俗的踩街和绕境的活动之外，老街和重建街的巡礼、电影欣赏、画展等街道的体验亦呈现淡水特有的风情。2002年举办的"时间的形状——自导式历史步道系统建构"为埔顶淡水的文化步道修建与地点营造，结合埔顶地区发展的历史脉络及空间状况所举办之空间改善暨短期的艺术行动，以小型活动激发参与者与创作者共同体验生活空间的魅力与对未来的想象（图1至图8）。

从淡水发生的各种文化事件，可以看到多元的艺术节庆、

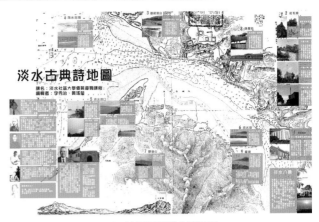

图1 诗词再现淡水原风景

图2 民众参与城市保存地图的绘制

图3 停车场转变成为广场，淡水文化市集

图4 民众参与环境剧场排练中

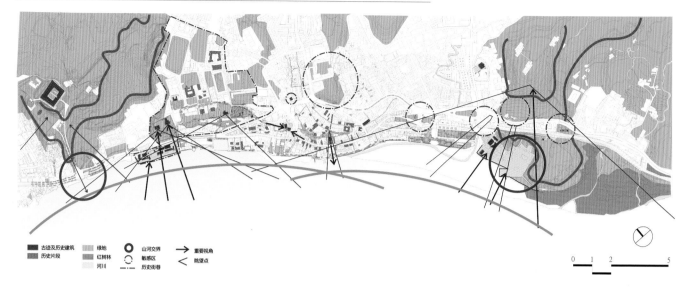

古迹及历史建筑　　绿地　　　　山河交界　　重要视角
历史片段　　　　　红树林　　　敏感区　　眺望点
　　　　　　　　　河川　　　　历史街巷

0　　1　　2　　　　　5

图 5 山水之间的城市游廊

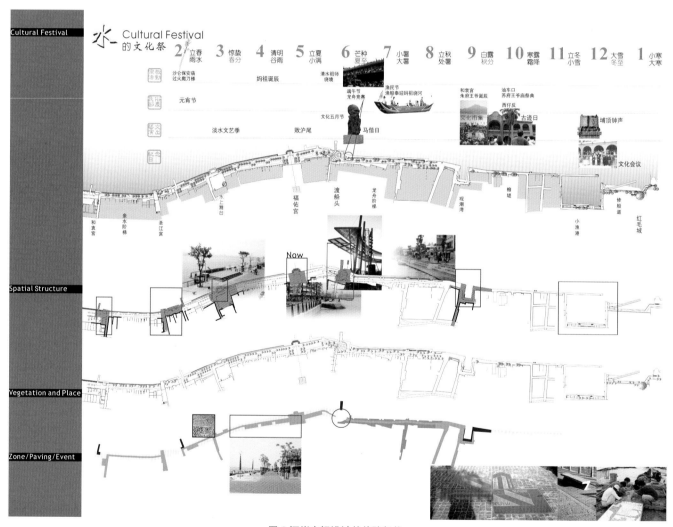

图 6 河岸空间设计的体验架构

图7 渔作空间　　　　　　图8 龙舟阶梯

文化事件中结合了不同艺术形式或主题在河口地区举办相关的艺术文化活动，这些一次次累积的艺术行动逐年发展，增加了河口的文化厚度和广度。无论由公部门主办还是民间举办的艺术文化活动，其艺文的多样性恰如河口的自然生态圈一样丰富。

四、"儿童艺术嘉年华"作为"文化年历"建构的调节机制

淡水镇公所连续举办的"儿童艺术嘉年华"活动可以作为整个计划的第一个行动策略。以目前的经验来看，此活动是行动的中介，是孕生节庆与生活世界相联系的纽带。目前尝试性的活动在形态上仍旧属于新的体验，在地学校与社群的动员与传统社会的民俗节庆中，家家户户参与热情动员的情境是一样的。这样的活动逐渐从政府的经营，倾向于生活世界的产物，需要长时间发展出一种生活方式。

在逐渐模糊的市街空间中，居民借"表征空间"突破生活世界中潜藏的种种压力，去体验另外一种生活方式，以"抵抗"一成不变、受制于结构性力量的都市生活。引用"认知绘图"作为生活世界中抵抗作用的行动与策略，在于借由参与的学习与集体经验的建构，来呼应其居住环境下的生活行为与能力。

于是，"节庆式"的活动成为在特定之都市时势下，地方经营的一套社会实践的操作策略，说明如下。

（1）行动应是一种生活态度的创生，作为思考现代生活处境与新的科技知识、在地文化与全球趋势、公共与私密的起点。

（2）活动成为地域生活经验与文化产业重建的具体行动。只有关注在地经营主体的建构，才能够在自身条件逐渐完备的情形下，达成生活环境经营与地域产业振兴的目标。

（3）基于对地域与全球基础信息的掌握，针对不同的尺度与场域拟定不同的操作策略并且包括研究、人才培育与创作等活动，深化成一种实验性的与可演化性的文化经验形式。

（4）"先有创作，才有展演"。因此，确立创作环境是其中的核心职能。不同形式的"驻地创作"是一个实际创造行动的战略，同时其过程也将是地域空间中的一种创意体验。

（5）经营应是在开放性的公共场域，创生一种能够容纳差异与促发创意的存在，通过不同专业之间的共同工作，让许多的文化体验在此交汇。

（6）作为文化经验的一部分，我们关注"永续经营"的条件，此时，政府将扮演解决问题的关键性角色。

五、回到社区，"淡水文化年历"展开了多样的生活图像

淡水因其特殊的自然环境，经过时间的作用，传统的节庆与现代的艺文活动重叠而成为今天的"文化年历"，这种结合空间、时间与人的状态，将成为未来衡量都市活动的基础架构。从既有各地方的节庆式活动来看，若与传统节庆结合，可以借由都市活动的举办重建市民与城市空间的关联。我们从淡水各庙会民俗与艺文活动所建构的"时序表"中可以看到一整年的时间中，传统的节庆活动形成了一个网络，成为一个思考与评价新的都市活动的参考向度。传统节庆活动的动员机制，可以作为新的节庆活动认知的基础，关键在于现代艺文如何与传统节庆结合，同时借由传统节庆的空间意义，成为孕育新的创意活动与文化事件的基本条件，在内涵上与形式上都有参考作用。

因此，"淡水文化年历"的提出，主要响应上述淡水地域生活的想象，办活动不应该只是一场活动或是展览，主要的意图在于通过一个整合式的架构来整理目前"过度动员"与欠缺地域文化经验累积的活动形态，而提出一套孕生于在地、响应外在挑战的年度活动架构。其积极意义在于培育与创建属于这个城市的文化活动经验。

2009年开始的"淡水国际环境艺术节"以淡水的历史故事为主题，动员300个社区民众历经半年的排练而参与演出。累积在都市空间中的文化活动是丰富都市生活的关键，当我们要找寻能够促进地方文化重生与地方意识凝聚的契机时，也就不能忽视地方原有的各种文化仪典活动。因为，就是在这些仪式活动中，人们可以再次确认自己在社群中的位置与关系。

历史资料、文化事件、艺术工作者网络，若将各点置于一个大的时间与空间版图中，通过一个整体的面貌，可反映出近年来淡水都市行动的特殊性。这进一步验证了在地艺术网络深耕的必要性，通过空间调查、资源整合、文化与历史研究，建构淡水文化年历作为一个持续进行中的推动概念，转变与深化淡水文化经验的累积效果，见图9至图11。

淡水的精彩不是因为前辈艺术家所留下的画作，而是存在于生活世界中的种种关于地域美学的培育，原本随着生活世界所铺陈的个别经验，在近年的环境变迁力量的牵引下，逐渐成为"地方的力量"，这是淡水的资源与未来，而眼前的工作是去编织与想象，这是一个刚刚起步的工作！

图9 "重回街道"儿童艺术　　图10 观潮广场的街头表演
嘉年华龙舟阶梯

（一）开放边界，分享多元经验

面对逐渐扩大的淡水市街，文化年历的架构应该是开放的架构。资源过度集中于淡水市街，除了埔顶学校与教会或是汉族市街区传统庙宇的体验之外，一些边缘社区与新的居住区的生活经验也在逐渐累积。另外，对于原居民与外来移工等的经验，都可以通过邀请参与的方式来分享，从而丰富文化年历的架构。

（二）生活世界中的创作经验

社区里的教育系统是公民美术得以发展的重要力量。如淡水社大推广的相关文史课程、摄影课程、美术课程、纪录片课程，让社区里的民众可以在正式的学院之外，拓宽视野，改变人生，获得别于学院的另外一种力量。此外，地方文化产业的特色也成为公民美术另一种形式的展演场域。这些不同的样貌，丰富了民间文化美术的活力与传承。

一方面，从学院的精英美学到真实的生活空间场所，进入社区的艺术家或自学成艺术生产者的居民，建构了地方的文化经验，并重新检视了被忽略的生活世界。精致艺术只有立足于社区，具有在地认同的文化自信，才能使地方艺文特色注入生命的源头，并在外来文化的感染下，不断衍生出新的文化内涵。

社区居民慢慢发展出一种对地点的情绪，但是要将城市实质组织可视化，甚至要理解城市活动的支流，并不容易。地方生活的一个不变特征是：为了"看到"地方，必须求助于某些样式化的象征工具。

基于淡水过去所积累的地方文化的经验，以绘画的方式谱写出动人的故事。记录在地生活的纪实摄影课程，不但让社区许多妈妈具有专业摄影技术，而且帮助她们走出家庭，成为地方风土人情的观察者及记录者。这些多元的艺术教育系统，使河口地区的不同族群皆有参与艺术创作的机会及途径。

（三）从"反对快速道路联盟"到"树梅祭—竹围环境艺术节"的建构

社区的"节庆"经验隐含的是一种解放的力量，通过参与将社区意识渗透到日常生活中，去质疑社区过程中诸种社会权力的作用，能够将参与转变成为表达自我与从事社区想象工作的过程。第三届儿童艺术嘉年华扩大了社区的参与度，此活动需要在社区进行筹备，于是在竹围地区引起一些新的讨论，在过去一年所投入的"反对快速道路运动"的能量，结合在地艺术聚落（竹围工作室）的资源，提出"树梅祭—竹围环境艺术节"

作为该地区的节庆活动，反映树梅坑溪的地域特色，见图11和图12。

面对社区架构可能产生的排他性，提醒了"文化年历"建构的行动应该是开放的，从而满足种种差异性角色的要求。同时保持社区组织的主动性，来面对机制本身由上而下的牵制力量与不同目的的作用，避免再次沦为静态机能社区。与传统宗教的"节庆"经验不同的是，其行动内涵不再巩固与复制既有的社会关系。

六、小结："文化年历"作为地方活动营造的创意平台

2008年"我们需要怎样的艺文环境？"公民会议通过讨论，逐渐形成的以地域为基地的艺术网络架构，已经成为一种对于淡水发展的期待之一。公民会议的参与成员包括艺术工作者、地方文化推动者以及多位选择淡水作为退休居住地的人士。他们大多肯定淡水的自然与人文资源，并且对于淡水未来的发展有所期待。会议的结论是淡水的艺文发展并非是一种产业的想象，而是关于生活方式的建构。

"节庆"之于"日常生活"不只是个人生存空间的放大，"节庆"经验更应成为社区日常生活的提醒力量。其建构的社区经验，让工作与休闲或是生产与消费的关系重新联结起来。这种"节庆"活动无论是形态或是规模，都可以说是一种新的经验。新的形态本身提供一个另类的视野，"节庆"活动在生活空间中提供一个释放现实生活种种压抑的"差异地点"，在这里，个人得以从集体中解放出来，"节庆"活动的建构、想象与筹备过程中的劳动和争执均在那一刻消解并转化成一种积极的力量。于是空间建构所具有的种种抽象的规范与概念，也在"节庆"的集体行动中发生了转变。

在活动筹备与必要的任务分工中，这些行动主体尝试协调在个人领域中集体决定与个人生活时间的关系，形成一个可运作、执行的分工网络。经过多次协商形成的执行机制，除了能够完成任务之外，也因为这段共同工作的经历，在生活世界中建立了彼此的关系，且能够在往后的互动中，继续支持社区共同意识的建构。

基于对于新生活世界的想象，既有的分工式操作不能够满

图11 重建街生活轨迹地图

图12 树梅坑溪环境艺术节"在地食物年历"

足这些要求。衡量现实的条件，不管是地方政府或是民间社团，活动的推动机制需要有能力掌握各种"联结"关系。在执行机制上，需要强调"地方力量"的掌握与"联结"的能力。

关注活动举办的意义，不应只是为了活动而活动，更应看到文化经验的积累。因此，从诸如"过度动员""资源有效"的问题或是活动如何有助于淡水文化经验积累的角度来看，"平台"的作用可以成为一种机制，进而进行相关的分工与互动，跳出目前的推动架构作为今后各级单位推动活动的协调与分享机制。

作者简介

黄瑞茂，淡江大学建筑系专任副教授兼系主任，台湾大学建筑与城乡研究博士，从事在社区设计与都市设计等方面的实务与研究工作，包括亚洲城市、农村再造、历史保存、生态永续、接近城市的权利、公共艺术与社会住宅等方向。

联结与实践
淡江建筑三年级设计教学的定位与策略

淡江大学建筑系　赖怡成

摘要： 淡江大学建筑系以建筑设计课为全系所有课程的教学平台。在此平台，学生是学习上"自主成长"的主体。三年级是强调"专业知识成长"的阶段，是本系专业实务课程最多的年级。相关课程包括建筑法规、建筑系统、环境控制、敷地计划与计算机技术等，如何将这些课程整合至大三的建筑设计平台是一项重要的议题。我们采取的策略是"真实的实践"，所谓"真实"，强调设计态度上的真实，或所谓的"玩真的"，通过此策略建构不同年级设计课与专业实务课程之"中介的联结"。此"中介的联结"除了衔接一、二年级的学习外，也帮助学生在进入四、五年级强调多元与跨域的学习前，能有较全面的建筑专业的基本知识。此策略相关的教学计划与实践方式（包括基地、图像、构造、日记及虚拟教室等）会在本文中加以论述。

关键词： 建筑设计工作室，教学法，图像，构筑，虚拟教室

一、前言

淡江大学建筑系（以下简称淡江建筑）一向以学风自由著称，对于国际与社会时事的前瞻议题之于建筑教育以及建筑专业的演练总是在社会发展之前。强调动手做的实做与试验性的创作为本系大学部的主要设计教学策略。此策略以各年级建筑设计课为全系所有课程的教学平台和各年级（水平与垂直向度）相互学习交流的课程平台（赖怡成、吴光庭，2011）。

在此平台，各年级学生将专业课程内容实践于建筑设计课，并享有发挥的演练机会，且借由实际动手操作的"实做"（如结构、构筑、材料等机具操作）过程以及探索前瞻性设计议题的"实验"（如都市集居住宅的类型、永续建筑的运算控制评估等），将此训练作为本系学生专业技能学习及提高的必要手段，使得学生整体设计能力以及多元跨域整合的掌握更趋成熟。

此平台强调"水平"与"垂直"的学习互动。"水平"重视同一年级各组平台之间的交流以及与其他专业课程的整合。"垂直"则强调不同年级平台之间跨领域的交流学习。一、二、三年级的设计课为初级学习阶段，是各年级专业课程与设计课水平整合及垂直向进阶的基础。四、五年级的设计课则强调多元与跨域整合的学习。而这些不同年级的建筑设计平台也会整合不同的"非正式"课程，如设计工作营、建筑实习等。

二、平台：建筑设计课

在此教学平台，一年级设计课视"基本设计"为教学主旨，让学生在"身体"上熟悉"动脑思考及动手做"的基本专业学习态度及美感训练，同时在知识及能力上逐渐适应建筑设计整合性思维逻辑与良好心智、习惯的养成，并参与校外具公益性质的展演活动，扩大其社会接触及学习基础。二年级开始操作与一年级设计训练衔接延伸较小、中尺度的建筑设计题目，并逐渐将水平向初阶之结构、构造材料、物理环境等相关的基本专业知识应用于建筑设计之中，开始加强学生对建筑设计美感与创意的真实掌握。

三年级除延续二年级的教学精神外，随着学生人格、心理及经验的成熟，开始更积极搭配、整合水平向专业课程的教学，全学期操作强调真实议题（如涵构、空间计划、绿设计等），根据这些议题将题目所需专业知识做更完整的设计整合表现，是欧美建筑学院中非常典型的所谓"整体设计"的教学形态，且一、二、三年级的建筑设计训练，也是美国建筑学院强调专业知识训练和纪律的核心，如美国康奈尔大学、库伯联盟学院、波莫纳加州理工大学等知名建筑学院。

四年级设计课采取以任课教师专长为主的"主题设计工作室"教学方式，学期初经各授课教师主题教学说明后，由学生自主选择采用主题工作室的教学方式，这是因为学生已具备三年的基础，更清楚自己的能力及兴趣。四年级的设计教学事实上是大阖之后的大开，学生的个性、想象力及对建筑的热情与学习的成就感都在这一年有多元的养成。训练题目有1:1实做的操作、计算机信息与媒体文化、永续建筑、建筑及都市设计、地景与地域文化、全球化城市与建筑等。

作为五年级设计教学主体的"毕业设计"在尊重学生自主及延续前阶段所有建筑设计学习的前提下，学生用上半学期1/3的时间（2/3时间为其他建筑设计教学占用）及整个下半学期独立完成毕业设计，期望学生除具备良好的专业知识和基本能力外，还具备独立思考及良好的专业执行能力，毕业后兼具建筑相关专业领域工作执行及就业能力。通过自主学习成长的

历程使本系学生在此平台"建筑即公共知识"的基本前提下，塑造其对公共环境关怀的专业人格。

三、定位：中介的联结

在此建筑设计平台，学生是学习上"自主成长"的主体。而在课程架构上将"自主成长"分为三个阶段，分别为大学一、二年级的"专业知识学习"阶段，三年级的"专业知识成长"阶段及四、五年级的"专业知识累积"阶段，并分别开授适当的课程与此平台衔接。三年级的"专业知识成长"阶段是本系专业实务课程最多的年级，包括建筑法规（安全）、建筑系统（构造）、物理环境（生态）、敷地计划（基地）与计算机等相关课程，因此，如何将这些课程整合至大三的建筑设计平台（实做与实验、水平与垂直）是重要的议题，而我们采取的教学策略是"真实的实践"，通过此策略建构不同年级设计课与专业实务课程之"中介的联结"（图1）。此"中介的联结"除了衔接一、二年级的学习外，且帮助学生在进入四、五年级强调多元与跨域的学习前，能有较全面的建筑专业的基本知识。

在此强调课程之"中介的联结"以及"真实的实践"的教学策略必须仰赖本系的课程、师资、空间设备以及建筑设计平台上的交互资源。大三的建筑设计课总共有八位老师，其中包括三至四位专职老师，四至五位兼职老师，这些兼职老师都为建筑师，有非常丰富的建筑实务经验。授课方式为每周星期一和星期四的分组教学，每位老师指导七到八位学生。而在空间上，大三有独立的工作室与上课讨论及评图的空间，能有效地满足学生与老师的互动与自主学习的需要。在课程学习中，会有一位设计课助教帮忙处理评图和准备教材，以及学生课后的学习与辅导等事宜。此平台也结合本系之"非正式课程"，以扩展并联结学生在实际业界环境之"真实的实践"。此"非正式课程"除了演讲系列与设计工作营外，暑假实习课程（图2）扮演着重要的角色。此课程加强与延伸学生建筑实务能力的培养，在暑假期间，学生（大三升大四）必须满足两个月至少完成200小时无薪工作实习之要求，实习单位及内容由本系授课老师协调指定，并由授课老师现场访视评估学生的学习成果。

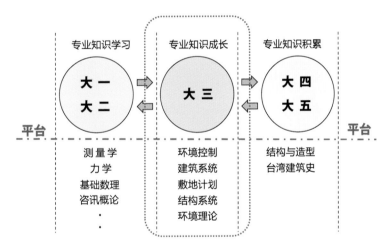

图 1 中介的联结：大三建筑设计平台

图 2 暑假实习课程（在建筑师事务所）

四、策略：真实的实践

大三的设计教学策略为强调"真实的实践"，也就是如何将建筑设计的创意通过思维逻辑、表现方式、专业知识与技术的整合来进行彻底实践，换言之，让设计"真实"，是一种做设计态度的"真实"，即所谓"玩真的"。因此，本学期的设计训练有两大重点：①培养同学逻辑思考的习惯；②积累建筑专业的基本知识（毕光建、赖怡成，2010）。

逻辑思考习惯的养成可分为三个阶段：①问题（或议题）的"寻找"；②问题（或议题）的"定义"；③问题（或议题）的"解决"。每个阶段的本身以及阶段间的衔接必须是一次逻辑的演绎，并且也是一次"创造性"的寻找过程。建筑专业的基本知识包括：基地环境与涵构，空间组织与计划，建物系统与组构以及相关专业知识与技术如法规、构造、绿设计等计算机辅助设计的应用与建筑设计的整合，以理清不同专业知识之间的相互关系。

（一）基地环境与涵构

基地环境与涵构强调设计者通过对基地的观察、记录与分析，产生对基地的看法而发展设计。其元素包括：①物理环境与生态；②软件（Software），包括事件、机制、脉络等；③硬件（Hardware），包括建筑物、公共空间、设施等。

（二）空间组织与计划

空间组织（包括动线组织、公私领域、内外层级等）与空间计划是建筑设计的重要训练内容。空间组织关系反映空间的质量与创意，空间计划强调使用者的行为与空间的关系，且补足空间名称不足的"定性叙述"，并满足空间的特定功能所必需的条件，或是解决因特定功能所引发的问题。两者会对于基地经观察而理解的现存功能进行检讨与诠释，进而开发新事件或新事物的设计创造。

（三）建筑物系统与组构

建筑物系统与组构是建筑实践的重要手段。经由建筑系统（如空间、动线、结构、开口等）与组构（细部、材料与构造等）的整合进行实践。

（四）专业技术：法规、构造、绿设计

建筑法规之精神乃以保障使用者之"人身安全"为原则；构造强调材料、细部与设计的整合，是让设计"真实化"的基础；而绿设计则以创造"永续环境"为目标，强调设计与环境因子的对话与应用。

为让学生更广泛且深入地学习设计，每学年（两个学期）会有四个设计题目，每个题目各占半个学期（八周，两个月）。这些题目都架构在上述专业基本知识上，且每个题目都有一个核心议题，学生能清楚且精准地学习该议题的重点，相关的图面要求与评图重点也会与此议题配合。例如大三上学期包括强调基地涵构的教堂与社区中心设计以及强调建物系统与组构的都市中的办公大楼设计；大三下学期则强调空间组织与计划的都市集居住宅设计等。

五、实践：如何真实？

在此建筑设计平台，我们会使用五种主要的实践方法：基地对话、逻辑图像、构造实作、设计日记及虚拟教室。

（一）基地对话

真实必须与基地对话（Antoniades，1992）。为能让学生和基地有效对话，基地的真实性、可及性和方便性是重要的，并经由一开始的基地初探、过程亲探及"设计鉴诊"而完成。由于设计工具的改变，学生做设计已经慢慢地离开亲身感受真实环境的状态，尤其在真实尺度上的空间关系（涵构、体量、景观等）与场所氛围（材料、颜色、质感等）上。因此设计鉴诊扮演关键角色。所谓"设计鉴诊"，是学生带着草模至基地，将身体置入于自己的设计草模并感受，体验20至30分钟后，学生将体验过后的优缺点记录在草模或笔记本上，并自己指出需修正的地方与想法，然后老师再开始与他们进行讨论（图3）。

（二）逻辑图像

真实必须和自己及别人沟通。除了自己知道自己在做什么，也须让别人知道你在做什么，而想法间关系的建立是重要的。逻辑思考（包括问题寻找、定义与解决）扮演重要的角色，而以视觉思考为主的设计者将逻辑思考图像化（diagram）是重要训练。Garcia（2010）认为图像为选择性抽象化的空间表现，是一种想法，一种概念；吉尔·德勒之在*A Thousand Plateaus*（1998）一文中也认为图像是抽象的机器……是一种力

图3 设计鉴诊

量之间的关系图谱，而这些力量影响空间设计的原则"。因此，将设计思考通过一系列的图像（或草图、概念模）进行有组织的视觉呈现是实践真实的必要手段（图4）。

（三）构造实作

真实是一种概念的贯彻，必须考虑设计如何落实。因此，除了引导学生从不同尺度（如 XL、L、M、S）了解设计和概念的关系外，材料与构造细部上的设计与思考是实作的重点。在此平台，除了要求学生处理一般建筑尺度上（或较大的环境涵构）的设计操作与图模说明外，如 1/200 的配置图与量体模、1/100 的平立面图模、室内外透视等，他们也被要求构造设计的实作，如数个 1/50 外墙剖面图、1/20 ～ 1/10 细部构造模等（图5），教学过程中会邀请业界的专家（如幕墙厂商、钢构厂商）来分享。这些构造细部作品虽然不成熟，但对于实践建筑设计的真实是重要的养成训练与态度。

（四）设计日记

设计是一种解决问题的过程，因此，实践真实需要搜寻的经验与决策的能力。清楚自己在做什么，如何做决定，是落实

真实的重要训练。在此平台，除了最后呈现的设计成果外（正图和正模），将设计发展的过程进行记录并整理，像日记般（设计日记）地依序呈现，尤其是摸得到的设计模型，包括概念模、草模、构造模等，学生可以在这些模型的发展过程中，真实地面对自己，知道如何做决策，如何管理时间，如何调整想法，如何面对问题，最重要的是找到自己的盲点以及极限。除此之外，这些设计日记可以引发学生们的设计交流和对话，有助于相互学习（图6）。

（五）虚拟教室

真实需要以知识为后盾。在网络时代，结合虚拟教室的知识分享也是实践真实的重要手段。在此建筑设计平台，每个星期的两个下午（13:00—18:00），每位学生可与老师面对面地讨论设计或贴图评图（平均一位学生有45分钟的时间与老师进行讨论）。除此之外，结合数字化学习（e-learning）的虚拟教室为学生课后提供学习及设计资源；老师和助教也可以利用此虚拟教室的特质（如互动性、实时性、多样性、动态性等）辅导学生、补充教材与强化实体教室所不足的知识（如多媒体

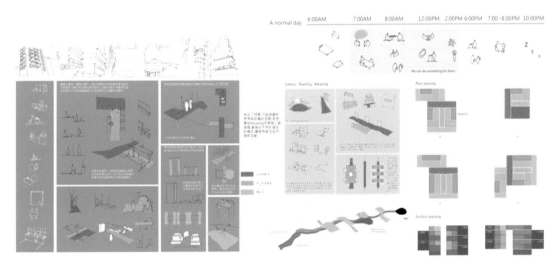

图 4 逻辑可视化：图像与草图

图 5 皮层构造实作

图6 设计日记

的设计案例、电子书籍、影像记录等）与相关业务（如评图公告、交图需求等）。

六、真实需要一点浪漫

经由上述教学及计划的五种方法，学生的确可以从中学习到实践真实的专业知识，尤其是"玩真的"的设计态度：概念是实践真实的原动力，但概念必须来自对真实基地环境的分析与看法，且借由可视化图像（结合多媒体，如 Powerpoint、动画等）呈现真实并进行沟通，从建筑不同尺度落实到真实的细部构造。最重要的，概念实践过程的记录（设计日记）让学生清楚地知道"为何而战"的真实意义，而经由虚拟教室的分享，让此平台的学习可以不受时空的限制。

就如学生们在虚拟教室张贴的文章，"我喜欢 ×× 老师要我们画草图的方式，每画一张就越能看清楚设计""很高兴这次有一个完整且能表示清楚的概念，不会像以前一样，一谈到概念就很害怕，也了解到概念是可以让自己在做设计的时候知道什么是要的，什么是不要的，我觉得这很重要""基地分析和概念借由图像表现，我觉得帮助很大，这里的收获很多"。

在实践真实的过程中，个人认为此平台需要更多专业师资来支持，如 Bauhaus 的技术级老师。建筑设计需要理性和感性，然而，我们发现，学生很容易误以为逻辑思考只有理性，而较缺乏感性（或所谓浪漫），也就是缺少自己个人经验的真实感受而获得设计上的想法与表现，因此，"如何在真实中多一些浪漫"将是我们下一阶段"真实的实践"策略的重点。如某外评老师（业界知名建筑师）在总评时对学生勉励的一段话："好的建筑来自三个条件：基地、空间计划及故事性。基地提供了形塑建筑在空间与形式创造的重要养分；空间计划支持建筑的空间使用与理性思考；然而，建筑设计不是只有理性而已，还有感性的一面，而故事性则揭露隐藏于建筑的浪漫诗意……"

作者简介

赖怡成，1965 年生于台北，1988 年毕业于东海大学建筑系，1992 年至美国康奈尔大学攻读建筑硕士学位，1994 年学成归台，经过数年在台湾建筑师事务所的实务历练，先后至朝阳科技大学建筑系以及淡江大学建筑系担任专任教职。任教期间，也受邀在台湾不同建筑师事务所担任设计顾问、设计总监等要职。他强调建筑设计在学术界与实务界的整合，先后参与或完成的设计作品超过 45 件，包括高雄科技大学行政大楼、淡江大学化学系馆、台中惠文小学兴建工程等。2002 年到 2006 年，他获得计算机辅助建筑设计相关领域（智慧代理人）的博士学位，并担任重要的计算机辅助建筑设计研讨会、期刊、数字设计的评审委员，如 Design Studies、CAAD Futures、CAAD RIA、FEIDAD 等。他于 2010—2012 年担任淡江大学建筑系系主任，目前担任台湾相关公务部门的委员。

桃园桃林铁道再生策略研究

辅仁大学　王秀娟　黄惇婉

摘要： 桃林铁道是台湾少数纯粹载运工业生产原物料的产业铁道，主要运送燃煤至林口火力发电厂。随着经济转型与交通发展，20世纪60年代高速公路通车、路网开始建设，20世纪90年代进入捷运时代，铁路逐渐被公路所取代，桃林铁道也面临停驶的命运。桃园台地受后工业社会带动而快速都市化，铁道周边的地景由农田变为工业厂房再转变为都市住宅街区。随着都市开发压力及民众环境意识的提升，铁道资源的再利用或空间再生成为都市发展的重要课题。

桃园地区未来整体发展以永续性的生活、生产、生态为城乡发展原则，因应桃林铁道周边许多重大发展计划，其再生应赋予不同层面以多功能的思考模式。现在，廊道的再生已成为都市绿色基盘建构并促进城镇更新活化发展的关键策略。本研究基于地景变迁的探讨与桃园市升格为第六都的愿景架构，指出桃林铁道的空间优势，借鉴国内外线性空间的再生模式，提出桃林铁道在绿色基盘发展主轴下，转型成为具备人本交通与低碳生活理念的绿色廊道策略。

关键词： 产业铁道，桃园台地，绿色廊道

一、前言

台湾铁道交通曾盛极一时，但除了东西部长途及环岛旅运需求难以替代外，其他产业运输的支线铁道多为公路取代。因此铁道空间与设施或陆续被拆除，或长期闲置荒废，少数山区铁道则因山城聚落的休闲观光兴起而开启铁道旅游的游憩模式。

桃园临近大台北地区，早期为广阔无垠的农田埤塘景观，经济起飞的年代则是工业区林立，现今因公路网络的健全，城镇建设迅速扩张，昔日绿意盎然的农业地景，如今多被建筑开发取代。桃林铁道沿桃园台地及林口台地交界处而建（图1及图2），串接桃园市主要市街。早期的铁道货运功能被公路取代后，桃林铁道停驶多年，虽曾短期提供早晚两个时段之通学客运使用，但仍再度停驶，显现铁道空间的再生仍受限于营运经费且缺乏长远的整体规划。本研究关注都市发展地区中极为难得且稀有的铁道资源与沿线地景特色，基于"人本交通"与"绿色运输"的理念探讨桃林铁道的再生策略。

二、桃林铁道之发展回顾

台湾铁道的建设起源于光绪十三年（1887年），在巡抚刘铭传的督导下开始兴建，主要目的在于振兴岛内商务，其建设的铁道也反映出军事防卫的功能。到了日据时期，为了台湾现代化，修建铁路及推动各项交通建设变成施政课题，并在清朝建造的基础上修建原有铁路，并兴建宜兰、花莲、台东、高雄、台中等地的铁道，但因经费不足未能完全设立环岛铁路，其中大多数的铁道是为了开发农林矿业，货物由此运送至港口再转由海运出口，日本此时在台设立了约900千米长的铁路（戴震宇，2001）。

桃林铁道的建设已在铁道黄金时期的末期，严格来说，桃林铁道应该算是林口火力发电厂的附属设施，但也服务了邻近的工业厂房。林口火力发电厂位于新北市林口区下福里海滨，为了发电厂运输燃煤的需要，设厂之初原计划使用邻近地区的自产煤矿，于1966年开始铺设从台铁桃园站接引到该电厂运煤的铁路支线（林口支线），行经桃园、龟山、芦竹至林口火力发电厂，全长19.2千米。该支线从电厂西南方入厂，绕厂房北面经火车煤斗到厂区东端，铁路终点有柴油机车车库一栋。由于经过地区沿线早期多为工业利用，因此建设许多侧线通往各工厂服务相邻产业，如制盐总厂专用线、粮食局专用线、新竹化工专用线、中油桃园炼油厂线、嘉欣水泥桃园厂线、台泥桃园厂线、大洋塑料公司线等专用侧线。

后因公路运输发达、沿线公司陆续撤离，支线货运业务迅速萎缩。林口火力发电厂也在厂区更新及运煤码头兴建后改由海运提供燃煤，桃园县政府遂于2004年10月与台铁共同推动该支线转型，由货运变为客运，每天于上、下午高峰对开两班

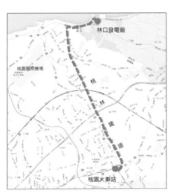

图1 桃林铁道区位

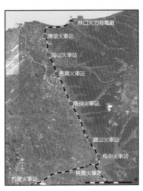

图2 桃林铁道车站位置

免费列车，行驶于上、下午交通高峰时刻，以方便上班族及通勤学生。但因客运量低，不敷成本及因应台铁桃园中坜段铁路高架化工程规划，桃林铁路在 2013 年 12 月 31 日完成最后一次运煤任务后正式停运。

在台湾铁道的发展历史中，多数的铁道因产业衰退及货物运输方式的改变，逐渐拆除及荒废，尔后其路线空间常被开辟成道路，少数修缮为观光铁道如苗栗旧山线，或由自行车使用如东丰自行车道，极少数纳入捷运系统建设，如台北市第一条捷运淡水线与高雄市 2015 年 8 月通车的临港轻轨。桃林铁道虽非行经景观优美的山区或海边，但其见证了桃园台地地景变化，为台湾北部都市发展中难得的保存完整的铁道，若是直接拆除设施就地辟建为道路，铁道历史及意象将从此消失，单一的车道使用对地方交通的改善相当有限。

三、桃林铁道周遭地景变迁

桃林铁道位处于林口台地西南方，沿着台地边缘地带而建，全长 19.2 千米，早期从桃园火车站始沿途经过市区中心、郊区住宅区、工业区、农田、海岸，最后到发电厂。近年沿线许多农业区已被开发为住宅社区，部分工业区亦面临转型，地景特征变化颇大。

本研究分析农业时期、工业发展初期、工业时期、后工业桃园各时期发展的社会经济背景，判读铁道沿线都市发展、交通建设与主要地景元素的变化，探讨桃林铁道与桃园地区发展的相关性。（图 3 至图 6）

（一）农业时期（1895—1944 年）

1895—1945 年台湾处于日据时期。1944 年，桃林铁路尚未建设。桃园市中心因纵贯铁路的通行，市镇发展集中于桃园火车站前，其次为轻便铁路末端的小型聚落，铁道沿线周边至海岸线农作物经由轻便铁道运送至桃园市，再以纵贯铁路输往其他地方。

此时期的交通运输以纵贯铁路联络外县市，桃园地区内则是以轻便铁路系统为主，由桃园火车站与南崁地区放射状向外扩散。日据时期的轻便铁路在公路逐渐兴盛下被陆续拆除，原来的轻便铁道线路转变成为公路系统，现在位于桃园市区的主要干路的前身大多为轻便铁路。

当时在桃园台地以及林口的平坦地区皆为农业使用，地景特色呈现大面积的农田绿地、台地的山崖林线与溪流及埤塘水圳交错密布的灌溉系统。1963 年石门水库建成前，桃园地区之埤圳系统为重要的民生与灌溉水源，埤塘间通过人工圳路与自然溪流的串接形成一个具有规模的水利系统。完整的灌溉系统使桃园地区稻米产量大增，使其拥有"北台谷仓"的美名，也显示桃园在农业时期的重要性。

（二）工业发展初期（1945—1985 年）

桃园隶属于 1946 年设置的新竹县府，后从 1947 年起改为直辖县。1965 年该地经济起飞，工业建设加速成长，对外贸易展开，但是公共设施及重要原料的运输已无法适应需求，使经济发展受到限制。

以十大建设为开端，许多重大建设于 20 世纪 60 年代末期

至 70 年代陆续兴建完工，桃园台地建有中山高速公路、电气化纵贯铁路与中正国际机场（今台湾桃园机场）。此外，桃园临近台北地区，地势平坦适合工业发展，应工业及都市发展之油电需求而就近兴建林口火力发电厂、中油桃园炼油厂与林口支线（桃林铁道）。

1968 年兴建的桃林铁道主要就是为林口火力发电厂运送煤料，同时，铁道的兴建带动周围工业及聚落的发展，沿线工厂如中油桃园炼油厂及台湾水泥厂均将桃林铁道作为运送货物的主要方式。中山高速公路以及公路网络的建设、桃园机场的完工等加速了桃园的发展，尤其是南崁交流道周边因交通便捷而快速发展，此时桃园台地地景不再以农田为主，都市聚落亦因产业人力需求与公路系统网络的建构而有扩大现象。

与 1945 年前的地景相比，桃园的工业化明显改变了农业时期的地貌，聚落因铁路电气化与公路系统网络的建置快速扩大，农地转为工业与都市发展用地。同时石门水库的建设使得生活与灌溉用水供给稳定，埤塘原有的储水功能不再重要，许多大型埤塘遂转为其他发展用地，使得台地独特的埤塘地景规模明显减小。

（三）工业时期（1986—2003 年）

在工业发展政策的推动下，桃园成为北台湾重要的工业区，铁路不再是主要的运输系统，而是借由中山高速公路的兴建带动公路网络的建设，滨海公路的海岸线公路的串联，加上 20 世纪 80 年代汽车的普及，主要运输工具从铁道的火车逐渐转为公路的货车、汽车，且出于区域的可及性、时间便利性与运输成本降低等考虑，公路运输成为主流，也促使都市发展得更加快速，原有以铁道各火车站为主的城市聚落范围随着公路发展逐渐扩大。

高速公路南崁交流道引动明显的都市化现象，公路网络的建构使南崁地区开始与桃园串接。高速公路的便利也推动了林口特定区计划的进行，使林口台地逐渐开发，途中的机场系统交流道为连接机场的首要节点，周边土地也因交通节点空间的便利性逐渐开发。在公路系统外，自 1999 年开始动工兴建高速铁路。

工业发展带来的经济荣景造就的快速都市化使台地地景产生明显质变，大量的工业厂房的修建以及新住民的移入，形成工业区、商业区与住宅区交杂的居住环境，加上桃园大量埤塘被填埋，供各类都市公共设施与建筑使用，工业带来的环境污染与农业生产形成冲突，密集的都市街区生活也加重了交通压力与工业污染。

（四）后工业桃园（2004 年至今）

随着台湾经济发展趋缓，工厂外移造成大型工业厂房面临闲置或转型。桃林铁道货运量大幅缩减，主要运送燃煤的林口火力发电厂也以 2010 年辟建完工的台北港作为卸煤码头，以海运取代铁路。因货物运输的需求不再，桃林铁道不得不考虑客运运输的转型使用，于 2004 年配合桃园县政府政策增加早晚两班免费客运供学生及上班族通学、通勤使用，颇受好评的客运却因不敷成本而于 2012 年年底停运。

2007 年通车使用的高铁桃园站以及捷运机场线与桃园火车站高架化等重大交通运输系统的建设与规划，进一步带动桃园

房地产的发展，加速许多交通要道附近的工业区与农业区的转型开发或闲置等待开发，过去的郊区与农田埤塘被新兴住宅区与临时性使用功能（大型卖场、停车场）取代。2014年年底当地许多重大计划如近7000多公顷之航空城特定区计划、桃园国际机场第三跑道辟建计划与新划设之各个都市计划等规划持续进行，但都没有深入探讨都市发展与铁道的关系。

四、绿色交通与绿色基盘案例的启发

交通运输部门文件指出绿色交通为永续运输的含义，是以环境保护为主要考虑，主张环保、低污染的运输方式。最常与人本交通一并思考，亦即以以人为本的观点出发，强调步行和自行车等非机动运具的使用与发展，提升公共运输系统的质与量，以提供安全、舒适、宁静的运输环境。尤其是在一定规模的街区发展时，将绿色运输设计导入都市空间规划，将引导民众生活方式的改变，使得交通系统不只是生活工具，同时还是生活空间。

绿色基盘是在基础设施规划设计上以永续发展的思维使其成为绿色基盘网络，有助于提升地区自然环境和建成环境的质量。绿色基盘规划主要是为了提供、保护和联系这些绿色空间网络，连接河川廊道、林地、自然保护区、都市绿地、历史遗迹等策略规划，达成绿地与通道的网络、景观、生物多样性等目标。

世界历经20世纪汽车交通取代铁道运输的过程，许多铁道被拆除或闲置，上述理念已成为世界知名优质城市在初期规划或更新规划时必要的思考，如日本富山轻轨与鹿儿岛市电，此两条铁道在历经战争与都市发展交通运具政策变迁后，最终仍以扮演都市核心地区新的大众运输角色成功再生。美国新奥尔良的拉菲特绿道与近年被全球仿效的纽约高线公园则是将铁道空间再生为城市绿廊的成功案例。另外，绿色基盘理念被运用在城市主要街道中各种人行与车行空间的整合上，新的轨道运输被规划导入并融合于街道景观中，如波特兰蒙哥马利格林西南大街。一些国家和地区案例不论是以新的交通运具保持轨道运输的大众化、高运量与便利性，或是再生为绿廊公园，均能适应气候变迁之暴雨水管理、城市竞争与使用者需求（如高龄化社会），导入更贴近民众与环境生态的各种绿色设计，值得仿效学习。（图7及表1）

桃园市现有交通网络的发展仍以道路为主，其中公交车服务范围多位于市区中心，自行车道分布在南崁溪两侧与外环道路，其他外围街区仍高度依赖汽车。都市公园绿地亦受限于都市计划，规模小且分散，除先前南崁溪自行车道规划串接与之相邻的公园绿地外，仅加强个别公园之空间质量，难以成就大格局。

桃林铁路为现有之南北向路廊，可串联东西向交通系统，在宽度8米至20米不等的腹地空间中，可以导入绿色运具，结合绿化成就19千米的绿色廊道。绿色运具在人本交通的理念下，应以行人优先性为主体，先建构步道及自行车道，再导入轻轨运输系统（LRT）或公交车捷运（BRT）系统。

城市范围 ■水域 ■山陵 ■农田 ——铁道 ——公路

图3 1944前之桃林铁道外围地景　图4 1945—1985年之桃林铁道外围地景

图5 1985—2003年之桃林铁道外围地景　图6 2003—2015年之桃林铁道外围地景

图7 鹿儿岛市区电车的绿化与中央专属路权

表1 一些国家和地区特色案例一览表

名称	富山轻轨	鹿儿岛市电	新奥尔良拉菲特绿廊	纽约高线公园	波特兰蒙哥马利格林西南大街
国家	日本	日本	美国	美国	美国
再生年代	2005年	2006年	2013年	2010年	2012年
周边空间形式	市区	市区	住宅区、商业区及工业混合区	都会区	住宅区、商业区
原有空间形式	路面电车	路面电车	铁道运输	高架铁路	公路
空间再生形式	轻轨运输（大众运输、紧急通道）	轻轨运输（大众运输、紧急通道、城镇活动空间）	线性公园（公园绿地、社区活动）	高架公园（公园绿地、商业空间、展演空间）	绿廊空间（车行、公共空间、商业空间）
绿色基盘运用形式	绿化及透水性铺面	绿化及透水性铺面	暴雨水管理、绿地生态	暴雨水管理、绿地生态	暴雨水管理
再生效益	节能减碳、提升城市景观与价值	节能减碳、提升城市景观与价值	提升城市景观、提升城市价值	节能减碳、带动外围更新与产业再生	提升街道生活质量

数据源：黄惇婉，2015

五、桃林铁道再生策略探讨

再生策略的探讨须包含法定计划层级的土地利用检讨规划至前瞻性的设计思考。

（一）铁道外围土地使用检讨变更

桃林铁道的再生方式须奠基于周边发展的空间架构上，因此沿线土地利用现况与计划的检讨相当重要。线性铁道分别跨越三个都市计划区——龟山、桃园与南崁新市镇都市计划区。前两个都市计划区为住商发展的现有都市发展核心区，开发密度高，可以导入都市更新手段逐步改善老旧街区的环境质量，铁道两侧可以由都市后巷翻转为都市核心休闲防灾绿道角色。

铁道最有潜力之区段为南崁新市镇都市计划区，现有分区被中山高速公路切割成南北两部分。由于工业外移与台北都会区发展带来的外围房地产需求，此区段多有工业区土地进行住宅开发之现象，因此都市计划的检讨势在必行。大型工业厂区在迁厂后作他用且带动都市再发展常见于世界许多优秀的都市再生的成功案例中，此类棕地再生不仅考虑土地区位及土地价值的优势发挥，最重要的是导入既有都市最缺乏的绿地，同时强化防灾机能。

桃园早期以工业为发展主轴，因此大小工业厂房林立，且不少与住宅区交杂，造成居住质量较差且潜藏工业灾害危机，都市计划变更引导现有工业区使用转型的可能性：已迁厂之工业区可以在合法开发商建设的同时合理回馈地方所需之公共设施；仍在生产之工业厂区可以思考如何提升厂区环境质量与产品附加值，例如以观光工厂的经营形态带动产业升级。桃园地区有许多知名工厂生产与民生消费相关之产品，如林口酒厂、可口可乐、南侨化工等均已向观光工厂转型。为了满足台北都会区休闲的需求，未来可以带动周边小型工厂组成一个区域性的观光休闲产业市场，提供多样化的游憩机会。

铁道与高速公路交流道交会处为中油炼油厂，占地480余公顷，其未来更具潜力。本研究认为桃林铁道的再生与中油炼油厂区的再生息息相关，铁道与厂区相邻的界面长达1.7千米，厂区内支线长度为350米，中油属单一地主，与桃林铁道所属之台湾铁路局相同，对未来土地的开发均应提供一定之公益性设施，以协助地方质量的提升。这样重要的大型土地开发必须进行全民参与，为桃林市政府与中油所属之经济部门提供再生规划的参考，例如辅仁大学学生在毕业设计中提出的规划构想，就强调厂区记忆（油槽空间形式再生）、烟囱地标与若干厂房的保存再利用。绿能科技产业研发单位的导入以彰显中油转型与能源政策，最重要的是以绿色基盘理念打造绿意、生态、防灾与节能的开放空间系统，并借桃林铁道的再生扩展至南北周边新旧住商街区。

桃林铁道长兴站以北为区域计划区，除少数厂房及聚落外，多为农业使用，周边亦有不少高尔夫球场、登山步道与观光渔港等游憩使用，其中最有潜力的土地为铁道尾端占地36.8公顷的海湖靶场。闲置的靶场临近林口发电厂与芦竹滨海休憩区，空间极具独特性，现有的靶场建筑物可再利用为游客活动中心，作为活动广场与休憩地点；地势较高的台地则可作为眺望海岸线的观景地点；空旷的场地也可配合林口电厂的转型作为发电厂的环境教育空间，讲述发电的历史、对环境的影响及电厂的转型等。桃林铁道则提供抵达靶场的绿色运输路线，作为自行车道、绿能运具车站的转运点，再往海岸线延伸至观光渔港。

（二）桃林铁道路权空间内的再生设计

桃林铁道路权空间以绿色运输为主要利用方式：一是延续原有空间之运输角色；二是导入环保绿能概念，开启桃园绿色运具世纪。本研究探讨绿色运输不仅是人及物的流动，而且期待同时提供能量的循环流动，因此路权空间的再生使用除地面使用外，更应着重地下基础设施配置的思考。

1. 路权空间的地上部分配置

都市持续发展与外围土地整合后，可视服务人口之使用需求将自行车、BRT升级为轻轨运输，运用沿线释放土地建设交通场站及必要的维修空间，同时扩大都市观光休闲活动的多样性与服务质量。考虑现行外围居民活动的使用要求与交通运输逐步转型的可行性，初期全线建设人行空间（净宽 1.5 至 2.5 米）与自行车专用道（净宽 2.5 至 4 米），中期可弹性配合各区段发展进程于腹地建置 BRT 系统（双向通行，单向车道空间 4 米），长期则在工业段产业转型确认后，整合按照两侧开发建筑退缩规定留设的无遮檐人行空间与现有路权留设的人行绿带并形成更具设计弹性的地方休憩绿带。

最终市区以轻轨运输作为主要交通系统（双向轨道空间 8 米），衔接至机场捷运系统山鼻站，以轨道交通提供便捷的大众运输。农田滨海段则发展自行车及由捷运站发出之循环接驳休闲专车，强化观光休闲使用的大众运输功能。

2. 路权空间的地下部分配置

世界许多优秀的绿色基盘案例在线性廊道空间导入雨水管理概念，收集、净化与滞留雨水实现水资源的再利用，并且结合周边空间使用达到节能目的。桃林铁道路权空间也应整合相邻道路空间规划绿化带、雨水滞留草沟与集排水设施及维生设施的共同管沟。（图 8）

（1）水资源储留净化系统。桃林铁道地理位置东侧为林口台地山脉，西侧为南崁溪主流，林口台地地势高于桃园台地，都市雨水与地表水由林口台地经桃林铁道后汇集至南崁溪支流与主流，工程设计应于铁道空间下方同时建构地下的滞留空间与共同管沟。线性廊道设置草沟收集基地内及周边的地表径流，草沟以多样的植栽进行环境绿化，汇集的雨水再经由草沟初步渗透与过滤后，流至铁道下方的储水槽。多处大型储水槽在暴雨来袭时可作为滞留缓冲区，延缓大量雨水注入溪流之时间。储存的水资源也可作为铁道空间绿化灌溉用水，使廊道本身成为生态及保水系统。

（2）共同管沟系统。周边发展所需之维生重要管线，如自来水管、电缆、光纤、排水系统等建置应妥为利用路廊的地下空间，在设置储水槽的同时，整合周边土地所需管线，将原本凌乱的管线井井有条地配置在地下，以利后续的维修管理，也减少公共灾害的发生。

（三）铁道与沿线界面空间的重整缝合

桃林铁道在市区衔接桃园火车站之路段，两侧建筑皆紧临铁道，腹地有限，形成建筑背面与铁轨空间相邻的景象，新建社区大楼则多以围墙形式与铁道相邻。铁道再生为休憩绿带供步行与自行车使用将带来人潮，可以利用壁面彩绘、绿化、立面装修等设计改变建筑的表情，将建筑立面成功翻转。较宽的腹地空间规划为社区菜园，借由居民维管增加社区居民的凝聚力，既可成为都市中心区的特色绿带空间，也有机会带动商业活动。

铁道周边公园分布有林口台地的大面积山林绿地、市街小型块状邻里公园绿地与南崁溪水岸绿带。过去铁道阻隔两侧活动，未来则以绿色廊道的角色再生，可以串接两侧社区活动之巷道、道路绿带、公园绿地或学校，并再以自行车道延伸至东侧之虎头山公园、五酒桶山公园，以及西侧之南崁溪河畔，形成地方通学散步休闲网络或区域性观光游憩网络。

在灰色基盘林立的都市中，公园绿地网络是都市生活重要的生态绿地空间，具有调节气候的功能。桃园地区早期水资源

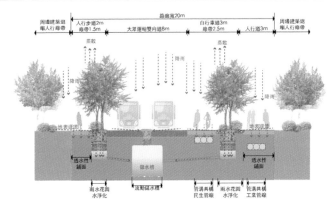

图 8 路廊空间地上部分及地下部分的运用
数据源：黄惇婉，2015

缺乏时因有埤塘而得以解决旱灾问题，今虽已建有水库储水，但因气候变迁带来的雨量不均，水资源的保存仍是重要课题。公园绿地必须提供防救灾空间，在整并绿地与设计的同时建构相关防灾避难空间与设施，使公园发挥防灾功能（图 9）。除了串接的公园绿地作为防灾避难场所外，地下部分的储水与集排水设施可蓄积水资源作为都市绿地的浇灌水或是消防紧急用水（图 10）。

（四）铁道节点空间的发展定位探讨

桃林铁路路廊与周边运输系统形成重要的交通节点，许多颇具发展潜力，由南自北说明如下。

1. 台湾铁路桃园站

自有纵贯铁路以来，桃园站一直是桃园地区运输工具的接驳与转乘的节点，为主要的人口聚集地，周边商业活动蓬勃。即将高架化的桃园站将释放空间以利地面活动的联结，导入商场、游客中心与自行车租借服务，并提供桃园地区相关的游憩服务信息。

图 9 日本防灾公园

图 10 雨水收集系统
数据源：http://www.evershine.url.tw/hot_58835.html

2. 中山高速公路路堤涵洞

中山高速公路南崁交流道设置带动周边的房地产建设，但高速公路强大的切割性同时将地方发展分割成南北两段的工业与住宅。过去桃林铁道周边多为低矮平房，居住质量不佳，路堤涵洞两侧另有五杨高架道之高大结构柱，形成严重的压迫感。未来桃林铁道再生时，于此处必须有效改善现有不舒适的感官体验，例如运用高架下方空间种植乔灌木、柱体下方以垂直绿化包覆、涵洞内增添色彩与照明、地面铁轨辅以照明或其他具创意的设计手法形成新的视觉体验。涵洞南段预留未来与中油炼油厂转型之衔接整合腹地，尤其是交通模式可能需要的较大空间，甚至可扩大涵洞规模以容纳更多的交通方式。

3. 与高速铁路相交处

桃林铁道与高铁站垂直相交处约为全线铁道的中心，紧邻五福货运站，此处空间宽达40米，邻近有仓储与休闲中心如台贸中心、义美观光工厂等。因为铁道全线中心点加上周边商业活动需要串联，因此初期可作为自行车驿站的休憩中心点，并提供相关游憩信息，促使服务性商业活动的形成。后期则配合周边工业土地转型之发展强化绿带功能。高架桥下与营盘溪延伸至台地的高尔夫球场，使台地山林地带具备较佳的休闲游憩发展机会。串接高架桥下与营盘溪间的绿地空间作为绿色基盘的生态空间，并沿营盘溪溪流提供蓝绿带的串接，丰富的生态使此节点空间延伸成为地方生态教育、休闲商业活动与游憩转运服务的场所。

4. 机场捷运快线山鼻站交汇点

机场捷运快线的A10山鼻站与桃林铁道相距约10分钟步行路程，周边有坑子溪流经，附近尚有登山步道、高尔夫球场等休闲游憩场所。捷运高架下方空间因周边土地尚未完全开发仍保有农田景观。紧临的坑子溪非常适合发展生态旅游。利用高架段下路廊空间，将捷运车站空间延伸至铁道路廊，设置自行车道、步道与接驳巴士转运站，以生态旅游的形式引导游客进入桃园的坪塘农田景观与山林自然环境中。

5. 滨海公路前转弯处

此处为桃林铁道往北接近海滨前转弯与滨海公路平行的转折点，往东北可至林口火力发电厂，往西南可至海湖地景公园、丽婴房观光工厂、竹围渔港与芦竹滨海休憩区等以海岸资源为主的观光游憩地点。海湖靶场的腹地可作为休闲游憩空间与生态教育场所等，桃林铁道在滨海公路前转弯处之台地地势较高，可眺望海岸景观，转弯后一路与滨海公路并行，景观条件与宽广腹地非常适合作为滨海自行车使用的路段。由于转弯处是去往滨海及往市区的分岔处，提供休憩、信息与相关服务设施，可以提升游憩活动质量。

（五）铁道设施的保存与再生转换

桃林铁道设施包含轨道、侧线轨道、货运车厢、客运车厢、铁桥、月台空间等。桃林铁道的月台空间皆为简易月台，可适度保留并以意象的再生转换呈现，配合周边腹地延伸作为未来大众运输的车站。侧线空间与客货运车厢，可以车厢展示或车厢改造成为信息场所、餐饮空间、自行车租借利用的形式陈列在各侧线或周边轨道上，也可以彩绘形式呈现工业时期货运列车行驶的状态，甚至可以将车厢改造与周边的闲置厂房或公园

结合成为青少年游乐场所等具创意、趣味性的主题休闲空间。

铁桥为跨越溪流的铁道，桥梁工业美学及空间结构独具特色，自南至北分布有南崁溪铁桥、大坑溪铁桥、营盘溪铁桥、坑子溪铁桥与海湖沟铁桥，除南崁溪铁桥外其余铁桥旁都有公路陆桥平行跨越溪流。铁桥的保留主要是转型供大众运输用具通行，可在原有铁桥旁增设人行与自行车共享通道，或扩大并行之陆桥通行空间，使用时可就近观赏铁桥独特的结构风貌。

其他如平交道、信号灯、指示牌等铁道设施，在使用环境的变化下，仍然可以现场保留或转换成为其他设施以保存在地共同记忆，成为地标，强化地点感或场所精神。或可运用铁道设施材料以创意设计手法将交通设施改变为休憩、照明、指示或意象设施等，让仍具使用效益之材料充分再利用，也同时在基地内呈现相关的铁道意象，既可丰富廊道空间特色，亦可传承桃林铁道的历史记忆。

六、结论与建议

桃林铁道的再生不应只有运输形式的改变，更应同时考虑地区环境质量与防灾管理，同时提高城市的竞争力。再生策略的提出应整合运输系统、公共设施、产业发展、环境保护、观光游憩、景观与灾害防制，本研究因此提出以下结论与建议。

（一）桃林铁道再生极具重要性与迫切性

铁道空间至今，其路权空间与大部分设施保留完整。铁道由市区直达海岸，路权周边约有三分之二之土地已开发为住宅与工业区，其余仍保留原有的农田景观。探讨桃园地区的计划可发现，重大计划的执行、都市计划的土地变更、桃园发展计划中所提及的蓝绿带发展与未来愿景等，皆可发现铁道处于重要的地理位置。因此铁道空间的再生发展应被赋予有别于传统运输系统的使命，将带动周边土地利用的转型与整体环境质量的改善，铁道的再生势在必行。

（二）线性空间再利用需多元思考

世界优良案例的成功经验都是依据周边环境纹理与发展需求，配合NGO的投入，以成就地区性的绿色基盘建构为目标，借由线性空间的再生提升环境友善性、社区的共识凝聚等。桃林铁道长期因运具条件无法与生活联结而造成强烈疏离感，且铁道周边长期的工业发展造成的凌乱的管线敷设成为公共安全的隐忧。在都市发展合理的土地利用转型引导下，应整合周边公共设施管线，规划利用铁道廊道空间，下方设置共同管沟与储、集水空间，有利于长期发展的生活质量。

（三）铁道再生翻转带动地方发展

世界通过增加行人与自行车使用的空间与绿化面积，以慢行交通带动地方商业与休憩活动，而社区以及非营利组织的投入更是加速廊道的发展，成为城市的亮点。桃林铁道空间路权的释出与改造将转变成为开放的廊道空间，"以人为本"的交通及空间规划将有机会带动沿线建筑翻转更新，同时活化都市街区。

（四）绿色基盘网络运用在桃园地区

绿色基础设施的建构运用在先进国家的都市中，有助于提升自然和建成环境的质量，为都市提供多样化的水源、绿意与

生态。铁道廊道空间导入绿色基盘系统设计，借由系统性湿地概念，净化水源与水资源再利用，减缓污染对环境的灾害影响，增加都市内的绿地空间。与铁道相交的公路、溪流等横向延伸逐步建构绿色系统并串接周边绿地系统，最后整合北桃园主流南崁溪绿带与林口台地山林绿带，形成绿色网络，实现休闲观光、环境保护、生态营造，提升居住环境的质量，使桃园地区朝向永续发展的都市方向迈进。

作者简介

王秀娟，辅仁大学景观设计学系教授兼系所主任，曾获东海大学景观学系学士学位，美国加州大学伯克利分校景观建筑硕士学位；曾任辅仁大学景观设计学系专任副教授兼系所主任，台湾"中国文化大学"景观学系专任副教授，台湾景观学会副理事长、常务监事、理事、秘书长，台湾造园景观学会常务理事、理事、秘书长等职务；专长为景观规划设计、绿地计划、景观计划、景观理论、景观评估、都市设计、环境教育；在校开设科目有景观研究理论、景观规划、景观设计、案例研究评估、景观计划与评估。

学生实践参与式设计理念之经验分享：
以辅仁大学景观设计系学生参与宜兰县农村服务学习为例

辅仁大学 谢宗恒

一、崭新的永续农村互动学习时代

黑心食品问题事件近几年层出不穷，致使整个舆论都在探讨如何提供更为健康的粮食，然探究"粮食安全"问题的源头，还是必须针对食物原料产地的问题进行更深入的研究。许多专家与学者都相信，唯有农村环境保持原有的农业使用模式，并以永续的方式耕种，而非被开发成为豪华农舍或是美丽的田园餐厅，整个粮食安全问题在观念上才有解决的可能性。宜兰县因为临近台北都会区，加上舒适的环境，成为向往田园景致与农业生活的都会人度假的最爱，因此该县成了住宅开发与农业生产矛盾最激烈的地区，许多有理念的爱农人士开始在宜兰农村成立友善农业生产组织，希望能通过多元的方式与渠道吸引更多有志务农的年轻人到宜兰农村租地、种田并生活，从而减缓废耕土地被开发成乡间豪华住宅的速度，避免粮食危机。

有关部门近十年努力研究了农村土地使用的问题，因此于2009年推动农村再生政策与相关条例，试图通过条例的推行来振兴农村。尽管诸多舆论对条例的内容存有相当大的质疑，但相关计划的实施也引发了更多关心农业的专业人士的讨论。于是永续农业与地域振兴的潮流在这五年蓬勃发展，而粮食安全问题的一再发生，引发了消费者追求健康食物的需求，间接让期望回乡务农的青年对于驻乡、种田、维生有了更大的希望。同样，过去宜兰县因为地方努力打造美丽的田园乡村，吸引了许多有理想抱负的青年扎根到宜兰县，在这一波新的农业潮流来临时，宜兰县成了许多理想青年期望实现愿望的地点。当今的宜兰农村正在转型，试图通过健康农业实现梦想的青年正在宜兰农村与原有农民一起生活，改变宜兰的农业环境。

近年来，台湾各大专院校因为配合政府单位政策，积极推动服务学习，其内容涵盖教育辅导、信息科技、社会服务、社区营造、环境保护等。其服务学习的意义与价值在于主动投入的经验、反思与回馈的过程、应用所学解决真实问题、延伸课室学习到真实环境、培养为他人服务的意识。辅仁大学景观设计系的学生曾经到各地社区进行服务学习，近年友善农业与有机农业已在宜兰地区逐渐显现成果，在系上老师的努力下，2015年，学生们开始了"走出小台北都会，进入大宜兰农村"的交互式服务学习行动。2015年学生们开始的进驻农村课程的核心，主要是与宜兰县冬山乡内城社区及宜兰县员山乡八宝社区之社区发展协会合作，在区内友善农业与生态专业团体的引导下，通过进驻农村的方式到农村与地方居民一同实践参与式设计理念。此课程的核心价值已经不是传统让学生以专业者身

份到社区进行辅导与服务，而是让学生直接住在当地，体验农村生活，通过切身的劳动与实践认识农业，进一步了解农村土地对于环境保护的重要性。课程目标着重训练学生自主学习的能力，并与居民沟通互动，获得认识，进而取得共识，也希望让学生在未来能以更谦虚的心态去面对任何形式的景观专业领域，进一步养成土地正义、专业责任与能力，体会公共服务的重要性。以下内容将分享2015年课程推动的理念与执行成果。

二、农村社区景观营造之相关理念

（一）农村社区培力

农村社区培力是近十年台湾农村社区研究与景观实践中最常提到的概念。所谓的培力具有赋予权力的意涵，指涉自我意识、权力、能力与自我效能的转变，其最大效益除了促进社区个体意识提升，也让社区居民能够重新检讨既定社会的运作，通过集体行动并与政府互动来改善社区的生活质量，强调的是自我能力提升以及社区自主的特性。因此，农村社区培力是一种多层次的社会过程，在农村环境实践过程中，景观专业者是知识与能力之弱势人群的工作伙伴，由专业者协助在地居民唤醒意识、提升知识并发展愿景，共同采取行动。社区的参与同时也是一种自主意识的觉醒。通过社区的参与，最弱势与最贫穷的农民直接被赋予改革的权力，而让居民感觉到自己的存在。

近二十年来，台湾各县市政府开始委托专业团体（企业或学校）进行社区辅导的工作，如环境改造、文化振兴，进而期待社区民众可以有自主的发展，其最终目的还是在于"培养人才"。社区培力在内容上常使社区居民通过人与人、社区与社区之间的讨论互动，学习如何让社区更好，并借助政府与专业的资源，增进其改善社区问题的实际操作能力。举例来说，2000年的南投县埔里镇桃米社区历经1999年的地震，成为亟待振兴的山村。新故乡基金会评估重建可行的方案后，开始进驻与陪伴社区，发现并面对社区的问题。许多次的开会讨论，认为社区重建首先须在自然环境中安顿生活，决定以溪流保护作为重建思考与行动的开始，"从家园的山与水出发"成为大家的共识，并引进、整合其他专业团队资源，修正社区发展定位，为社区重建工作提供专业知识与技术。该社区在2000年4月提供在地邀请世新大学观光系组成"区域活化运筹团队"，带领埔籽工作坊大专生进行桃米社区的人文基础调查。同时邀请研究单位协助进入社区，协助资源的调查。项目开设一系列的教育课程，包含"旅游从业人员""导览解说班""乡土餐饮班""旅

游领导人员训练班""民宿从业人员训练班",居民教育训练课程持续陪伴社区,激发居民潜能,使桃米社区逐渐稳定发展。在居民能力渐渐养成后,基金会慢慢退居幕后,逐步由居民主导社区事务。有趣的是,地震前,桃米社区几乎没有全村动员的大型活动,基金会在地震后策划各种活动促使社区居民充分了解社区重建的做法,吸引了居民的关注,凝聚了社区意识,进而激发与扩大居民对社区活动的关注与自主性参与。在基金会与研究中心的协助下,社区居民组成"桃米自主营造团队",采用生态工法进行社区空间的改造,社区也因此成为非常重要的生态村典范。

(二)参与式设计

社区参与的理念应用于社区环境、空间的改善中常以"参与式设计"的方式落实。所谓参与式设计是一个泛称性的用语,主要是因为居民意识到不当的空间设计与营造导致环境与社会不健全。甚至无人维护。诸如此类的问题,无法仅靠外来专业者的一贯规划模式来解决,而必须多考虑使用者需求,因而衍生出一种行动模式。所以参与式设计是一个交互沟通的行动过程,专业者通过倾听了解社区民众的生活脉络,再通过诠释,与参与者共同塑造出社区的集体意识。20世纪70年代以后,随着民众参与及论式规划等思潮兴起,社区参与及参与式设计理念扮演着越来越重要的角色。社区参与及参与式设计理念反对堆土机式的都市开发方式,强调尊重地方并与社区民众一起进行空间营造及环境改善。柏克莱大学景观系教授Randolph Hester也是参与式设计的倡议者,其在20世纪90年代开始强调参与式设计,认为专业者应该调整既有为权贵服务的角色,开始学习聆听、在地关怀、社会学习(学习与实际操作的结合)、专业者角色调整、找寻景观社会价值、行动规划等参与式设计的方法。Hester深刻地指出,在掠夺式的全球化经济主导地区发展及景观资源越来越商品化之际,专业者必须对地方社区的福祉有所帮助。其能促进专业者省思地方集体空间营造经验及在地关怀的重要性,并有助于累积社区总体营造之知识论的基础,重视社区营造中"造人"的重要性。

近年来,参与式设计最常从环境空间议题着手,因为环境改善的效果最显而易见,而成功的民众参与可以凝聚社区意识。通过参与规划、设计到施作的过程,更能号召居民,进而提升居民主动参与并关注社区公共议题,为落实社区自主的精神,进而衍生出"参与式设计"与"雇工购料"等不同于传统公共工程营造的模式。曾旭正指出,居民参与空间的营造是一个"社会化"的过程,他可以让居民之间凝聚社区空间意识强化社区认同感,对于形式与美学的讨论也可让设计者和参与者彼此学习,在空间建构过程中,让参与者和环境建立更密切的关系,并以"使用者"的角度来界定环境的价值。社会化必须经由"亲自参与"的实践过程才能产生,成功的"美感体验"是一个过程的体会,即原本封闭的自我,到对环境有比较开放的态度,这是由于实践的过程所带来的改变。社区美感体验可以借由动态实践过程不断扩充及深化,这是一个共同体化的过程。而参与式设计的机制,大致分为两个阶段,首先,是由政策推动、刺激民众,最后渐进式地由民众来主导规划设计参与整个社区营造,恢复社区生机。整个过程由"为社区而做"(doing for

community)到"与社区做"(doing with community),再到"社区做"(doing by community)。所以,社区营造中对于居民能力的培养是一个渐进的过程,从上而下的引导,慢慢转移至自下而上的执行。而社区参与的程度也因居民涉入的深度而有不同层级,夏铸九、林锹、颜亮一(1992)也从古迹保存的立场谈到社区居民参与的模式可分成意见交流、参与公共会议以及实际行动等不同强度的行为。

三、辅仁大学景观设计系学生实践参与式设计经验分享

传统实践参与式设计模式大多以专业辅导的形式带领居民一同投入社区公共事务的讨论、决策与执行中。而近几年台湾各大专院校积极推动服务学习,其内容涵盖教育辅导、信息科技、社会服务、社区营造、环境保护等方面。2015年辅仁大学景观设计系学生的走入农村行动,也是以服务学习的精神,通过主动投入的经验、反思与回馈的过程,应用所学解决真实问题,延伸课堂学习到真实环境,培养为他人服务的意识。而本次的互动学习模式,有别于课堂上的被动听讲,而是让学生主动发掘问题,自主学习,以培养他们对环境的感知,并在服务学习过程中让学生自我成长,建立专业能力,重要的是必须通过课程唤醒居民的环境意识。基于近几年友善农业的推动以及更多专业人员进驻农村进行农业生产工作,对于学生而言,实践参与式设计的过程将不只是过去常见的在社区中担任辅导与专业咨询的角色,而是在进驻农村的过程中,通过与不同团体和居民的互动以及环境的体验主动进行课题的寻找,并自主找出可能的解决方案。以下将针对两个进驻农村体验学习之案例进行说明。

(一)内城小学的参与式设计实践过程

1. 执行缘起

内城社区位于宜兰县员山乡中部,北临逸仙村及湖北村、东接尚德社区、南临蓁巷村、西临中华村。人口集中在平原中部,为内城路与荣光路交界的十字形聚落。聚落所在地居山边,又为防御而集居,因此称为内城。过去内城村主要以农业为主,随时间推移、产业结构变迁,原依附农业的生产、生活方式逐渐改变,造成农村劳动力外流、人口老化等问题。当地社区发展协会利用耕种使用之铁牛车,结合当地自然景观点,安排了一系列游程,成为该社区特色。当地临山,水质优良,因而与邻近的深沟社区成为近年友善农业团体(俩佰甲)实践有机稻米种植的地点。然而在地务农人员几乎全为老年人,年轻族群多到都市发展,也造成社区内内城小学自强分校因学生不足而闲置。目前闲置的内城小学分校处于内城村核心位置,亦为聚落聚集地。因此,该课程主要以内城小学自强分校为基地,连接周边农地、水圳、文教设施等各项资源,考虑现有发展,重新评估土地使用现状,发展符合在地之新定位。

2. 参与模式

本课程的参与学生为十位辅仁大学景观设计系硕士班一年级的学员,其专业背景包含了景观、都市计划、观光、美术、园艺等,学生自主分组进行相关资料的搜集与实地的调查。第一与第二阶段进行基地踏勘与初步构想研拟,并与社区主管及

协会成员进行座谈,接着拜访当地民众,访问其需求及想法,见图1。其中针对内城社区荒废的小学校园与疗养机构户外空间进行主题导入与空间改造讨论。第二阶段则进一步针对整体社区环境进行环境资源、人口结构、社会结构、经济结构之检视,并针对社区问题症结提出更具体的方案,在与社区居民及相关专业团体的持续沟通下,研拟出适合社区发展与地景营造的操作手法,并由学生完成构想与初步空间设计方案,最后邀请在地民众一同参与成果发表展,将构想与当地居民分享,流程规划见表1。

3. 规划设计构想

经与地方多次讨论后,学生各自提出五项方案,最后归纳为三大构想:休闲+市集、半农半X、居民生活充电站,见图2。以下进行简单说明。

1)休闲+市集

此方案以小学的户外空间为主要发展范围,因为基地周围本来就有地方寺庙与庙前广场市集,因此发展的主轴是休闲观光。未来希望维持铁牛车的导览行程,在地老人农闲之余也可以担任导览解说之工作,因此设立有力阿卡铁牛车停车场。其余地点则以广场及草地为主,主要是为了观光活动(如农学市集)举办时可以有足够的地点给游客使用,并提供给观光客或都市学童一片可以短暂体验农业生活的示范农田。

2)半农半X

此方案发展理念重点在于将农村转型为"新农村",回归农村本质,保存过去农村的精神与概念,结合有机的农耕技术,发展成有机农业交流中心。而为了能够提供给在地农民与新农民族充分的技术交流场域,讨论传统种植方法与永续农业的串联,有的人提出将小学的部分教室发展成储存农业机具的场所,也有人提出将其作为定期举办技术交流的讨论教室、育成中心以及农事教育实作区,让未来有意愿回到农村种田的年轻人在这个场域充分学习,而在地的资深农民也可以担任教师的工作,提供知识与技术。

3)居民生活充电站

本方案是以老年居民的生活需求以及目前的人力资源作为

优先考虑点,通过与社区发展协会的访谈,该方案将小学教室空间作为社区居民活动(妈妈教室、老人关怀与照顾)之场域,导入的构想都是以社区妈妈可以管理的项目为主。因此,在教学楼一层设置了协会办公室、社区餐厅、社区咖啡厅等。考虑内城社区周围民宿较少,因此在二楼设置预约制的简单住宿环境,供愿意到内城从事深度旅游的游客居住。预约制住宿主要让社区成员可以有额外的收入,但不以服务业的模式管理,避免使年迈的居民造成更大的负担。

4. 成果展示与讨论

经过近一个月的基地踏勘与访谈,通过不断的沟通、讨论与磨合,最终成果展现在当地社区活动中心,并以简报的方式与当地年长者分享,在事前也邀请宜兰县政府相关单位一同参与成果发表会,见图3。为了能够与当地年长者沟通,学员简报所使用的语言多为在地习惯使用的闽南语,这对于生长在都市不常使用闽南语的学员来说更是另一种崭新的挑战与训练。成果会也与宜兰县政府相关单位一同进行,讨论内城未来可行

表1 内城社区参与式设计流程规划

阶段	周期	工作细项及内容
准备	4周	进行书面资料搜集工作,针对社区进行初步调查与访谈,研拟出推动目标、课题与对策,并建构出可以执行的方式等相关构想
服务	3周	到现地与社区发展协会成员讨论可落实的地域振兴构想与实践手法
反省	3周	在讨论与实地操作的过程当中,教师与学生反复讨论、修正构想,并回馈修正既有目标,持续进行反省与调整
成果	2周	到社区进行成果展示,并与相关单位进行圆桌会谈

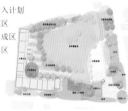

以旅游观光为内城之核,以居民为内城之心

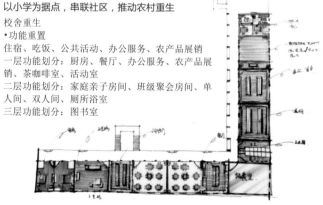

图1 基地探勘与居民访谈过程

图2 休闲+市集(上左)、半农半X(上右)与居民生活充电站(下)设计内容

图3 内城社区成果分享会

的规划方案，对过去多在室内操作纸上设计的学生来说是一次"真实"的操作体验，也为景观专业领域开启了一扇新门。

此次学生所实践的参与式设计不同于过去农村社区规划与传统设计的思维，为了符合需求而增添设施，而是在与居民进行多次沟通后，以"减法"的设计整合需求，减少日后维护管理人力与经费的困扰。在成果会后，官方、社区成员与学界三方的讨论中发现，台湾大部分农村就像内城社区一样，都面临人口老化及少子化，因此会有劳动力大量减少、生产力下降，农村面临转型问题。此次的参与式设计教学让学生思考农村未来发展，无论发展观光抑或推动永续农业，都是可能的做法，也为农村停滞发展解套。但要怎么在有限的人力与资源下操作，还需要更多的讨论与实践经验。

（二）八宝社区参与式设计工作营

1. 执行缘起

位于宜兰县冬山乡的八宝村，由于山水受到良好的保护，加上土地肥沃，孕育出多样化的林木、白米、茶叶和甘薯，因此有"八宝"之称。村里有清澈溪流贯穿、千里步道环绕，吸引许多新住民到此携手打造有机家园，获得与大自然对话的机会。八宝村因丰富的水源与清澈的水质，自古便是重要的水稻生产区，加上环境幽静且交通便利，近几年成为许多想要搬到宜兰居住的外地人青睐的社区。八宝村也变成南边为原有居民居住的旧社区、北边为选择到此追求田园生活新住民居住的新社区组成的空间布局。然而近年因为优良的水质吸引了香鱼养殖业者到此从事养殖业，致使旧社区水中残留的有机物、排泄物、饲料及药物等影响水质，也影响了原本最珍贵的农村生态环境。而区内的休憩空间与水池都缺乏维护管理。池中水体流动状况不佳，使水质恶化，加上平日炎热，邻近遮荫少且铺面多为草地、无路径，让用户更不愿意进入社区内的休憩空间。

2. 参与模式

本课程以宜兰冬山乡八宝社区为基地，参与的同学包含景观设计系大三的四十位学生以及硕士班九位学生。此课程分成两个阶段进行，第一个阶段主要内容为大学生的在地工作营与初步成果总结，第二个阶段主要内容则是由硕士生延续大三生的构想，提出更深入之构想。在第一阶段，为了让学生对环境有更为深刻的认识与体验，课程要求学生必须都住在当地社区，让学生实际体验农村生活，并到村里访谈居民，而学员须协助

社区妈妈准备晚餐，见图4。构想发展过程必须与社区居民深度互动、密切合作，了解居民的价值观，进而确认需求，从经济、社会与生态永续的角度，替社区未来环境发展提出设计构想与行动方案。该工作营执行前，学生皆在校园课堂中接受基本的社区参与式设计训练，分组（每十人一组）后，各组必须事前上网搜寻八宝村的相关数据，尔后便至社区进行为期六天的工作坊活动。活动一开始举行社区说明会，由社区居民针对构想提出建议，在分组同学完成初步构想后，邀请社区居民与相关单位参加成果分享会（图5），然后回到校园完成设计，最后再由硕士班学生继续发展更细致的设计构想与方案。课程如表2所示。

图4 驻地期间到社区进行调查与访谈，
并与社区妈妈一起准备晚餐

表2 八宝社区参与式设计课程表

阶段	周期	工作细项及内容
准备	1~4周	八宝村整体规划构想： 1. 八宝村整体环境资源调查整理； 2. 八宝村整体规划构想； 3. 八宝村环境地图与相关计划收集准备
服务	5周	八宝村空间参与实践：驻地六天，举办社区工作坊； 其中，驻地第三天与居民进行讨论，将从观察与体验中获得构想，搭配居民需求，使设计与当地所需更契合； 最后举办成果发表会，将设计成果与居民分享
反省	6~8周	1. 就成果会与评图意见进行数据修整与规划内容调整 2. 规划过程检讨
成果	9~10周	回校后进行更深入讨论后最终形成成果发表并展示

图 5 学生在每两天一次的工作会议中
提出构想,邀请居民一起讨论

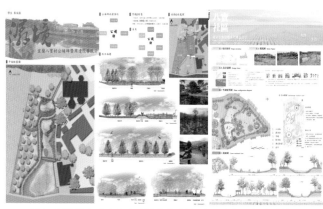

图 6 公埔埤水质净化(左图)与涌泉公园(右图)改善方案

3. 学生提出之规划设计构想

八宝村社区的范围较大,在短时间要落实到可以进行设计的地步确实有难度,因此在一开始由社区发展协会理事长带领一组学员认识社区环境,以缩小讨论范围。经过多次的沟通与讨论,学生针对八宝村社区的情况提出发展构想,分别为田间萤火虫生态复育、公埔埤水质净化、涌泉公园水景观改善。而另一组学生在老师的带领下,以实际行动代替构想,直接到水圳边捡福寿螺。以下针对四个主要方案进行说明。

1)田间萤火虫生态复育

田间萤火虫生态复育的构想源自目前的村内稻米销售价格较低之问题,因此提出"萤火虫米"之生态营销构想,其用意在于连对水质要求极高的萤火虫都愿意选择八宝村田间生活,这里的稻米必定健康零污染。本方案发展的核心构想主要从复育环境指标生物——萤火虫开始,希望通过打造萤火虫适合生存的环境,改善八宝村之农业生态环境。然而水质的改善绝非一朝一夕,因此构想分成两个阶段进行,前期主要改善自然边坡与浅滩区生态环境并着手水质净化活动,后期在水质初步改善后,进行田间的萤火虫复育,当农业生态环境已适合萤火虫生活时,便可借萤火虫减少福寿螺幼虫的数量。

2)公埔埤水质净化

本组方案构想主要针对八宝村内的重要庙宇(石头庙)后方的公埔埤进行水质净化,并减少福寿螺的出现。前段先检视整体水路上游、八宝路水路及公埔圳水路,在水池中创造活水动线进行净化,并安排可供鸭子栖息的水池,以生物防治的方式,让鸭子来清理福寿螺。中段经水质净化的水池则维持原有的亲水洗衣池,由岸边的挺水及浮水植物来净化水质。后段水路则设置生态浮岛之相关设施,作为水质净化的最后一道防线(见图 6 左图)。

3)涌泉公园水景观改善

本组学生提出的方案是针对区内使用频率极低的涌泉公园提出景观改善构想,见图 6 右图。原有亲水空间是村内水圳因进行整合将水道进行截弯取直后保留的水岸公园,设计主要针对水的高低差变化进行,增加水体的丰富性与趣味度,让不同年龄层的使用者可以依据自己的喜好接近水(近水、亲水、戏水),增加广泛使用水的可能性。本组同学同时提出步道与凉亭的改

原本闲置的停车空间整合后成为多功能的草地广场。

4)福寿螺清除行动计划

此方案是在工作营中的大三同学于在地邀请社区居民一同进行的环保行动。而此行动也是为了落实参与式设计中,必须邀请居民一同改善环境,借以唤醒社区意识并提高共识的重要理念。在当日的行动中,社区居民一转过去被辅导者的角色,而是以教师的身份指导学员如何清理水圳周边的福寿螺(见图 7),参与的同学更深刻地体验到农民的辛苦。也因为此行动,居民对于环境的在意程度开始被唤醒,也变得更加愿意参与工作会议与成果发布会。

图 7 由大三学生与当地居民一起进行的清除福寿螺环保行动

4. 成果展示与效益讨论

本课程因为有大三设计课学生直接在社区活动中心生活六天,加之三餐完全由八宝社区的妈妈协助,使得原本活力不足及鲜有年轻人的八宝社区对于这次的工作营感到非常兴奋。学生到村庄踏勘与访谈的过程中,在地的社区妈妈经常会在路上跟学生们打招呼,而村内的耆老也因为这次的工作营而有了更多机会与管道可以以一个经验传承者的角色,告诉学生八宝村的历史与农业知识,间接提升了在地耆老的自我认同,也协助

社区成功地进行了初阶的活跃老化行动。

通过委托社区开设的早餐店准备早餐，由社区妈妈帮学员每天准备午、晚餐，后段时间学生更协助社区妈妈一起准备美食园游会，这些回馈社区的动作在初始阶段便达到了社区居民对工作营成员认同的效果，也进一步促使后续的访谈工作顺利进行。举例来说，工作会议的阶段性发表，居民都非常愿意协助学生理清现状，而工作营过程中由在地居民带领的清除福寿螺行动虽然不能根本性地解决问题，却让在地居民更深刻地感受到学员与老师对这个地方的期盼与努力。这些驻地生活工作、与居民互动的过程，一次又一次地唤醒了在地居民的家乡环境意识，也因此在学员调查访谈的过程中居民就更愿意发表意见，而后续的工作会议与成果发表会召开时，学员与居民之间共识的取得也就更有效率，而学生设计的方案在未来经费允许时，也因为这些构想都是居民所一同参与讨论的，相信行动计划的执行也会更加顺利。

因本工作营的性质属于服务学习的课程，居民对团体的接受度自然比过去由政府委托规划公司的工作营更高。这种义务性质的互动学习模式也引发更多在地组织、民代、报社等团体的关注（毕竟不是营利性质）。成果会举办当天，前往社区活动中心的人络绎不绝，而媒体曝光率也极高，这都是工作营举办前期，在室内作业时工作团队成员始料未及的，但也非常欣慰这个实验性质极高的参与式社区设计模式获得热烈反响（见图8）。

图8 八宝社区成果分享会

四、实践成果的反思与对未来的展望

（一）对服务学习课程实践后的反思

2015年度由系上老师执行的两处农村服务学习课程，虽然执行服务学习的经验在辅仁大学已经不是第一次，但本次经验让学生可以了解到当下台湾新农民思潮的崛起，也了解了进行景观设计工作不能只是纸上谈兵，而是要深入社区，以及学会如何在六天内完成设计构想与模型并向居民说明。通过生活与体验尊重农业与土地，这对于提升学生的环境道德与土地正义来说是一个非常有效的学习模式，或许这样的环境体验，得到的感触会高于在学堂阅读书籍与缴交报告。学生也会更深刻地了解推广环境与土地正义思维与理念的意义。

在内城村的课程方面，考虑时间限制与学生专业背景的多元性，加上内城社区的社区能量与成员规模已经是宜兰县中较为成熟的农村社区。社区内部在理事长的带领下已有一定程度的共识，同时也有专业团体长期协助该社区推动相关农业计划

的申请，因此本课程采用的参与式设计方式是初阶的参与式设计模式，与居民间的互动是以意见咨询以及构想讨论为主要内容，较少接触到更深层面的行动与执行，这使学员会将设计重心聚焦在活化废弃的小学上。

在八宝村的工作营方面，2015年度课程特殊之处在于有近五十位大多数时间居住于都会地区的学员进驻农村社区，学员也是首次必须自主学习、主动观察环境及判断对错，借此获得更独立的专业训练。这对于当前农村再生计划来说是另一个正面的刺激，既让社区居民了解学院派与非营利组织实践社区培力与参与式设计的过程，又让居民与相关单位有更多知识与经验选择更具有观念与理念的专业团体来振兴当地产业与景观风貌。这不但对于用意良好却饱受争议的农村再生政策有所帮助，而且让世人更重视农业及农村土地。无论如何，这样的课程，对于参与工作营的老师与学员来说，在生活中所学到的，必定高于给予社区的，这对于景观教育者来说，是另一件觉得欣慰与兴奋的事情，两项参与式设计之差别见表3。

表3 比较两项参与式设计之差别

	内城小学再利用	八宝社区工作营
基地条件	社区发展协会发展成熟，已有力阿卡铁牛停车场观光基础，设计着重在闲置小学再利用与当地取得最适发展方案	典型的淳朴农村，目前仍未有较清晰的定位，设计课程重点在于驻地寻找潜力点，找出农村课题同时兼顾环境生态
参与模式	数次基地踏勘及访问后，了解居民需求，再以自身专业基础发展设计，最后借说明会方式将设计概念与居民分享讨论，提供当地未来发展方向，供其参考	事前收集基地基本数据与图文资料，当地由居民及社区干部带领走访社区环境，学生实际体验当地生活，从中发现潜力点，运用专业知识提出构想，并反复与居民交流设计概念，将设计成果与居民分享，离开驻地点后深入反思并深化设计
设计内容	设计构想多从访问居民中得知，延伸构想，以大方向规划设计为主，偏向"减法"设计，以社区能够维护管理作为最大考虑	经过驻点当地数日，实际参与居民生活，所提设计更加贴近使用需求，设计点范围虽较小，但内容较细致
成果	将设计成果通过说明会与居民分享，以提供设计概念供未来社区发展参考为目的，配合成熟社区组织效益更显著	驻点后将初步构想同居民讨论，直接接收居民意见与检讨，离开后更经由反省深思，将设计更改至更加符合需求

（二）对未来的期盼

当前农村产业与环境面临的开发威胁，是必须多加重视的一个环境议题。都市需求无限蔓延至乡村土地，对于环境保全来说必非益事，但对于在台北都会区寸土寸金环境下长大的学生来说，如何让学生对于未来农业土地开发后所产生的冲击有深刻的感触，并且愿意挺身而出，用不同方法与行动保护土地，是台湾这个有高密度人口面积又小的岛屿地区必须面临的课题。本次的课程推动，让学生在室内阅读相关农业书籍及参与式设计相关理念，也邀请社区中的新农民与专业新住民阐述自己的

理念，这些过程都让学生发现很多人已经真正地把自身投入到这样的工作中，相信这对于环保观念的理清与转变都是正面的效果，期盼这样的社区参与式设计与初步的社区培力工作能够为农村社区带来一股新的动能，更能让景观设计系学生以更多元的观点看待环境与自身专业，这也是景观教育者对于环境正义与环境保护最深切与长期的期盼。

备注：本文之完成，感谢本系王秀娟主任、林鉴澄老师协助带领学生到内城社区进行调查与成果发表会，以及颜亮一与张玮如老师提供参与八宝社区工作营的机会。

作者简介

谢宗恒，生于 1978 年 9 月，现职为辅仁大学景观设计系助理教授；曾获东海大学景观学系学士学位，东海大学景观学系硕士学位，中兴大学园艺系造园组博士学位；曾任大叶大学休闲事业管理学系项目助理教授，台湾"暨南大学"休闲与游憩疗愈研究中心副研究员，东海大学景观学系兼任助理教授，勤益科技大学景观系兼任助理教授，美国伊利诺伊大学香槟分校景观系访问学者等；研究专长为景观规划设计、文化景观保护与管理、地域振兴与社区营造、场所精神、户外游憩管理、观光资源规划。

以绿色基础设施改善云林北港镇观光区发展策略

虎尾科技大学 侯锦雄

摘要： 北港镇以传统农业与宗教特色为主，昔日的空间规划因结合人文及景观发展而成为宗教观光景点，但过去追求快速便捷的交通及快速水泥化的公共设施忽略了人性化与生态机能的考虑，导致了市区空间质量与生活景观的低落。某基地的生物栖地指数（Biotope Area Factor，BAF）所代表的是这个区域中"有效生态表面"（Ecologically-effective Surface），越是透水、有植物覆盖的表面，其BAF值也越高，就越适合生物栖息。本研究以"生物栖地指数"估算出北港镇有效生态表面，作为道路及绿地的绿化基础，检视过去不当设计、过度设计的环境，重新评估基础设施，进而提出绿色基础设施之策略。

研究以地理信息系统（GIS）对北港镇之交通使用土地及游憩使用土地内各项基础建设进行调查，包含主干道路、快速道路、一般道路、道路相关设施及文化设施和游憩设施中之法定文化资产、一般文化设施、其他文化设施、公园绿地广场、游乐场所、体育场所等共计12项基础设施。利用生物栖地指数评估北港镇之交通使用土地及游憩使用土地内各项基础建设，结果为道路设施经由生物栖地指数计算其BAF值为0.4，文化及游憩设施的生物栖地指数为0.5，北港镇的生物栖地指数为0.54。研究借由绿色基础设施（Green Infrastructure，GI）的概念，提出各项绿色空间（包含自然特征的地区、公共及私人保留土地、配合保存价值的土地和其他受保护的开放空间）的改善策略来加强内部网络连接、规划及管理，使其从自然资源上达到景观宁适之效益。研究模拟针对各项道路及绿地进行绿色基础设施改善之结果，例如绿化道路、墙面，增加绿地面积，将北港镇发展成绿色网络，以连接道路与绿地系统，可提升北港镇生物栖地指数 0.1 ～ 0.2 之目标。

关键词： 绿色基础设施(Green Infrastructure)，生物栖地指数（Biotope Area Factor），地理信息系统（GIS），有效生态表面(Ecologically-effective Surface)

一、前言

台湾在城乡发展阶段为追求经济增长，迅速都市化，导致城乡发展失衡。云林县北港镇以传统农业与宗教特色为主，每年1月至3月进香客及观光客共计600万人来北港镇朝天宫（妈祖信仰）朝圣，交通拥挤、空间不足、资源遭受人为破坏等情形十分严重。昔日的空间规划集中在市区发展宗教观光景点，为了发展城镇以及为外来游客服务，在追求快速便捷的交通以及快速水泥化的公共设施下，忽略了人性化舒适与生态机能的考虑，导致市区空间与生活景观持续恶化，而绿色的基础建设正是挑战时下的空间规划，找出合适的生物栖地（Biotope Area），提出绿色计划及保护的参考目标。

生物栖地可称作生物圈的基本单位，如池塘栖地、森林栖地等。林宪德（1999）认为一个区域的生物栖地泛指一切由微生物至高级动物构成的生活基盘环境。20世纪80年代西德提出基地的生物栖地指数（Biotope Area Factor, BAF），表示一个区域中"有效生态表面"（Ecologically-effective Surface），越是透水、有植物覆盖的表面，其生物栖地指数也越高，就越适合生物栖息。随着都市化的影响，城市的环境问题剧增，在人为干扰下的栖地环境中，必须通过良好的栖地连接以维持自然生态演变过程。绿色基础设施（Green Infrastructure, GI）的概念即是由自然环境决定土地使用规划。绿色基础设施的建构是由如水道、湿地、自然区域、绿道、公园、牧场、森林、荒野及其他维持原生物种自然生态过程等组成的网络（Mark A. Benedict, Edward T. McMahon, 2006）。随着

全球气候变迁议题的升温，城市中的生物栖地逐渐受到关注，一方面人们开始重视及保存在城市中尚未遭到开发破坏的自然环境；另一方面，除了消极地保存现有栖地外，人们也积极地在城市中创造更多的生物栖息机会。

台湾依照空间规模大小，建立了一套空间规划的层级，如区域计划、县市计划等。在各层级中，依空间分区范畴大小，涉及许多不同的结构如道路、绿地、设施等。本研究过程依地理信息系统（GIS）将台湾云林县北港镇之绿色基础设施之使用土地作为中心，再从中找出灰色基础设施，包含主干道路、快速道路、一般道路、道路相关设施等基础设施进行分析，并提出日后的参考对策。北港镇目前集中在都市计划区域内发展，为健全乡村聚落服务体系下，应优先考虑重点聚落之建设，并逐一进行各乡村区之规划。因此本研究以"生物栖地指数"估算出北港镇有效生态表面，作为道路及绿地的绿化基础指标，检视过去不当设计、过度设计的灰色化的环境，重新评估基础设施，进而提出绿色基础设施之策略。

二、文献回顾

（一）绿色基础设施

1. 何谓绿色基础设施

绿色基础设施（Green Infrastructure, GI）概念逐渐形成于20世纪90年代中期，主要探讨网络相互联系的绿色空间，以保护自然系统的价值优先，再以利益居民的规划为概念。绿色基础设施将环境面、生态面与人文面连接成为组织架构，并

非局限于传统开放空间的规划方式。150 年前，绿色基础设施广泛地被运用在土地的规划上，主要分为两大目标：①为居民谋福利，连接公园和其他绿地；②连接自然地区，让栖地生物多样化，避免栖地支离破碎。绿色基础设施即是由自然环境决定土地使用规划，强调自然环境提供支持人类生命的功能，将自然引导至传统规划模式中，将社会经济的发展融入自然中，建立系统性功能结构。

基础设施（Infrastructure）是指基层的建设或基础的工程架构，它如一整套的系统以及组织的建构。所谓基础设施，大部分可指道路、下水道、公用设施或学校、医院等，而道路、机场、桥梁等可称为灰色基础设施，当区域经济实现稳定增长时，即建立社会基础设施，如学校、医院、图书馆等。然而，绿色基础设施的建立，既是以实现生态以及环境系统永续发展为目标，又基于灰色基础设施或社会基础设施的建设，如生态工程、绿建筑等。19 世纪以来美国十分重视基础设施的建设，并将"绿色基础设施的永续发展"作为社区永续发展的综合性战略之一，如美国 Openlands、CNT 等组织。美国 CNT 组织提出绿色基础设施的项目，认为绿色基础设施通过所有居民对于基地的规划种植和维护，提高社区的凝聚力。绿色基础设施即是通过如水道、湿地、自然区域、绿道、公园、牧场、森林、荒野及其他维持原生物种的自然生态过程等在区域内所组成的网络。

绿色基础建设是开放空间及绿色空间的内部连接系统，保护式的配置可使它们提供良好的生态效益。它围绕宽广多样的、自然的形式，并储存当地生态系统及景观特征。绿色基础建设网络连接这些生态系统及景观，绿色基础设施是由连续的"中心"及"廊道"构成的绿色空间网络系统。中心像是生物的"产地"，提供原生植物、动物的生长空间。它涵盖：大型保留地及保护区，如国家野生动物栖地或是州立公园；大型公有地，如国家级或州立森林；具有特殊资源者（矿场、林地）；私人经营土地，如农场、森林、牧场；地方公园及保留地；社区公园及绿色空间等；各种自然特质及过程被保护或保存的区域。

廊道用来连接这些系统，这关系到维系此生态系统的过程、健康及生物多样性，景观上的连接形式很长并且宽阔，连接了既有公园、保留区或自然区域，提供充足的空间支持原生植物及动物繁衍，功能有点像是廊道联系生态系统及景观。具体的"连接"及"保育廊道"，像是河流、溪流泛滥平原等。

2. 美国 CNT 和 Openlands 的绿色基础设施

2000 年 10 月，Openlands 为解决三州地区（Wisconsin，Illinois and Indiana）自然资源的保护，以绿色基础设施的建设为目标，实现三州地区的连接。评估这些资源的威胁和状态来保护它们，并定义未来的议程。其中一个最重要的方法，州际和区域保护工作将创建一个基础信息数据库，提供有关环保基础设施跨越三个地区的信息。同时，该区引入地理信息和分析部门，对交通、能源和住房进行调查。地理研究和信息部后来成为中西部地区最大体现公共利益的地理信息系统（GIS）。2002 年 CNT 组织与 Openlands 建立了伙伴关系，在 14 个乡镇地区解决居民之需求，提供良好的绿色基础设施方案。

3. 美国 CNT 绿色基础设施项目：聆听

美国 CNT 认为绿色基础设施好的开放空间和自然领域，如绿色通道、湿地、公园、森林保护区及原生植物区，可提供雨水管理及自然管理，并降低洪水风险，提高水质，将其安装和维护在传统的基础设施当中可大大降低成本。借此，CNT 提出几项绿色基础设施的项目，为居民提供以种植来维护改善住家环境的参考方案，并提高了社区的凝聚力，见表 1 所示。

（二）生境面积因子

1. 生物栖地

韦氏词典对生物栖地的定义为："一个环境状态与动物与植物的族群方面的均一区域。"《大英百科全书》指出："一个两向度的沉淀的区域，其特色是有特定的动物或植物。"生物栖地是泛指一切由微生物至高级动物构成的生活基盘环境。因此，一个生物栖地可以说是生物圈中最小地形的单位，一系列的生物栖地会导致一个生物面向的组成。Holmes 提出"一个区域，其主要的环境状态和适应于此环境的生物类型是均一的"的论点。"群落生境"意指一个提供特定生物栖地生存的有限的、最小的生态空间领域。所以栖地是动、植物自然地生长与栖息的场所，或动、植物个体、族群或群落生活于其中的环境区域，具有不可分割的某一特定种类，其生活史活动范围的有限的均一的生态空间领域特色。

2. 生物栖地面积

20 世纪 80 年代原联邦德国提出"生物栖地面积"。它作为一种政策性的工具来彰显环境议题，类似于其他的都市规划辅助计算工具。因城市中的生物栖地渐渐受到关注，一方面人

表1 CNT绿色基础设施项目

绿色基础设施项目	功能及用途	备注
雨水花园（Rain gardens）	雨水花园填充了地下水水源，减少了周边地区的输水管道； 保护社区免受洪水和排水上的淹水问题，并提供有价值的野生动物栖息地； 额外的好处，成本低并维持传统形式的美化	雨水花园是一个人造的凹陷地，作为景观的工具时，可改善水质，降低淹水情况；雨水花园提供一个生物停留区域（bioretention area），并收集、储存、过滤水的径流，使土壤吸收
恢复湿地（Wetlands Restoration）	湿地除了对水进行吸收和缓冲及改善水质外，更提供了野生动物栖息地和娱乐机会（打猎、钓鱼、赏鸟）的价值	在任何的土地中，其地表的土壤年份或是经历某生物多样化时期，包含生长季节，湿地是使土壤表面覆盖满水的土地

树木 (Trees)	树木具有防风之功能，并可对住宅进行 10% ～ 50% 的温度调节； 树木可降低空气污染； 不同阴沟和基础设施的修建中，树木不需要长期进行维护，并可提供欣赏的价值	
绿屋顶 (Green Roofs)	根据降雨强度和土层深度，绿屋顶可吸收 10% ～ 90% 的径流，对比传统的不透水屋顶表面，绿屋顶大大减少了径流和潜在的污染物质； 绿屋顶的自然保温及隔热性能，使建筑冬暖夏凉，减少耗能	
沼地；洼地 (Swales)	减少洪峰流量； 消除水污染（化学有害物质）； 促进径流的渗透性； 降低维护成本	
透水铺面 (Porous Pavement)	减少不透水的地区； 补给地下水； 不再需要蓄滞洪区	
在地景观 (Native Landscaping)	在地景观的运用可吸引在地鸟类、蝴蝶和其他动物，支持生物多样性； 使原生植物不需要化肥、除草剂、杀虫剂或浇水，有利于环境，降低维修成本	
绿色廊道 (Greenways)	沿河步道及绿道提供的表面积，取代灰色的水道，并大大提升自然净化的能力； 树木可缓冲坡地并净化水源而流向河中或水道中； 额外的好处，可增加旅游及活动的机会	绿色廊道通过私人或公有的开放空间，依循土地或水的自然功能，保护自然资源

们开始重视及保存在城市中尚未遭到开发破坏的自然环境；另一方面，除了消极地保存现有栖地外，也积极地在城市中创造更多的生物栖息机会。增加城市中的树木、植被和水域是增加生物栖息地最直接的方式。而增加生物栖息地不能只是专家、政府口头呼吁就能期待民间自动做到，政府必须拿出实际的政策才能落实，因此，原联邦德国发展出了生物栖地指数来衡量及确保都市中的生物栖息地的保存和创造。

一个基地的生物栖地指数代表的是这个区域中"有效的生态表面"面积占区域总面积的比例，越是透水、有植物覆盖的表面，就越适合生物栖息，因此也越是"生态有效"。根据上述逻辑，不同的基地表面形态有着不同的生态有效度，因此被赋予一个生态有效权数（例如，被柏油完全铺死的停车场因为完全无法提供任何生物栖息机会，其权数为 0，而完全透水的栽植区域可以提供良好的栖息机会，其权数为最大的 1，详见表 2）。在计算生态有效表面积时，将这些不同的表面积乘以其生态有效权数后求和，就可以得出有效的生态表面的总面积。

生物栖地指数可以应用在任何形式土地利用的栖地质量，例住宅区、商业区与公共设施等。原联邦德国对现有已开发或是新开发的基地都有不同的生物栖地指数目标，以确保达到某个生态栖地标准。原联邦德国将生物栖地指数纳入其都市景观计划中，作为其环境规划的衡量标准，为了达到市政府规定的生态栖地水平，开发者必须设法达到规定的生物栖地指数，如

果没有达到标准，就无法取得建筑物执照（例如其对新开发住宅区的最小生物栖地指数要求为 0.6，公共设施为 0.6，商业区及学校为 0.3）。利用生物栖地指数的操作模式，来计算利用土地使用分区划分的土地同质区之生态有效权数。

3. 灰色基础设施

灰色基础设施是国家网络建构的基盘（道路相关设施、下水道、灰色廊道系统）。然而，在网络纵横密布下，人为活动的干扰促使路廊空间的分离阻隔所衍生出的边缘效应、栖地零碎化、栖地孤立、栖地恶化与消失、野生动物交通事故、降低种群持续等各种现象相互激荡。公路建设由于占用土地、人类活动增加，直接使野生动物之栖地空间减少；植物减少或污染破坏引起食物资源减少，不利于野生动物生存。长期累积综合性分隔效应也是改变景观变化之主要动力，它会阻挡当地社区居民往来、物种之传播与迁移以及减小生物活动范围，加速生物脆弱性与景观生态系统质量之恶化，使原有生态价值大为降低。

灰色基础设施建设期间、施工及养护营运阶段都需要用地开挖，扰乱原有土层、取走表土，原生植被遭到破坏失去其原生土壤条件。原生植物被开挖去除或移植他处，直接减少当地生长植物的种类与面积。开挖后地表裸露机会增加，对风力、水力作用敏感性则增强，所引起的水土流失将影响植被恢复，沿线山体裸露与水道阻塞均间接减少各种生物栖息生存与活动

表 2 各种基地表面形态与生态有效权数

表面形态	生态有效权数	表面形态	生态有效权数	表面形态	生态有效权数
	0.0		0.5		0.2
	0.3		0.7		0.5
	0.5		1.0		0.7

所需之空间，生态环境恶化，不利植物群落之演替。

本研究从绿色基础设施之相关文献中找出绿色基础设施之定义，参考 Mark A. Benedict，Edward T. McMahon 的绿色基础设施之论述，引用为绿色基础设施之参考依据。并依据 CNT 和 Openlands （2002）有关绿色基础的设施在 14 个县市地区的建立方式及分析方法进行划分，试图找出各绿色区域，再针对灰色化地带提出改善策略，进而建构台湾云林县北港镇绿色网络。

三、研究过程与成果

本研究步骤包括：①参考美国 Openlands 分析方式找出绿色区域及灰色化区域，运用 GIS 技术，划分灰色基础设施，进行分析；②以生物栖地指数作为测量工具，估算北港镇灰色基础设施之权重值；③对于所选定的灰色基础设施进行基地分析，找出实质空间中能提高绿化之对应特质；④将绿色基础设施中所描述的环境和策略以数字工具模拟并重新呈现于北港的空间之中。本研究便是在这个架构之下，运用生物栖地指数估算出北港镇灰色化设施权重值，提升乡镇间之绿色网络，以全镇建构绿色基础设施为目标，打造绿色观光区，发展成为绿色城市。

（一）以美国 Openlands 分析方式找出绿色区域及灰色化区域

"Openlands" 组织是美国以地理信息系统建构出绿色基础设施分布数据库最大的网站。通过地理信息系统 （GIS）可以将地理数据整合为信息化的操作系统，并架构于完整丰富的地理数据库上，具有数据撷取、编修、更新、储存、查询、处理、分析及展示等功用。"Openlands 组织"地理信息系统的建制方式，考虑绿色基础设施项目的划分，如森林景观、都市开放空间、草地及灌木、水体、湿地、农业景观、都市开发空间、裸露地、沙滩、泥土以及保护区（生态保护区、环保公园），此分析有助于确定空间中各区绿色基础设施之间的重要区块。本研究依据台湾云林县北港镇现有的绿色基础设施通过地理信

息系统划分森林景观、草地及灌木、农业景观（稻作）、农业景观（旱作）以及灰色化设施如都市开发区及相关道路设施，借此找出北港镇之绿色基础设施：森林景观 6 221 公顷、草地及灌木 1 236 公顷、稻作农村景观 7 571 公顷、旱作农村景观 19 694 公顷。灰色化设施：都市开发区 8 535 公顷、相关道路设施 2 921 公顷。图 1 为北港镇绿色基础设施及灰色基础设施之分布图。

（二）以生物栖地指数作为测量工具，估算北港镇灰色基础设施的权重值

建立生物栖地指数的目标在于保存及创造都市中的生物栖息地，确保都市环境的绿化水平及视觉质量并增加提供市民休闲娱乐绿地的机会。生物栖地指数可应用在任何形式的土地利用的栖地质量评价上，如住宅区、商业区、公共设施等，但它仅是一个量化数值，不包括景观规划质量的要求，如配置、使用范围或人工林的组成。

生物栖地指数所代表的是这个区域中"有效生态表面"面积占区域总面积的比例（生物栖地指数 ＝ 有效生态表面积 ÷ 总面积）。

（三）对选定的灰色基础设施进行基地分析，找出实质空间中能提高绿化之对应特质

依据生物栖地指数在北港镇各里计算，与北港镇绿色基础设施叠图后，评估出北港镇可发展之潜力点（如图 2），并依据各点资源提出对策及目标。

由于灰色基础设施的建构使网络被切得支离破碎，绿色基础设施是提供生物栖地与生物迁移之生态跳岛，生境面积指数的建立在于保存及创造都市中的生物栖息地。本研究依计算出的北港镇各里之权重值，针对各里之潜力点提出改善策略及目标。本研究评估出七项潜力点，并参考美国 CNT 之社区绿色基础设施的设计元素，应用在北港镇各里当中，在北港镇建立生物栖地，如都市计划区绿屋顶设计、雨水花园设计等，其改善对策及方法整理如表 3 所示。

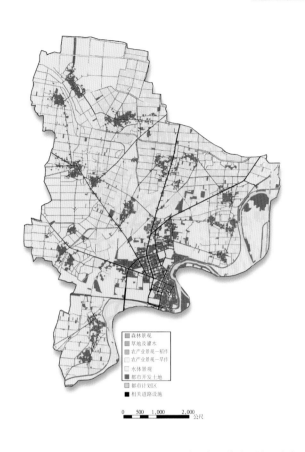

图1 云林县北港镇绿色基础设施及灰色基础设施之分布

图2 台湾云林县北港镇绿色基础设施发展之潜力点

表3 台湾云林县北港镇绿色基础设施设计参考表

改善区域	生物栖地指数权重值	提升值	改善对策及方法	该空间可导入之元素（参考CNT绿色基础设施）
A 区				
华胜里、光复里、西势里、义民里、仁安里	0.3	0.4	本地区为都市计划区，人为开发较严重，主要集中一般住宅及商业空间。该区也是灰色化分布最广的区域，而经由BAF评估后，其生物栖地指数也较低。 运用美国CNT的绿色基础项目，对该区进行改善，传统的不透水屋顶表面中，可以通过绿屋顶改善，减少径流和潜在的污染物质。绿屋顶的自然保温及隔热性能，使建筑冬暖夏凉，减少主体能耗	雨水花园、绿屋顶、树木、透水铺面、在地景观、绿色廊道
大同里、公馆里、仁和里、共荣里、东华里、南安里	0.4	0.5		
光民里、东洋里	0.7	0.8		

改善区域	生物栖地指数权重值	提升值	改善对策及方法	该空间可导入之元素（参考 CNT 绿色基础设施）
B 区				
树脚里	0.8	0.9	该区多处埤塘，适当将栖息地改做湿地，可改善水质或防洪功能，有益于栖息地的重建	沼地、洼地、树木、透水铺面、在地景观、绿色廊道
C 区				
好收里	0.8	0.9	好收里为传统的聚落，可适当保存在地景观，传统的不透水屋顶表面中，可通过绿屋顶改善，减少径流和潜在的污染物质	雨水花园、绿屋顶、树木、透水铺面、在地景观、绿色廊道
D 区				
番沟里、大北里	0.8	0.9	耕地组成强调了农业景观的地貌，将原有的灰色化沟渠进行绿化可提高其生物栖地指数	
E 区				
草湖里	0.8	0.9	草湖里稻作土地分布广，区内也有零星埤塘。水边可种植草生植物，与周边农田在地景观连接，达到栖地延续的效果	沼地、洼地、树木、透水铺面、在地景观、绿色廊道

改善区域	生物栖地指数权重值	提升值	改善对策及方法	该空间可导入之元素（参考CNT绿色基础设施）
F区				
新树里	0.8	0.9	新树里绿地及开放空间数量甚多，道路提供绿色廊道，沿街屋绿顶设计，可达到绿色网络有效串联。	雨水花园、绿屋顶、树木、透水铺面、在地景观、绿色廊道

四、结论与建议

通过地理信息系统对台湾云林县北港镇进行绿色基础设施分析，找出北港镇具绿色基础设施发展潜力之据点，可提供北港镇日后环境与景观改善之参考。经由地理信息系统的叠图分析，并与实体空间结合作为参考依据，可提供后续生物栖地指数计算的参考依据。以北港镇绿色基础设施发展潜力点作为中心，并找出可以连接与扩散的廊道，像触手般向外延伸且连接其他潜力点，以建构北港镇的生态网络。不仅达到生物栖地指数欲增加生态有效面积之目标，并得到以下效果：①保护微气候或降低空气污染；②保护并维持土壤机能与水文循环平衡；③创造并增进野生动物栖地的质与量；④增进人居环境质量。

通过地理信息系统依景观特征将北港镇分为六个区域：A区为都市计划区；B区为埤塘区；C区为传统聚落；D区为农业区；E区为农业与埤塘区；F区为绿色住宅区。针对各区域之在地景观特征，考虑其可增加之生态有效面积，建议该区域增加适宜的绿色元素。

（1）针对北港镇之商业与住宅区（A区）或单纯住宅邻里（C区、F区），本研究建议将使用率低的铺面改为透水铺面，以增加雨水渗透率；沿着道路增加绿色植物空间以创造廊道并在公共开放空间种植树木与花草营造在地景观；建造雨水花园储蓄与净化雨水并通过建筑物表面的有效利用，如绿屋顶与绿墙，来降低建筑物的温度和减少能耗，亦提供生物停留区块。

住宅区更可以通过居民来规划当地社区之环境景观，参与公共空间的塑造与维护。在各自家宅加入自己的创意，塑造属于自己的绿色空间，除为生活环境增添趣味外，还能为生物提供生态栖息地。

（2）在埤塘区（B区、E区），则是维持埤塘之景观与功能，并在埤塘周边种植树木，以留住水源，且利用绿色或蓝色廊道，连接大小埤塘，稳定其生态系统。若有灰色道路阻隔，则根据其使用程度变换透水之铺面。

（3）农业区（D区）因灌溉沟渠多为水泥材质，建议以绿色廊道代替，不仅能净化水质，而且能维持在地的绿色农业景观。

依各区域之绿色基础设施发展之潜力点作为首要操作据点，再依序延伸其触手，建立台湾云林县虎尾镇之生态网络，与商业发展并行，在追求经济下亦能保有生态栖地，成为绿色城市之楷模。

由于台湾云林县北港镇昔日观光以文化为主，分析绿色基础设施，生物栖地指数计算仅作为北港镇建构绿色城市之参考。后续研究可得出文化观光议题下之相关理论，针对文化观光相关因子对北港镇进行分析，如北港镇每年进香客人潮拥挤带来观光效益等。

作者简介

侯锦雄教授现任云林县虎尾科技大学文理学院院长兼休闲游憩系教授、曾任东海大学景观学系教授、台湾造园景观学会理事长。侯教授在研究方面专长为景观规划设计、观光游憩规划、视觉景观评估、公共艺术；近年之研究方向着重于人文景观的变迁，实务操作及研究内容包含聚落观光之永续经营、生态旅游之永续利用规范、农村永续发展、公园永续设计、休闲与景观行为、户外开放空间使用等相关领域并参与台湾"文化景观"及"城乡风貌改造"相关政策推动。

老街体验价值及旅游特性对于场所依附影响之探讨
——以鹿港老街为例

虎尾科技大学 郭彰仁

摘要： 老街属于一种文化观光的形式，同时也吸引相当多的观光客。文化观光产业所贩卖的价值为一种"体验"的文化感受。通过当地历史背景、生活方式产生的心理共鸣与情绪感受，促使游客到该地观光时具有消费意愿甚至引发场所的依附感。本研究旨在探讨游客在鹿港老街从事文化观光活动时，所体验到的价值与场所依附的关系，并比较不同游客之旅游特性在二变项的程度上是否有所不同。本研究调查时间为2014年5月1日至5月11日，在鹿港老街的公会堂前广场及庙宇前广场以便利性抽样方式发放问卷，问卷共发放400份，扣除同一构面变项填答均无变异的44份废卷，共回收356份有效问卷。以验证性因素分析确定量表之配适度后进行结构方程式t检定及one-way ANOVA检定。研究结果显示，体验价值显著正向影响场所依附（$t=5.586, p<0.05$），游客旅游特性不同其体验价值及场所依附部分具显著差异，并依据此研究结果提出未来老街在经营管理上的建议。

关键词： 体验价值，文化观光，场所依附，结构方程模式

一、前言

　　根据调查"2010年旅游状况"，有30.1%人的主要的游憩活动为文化体验活动，包括观赏文化古迹、怀旧体验、参观有特色的建筑物与传统技术学习等。而在"来台旅客消费及动向"调查中，发现受访旅客在台期间参加的活动以购物为最多（每百人次有87人次），然后依次为逛夜市（每百人次有78人次）、参观古迹（每百人次有37人次）。来台观光人次更从1999年的557万人次、2000年的609万人次增加到2001年的731万人次，可见台湾观光资源对各地旅客具有一定的吸引力。近年来更由于推广力度的加大、休闲质量的提升、旅游形态的转变与文化观光的盛行，建筑遗迹、历史景点渐渐受到游客的喜爱。台湾老街拥有独特的历史建筑与文化背景，民众利用假日外出游玩之余也希望寓教于乐，对地方文化有更多的了解。地方文化产业不但增加了民众从事休闲活动的选择，更带动了地方经济发展，而文化观光与其他休闲活动的不同之处在于地方传统文化因特有的环境风貌、历史建筑及传统小吃，可以使人体验到过去的生活方式。这不仅唤起成人的记忆，而且也让儿童体验到有别于水泥森林的价值感受。随着休闲生活化、体验经济时代的来临，消费者更愿意把钱花在一个好的休憩体验上。因此，能反映消费者内心需求的休闲体验产业尤为重要，若能让游客感受到良好的体验或建立好的口碑，吸引游客至该地进行休闲活动，进而衍生出依附感，抑或对该地产生熟悉、认同感，则能提升其重游意愿。

　　由过去的相关文献发现，场所依附相关研究中自行车、潜水活动与登山健行者等特定的休闲游憩活动较多，较少有关文化观光的研究。体验价值相关研究则包罗万象，各构面也因探

讨的休闲活动场所不同而有所差异，但对老街的探讨较少。因此本研究拟以老街之文化观光为主题，探究体验价值与场所依附的关系。徐玮襄、曾永平、庄竣安（2012）探讨游客对太鲁阁公园之地方依附，研究发现游客社经背景中年龄与居住地对地方依附有显著差异。黄宜瑜等人（2011）探讨老街旅游体验价值，结果显示不同旅游体验价值族群其游客在性别及主要游伴方面具显著差异。简彩完、黄长发（2010）调查发现主题乐园方面，游客不同的社经背景对体验价值具显著差异。因此本研究亦将探讨游客旅游特性对老街体验价值与场所依附之影响。

　　在老街的选择上，台湾谚语有"一府、二鹿、三艋舺"的说法，由于过去依赖海洋贸易，使鹿港地区成为商业重镇，当地拥有多方面的文化特色，包括建筑、美食、工艺品、庙宇文化与民间信仰，且当地保存甚多历史建筑及古迹。因此，本研究以中部地区著名的"鹿港老街"为研究地点，意图了解随着社会发展的变迁，此一形态的旅游环境，游客是否能从中体验文化特色及老街在游客心中存在哪些体验价值，进而产生场所依附感。故本研究根据上述意图，研究目的为：①探讨游客在鹿港老街从事文化观光活动时所体验到的价值与场所依附的关系；②比较不同游客之旅游特性在二变项的程度上是否有所不同。

二、文献回顾

（一）体验价值

　　文化观光产业所贩卖的价值为一种"体验"的文化感受，通过当地历史背景、生活方式，产生心理的共鸣与情绪感受，促使游客至该地进行观光活动，产生消费意愿。Gilmore于《体验经济时代》一书中说明，体验为个人本身心智状态与事件互

动的结果，是以个人化的方式参与，并指出顾客想要的是一个美好、难忘的体验，虽然体验会过去，但体验的价值却会延续。陈朝键、李明仁(2012)则认为产品或服务的推广应先借由"体验"让消费者产生各种消费价值的认同后才会有最终的消费行为，进而发展出体验价值。体验价值由体验营销之"顾客感知价值"衍生而来，随时代改变，消费者注重的不再只是商品本身的价值，更重视消费过程中体验到的价值感受，其也可能影响满意度及游后行为等。

"体验价值"的概念最早由 Holbrook 于 1996 年提出，是指消费者在体验过程中，感受到的有形产品价值与无形的情感价值超过消费者原本所期望的，因而使消费者留下深刻的体验印象，并说明消费者对产品或服务的认知及偏好，可借由参与互动来提升价值感受。Mathwick, Malhotra 与 Rigdon(2002)则采用认知连续理论 (Cognitive Continuum Theory, CCT) 来探讨体验价值，研究指出体验价值是由消费者主观的感受发展而来的，消费者对产品或服务之感受价值，可经由体验互动过程提升或降低，并认为体验价值可提供内在利益。蔡明达、许立群（2007）建立体验价值量表则说明体验价值的产生是通过情绪体验的反映作用而形成的。李佳蓉（2011）通过整理过去的相关研究，大致将体验价值分为"外在价值"及"内在价值"两部分，前者是指消费者使用产品时感到满意或交易过程中得到的实质效益；后者为引发消费者对某事物产生情感或独一无二的感觉。梁慈航等人（2011）则将体验价值定义为消费者对于产品属性或服务绩效的认知与相对偏好，价值的提升可以借由互动来达成，但互动可能会帮助或阻碍消费者目标的达成。

从文献中发现，目前有关体验价值的研究相当广泛，讨论的议题包括地方小吃、民宿、运动相关产业、文化观光等。纵观各学者对体验价值之定义（表1）得知体验价值的基本概念为个体与某产品（包括有形的人、事、物与无形的服务、气氛等）互动后，所引发的对产品各式价值的认同并留下深刻难忘的心理感受，即游客体验过有形或无形的事物后，留在游客心中的价值，除了物质的收获外，也包括心理、情绪层面上的回馈。因此，本研究将体验价值定义为游客在当地从事观光体验活动后，对当地整体环境所产生的价值感受与认同。

体验价值的测量方法包括：Mathwick, Malhotra 与 Rigdon(2001) 提出的体验价值量表，以"消费者投资报酬""服务优越性""美感"与"趣味性"来衡量。蔡明达、许立群（2007）以地方老街消费者为对象，利用深入访谈并通过专家意见发展出老街之体验价值量表，分为文艺价值、真实价值、愉悦价值、情感价值与社会价值五个因素。黄宜瑜等人（2011）主要以 Mathwick, Malhotra 与 Rigdon(2001) 提出的"体验价值量表"为基础，但考虑老街旅游不属于一般的产品或服务，因此参考过去老街体验价值的相关文献，再加入个人怀旧、历史怀旧、情感促进与社会互动四个方面。本研究为了解游客到老街从事观光活动、接触当地环境所感受到的各式体验价值，因此参考蔡明达、许立群（2007）及黄宜瑜等人（2011）同为探讨游客对地方老街的体验价值观察变项，提出"文艺价值""情感价值""社会互动"及"投资报酬"四个方面。

（二）场所依附

"场所"是一个价值的凝聚、人居的所在，通过个人特殊

表 1 各研究者对体验价值的定义

研究者（年代）	体验价值的定义
周佳蓉、陈嬿郁（2013）	直接或间接与商品或服务互动所产生的感受，此互动提供了参与者相对偏好的基础，能带给消费者内在与外在利益
张和然、张菁敏（2011）	体验价值为消费者在服务与互动体验中所产生的价值感受
梁慈航、黄宗成、池进通（2011）	为消费者对于产品属性或服务绩效的认知与相对偏好，价值的提升可以借由互动来达成，但互动可能会帮助或阻碍消费者目标的达成
李佳蓉（2011）	延续顾客价值及消费者价值理念，将营销着重于体验上，创造顾客喜爱的体验环境，让顾客感受到有价值的体验，进而改变其消费行为
杨琬琪（2009）	为主观的意识状态，是顾客在体验过程中感受到的有形产品价值或服务，与无形的情感价值超越顾客所期望的价值，使顾客留下深刻印象的体验事件
周聪佑、韩子健、颜宗信（2009）	借由体验的提供来推广产品与服务，让消费者产生各种价值的认同后，进而影响最终的消费行为
蔡明达、许立群（2007）	消费者在接触到人（服务人员、其他消费者等）、事（营销活动、有形或无形服务等）、物（建筑物、对象等）的刺激时，可能产生文艺性、社会性、情感性等价值
Mathwick, Malhotra & Rigdon(2002)	由消费者主观的感受发展而来，消费者对产品或服务之感受价值，可经由体验互动过程提升或降低，并认为体验价值可提供内在利益

经验、历史脉络的累积建构出地方情感后,人们才会认同此地理区域。戴有德、林滩榕与陈冠仰(2012)说明场所包含物质层面与人文层面两种意义,"物质层面"又分为实体区位、自然物体、空间组织;"人文层面"则包含人们对场所的观感、情绪、人与空间关系的意义与关系形成的过程。"场所依附"又称在地依附、地方依附、场所依恋或在地依恋。在环境心理学中,将其定义为个人与居住环境的情感连接。1977年Tuan提出当个人对特定的活动场所产生偏好、愉悦感时,经长期、持续性的体验后,会对此特定场所产生根深蒂固的依恋感。场所由人类活动、行为与意图而产生价值,使其具有意义和无法替代性,而"场所依附"便是由人与环境的互动开始的,通常是指人们对场所的感觉、态度、情感契合的程度,是一种感情的归属。正面的情感连接,原本多用于探讨居民对社区或对环境资源的地方依附,之后衍生为游客对游憩活动、场所和观光景点的认同与依赖,而使用者也会随当地环境状况的感受而影响依附程度。郑天明、曾小芬、郑贵丹(2007)认为场所依恋为使用者渐渐对空间感到熟悉后而转成场所符号意义及地点感,是一种对自然及特殊地点的依恋,即在特定的环境中,个人对环境产生的认知或情感依附。以本研究而言,老街因拥有丰富的文化与历史街景,可使游客满足欣赏传统事物的需求,进而对环境产生情感依附。因此,将场所依附定义为游客至老街从事观光活动后,依个人体验感受程度与过去经验,产生对当地环境功能上的满足及情感上的归属、认同感。

纵观过去相关研究发现,场所依附因探讨角度不同被分成许多种构面进行探讨,但多数未理清各方面的关系,绝大多数学者还是认同"场所依赖"与"场所认同"这两个方面,并广泛使用。本研究欲了解文化观光中游客至老街从事观光活动的场所依附程度,因此参考蔡智欣、黄志成、卓庭宜(2012)提出的地方依赖构面及林宗贤、王维靖、刘沛瑜、王乃玉(2009)之研究提出的场所认同构面,并依据老街实际观察的结果,进行题项的修改,辅以相关专家学者之意见,以作为测量鹿港老街场所依附之量表。

(三)游客旅游特性、体验价值与场所依附之相关研究

(1)过去有关体验价值与场所依附关系的研究。徐钱玉、陈柏苍(2011)探讨游客对淡水老街的体验、情绪与地方依恋的关系,研究结果显示游客的体验对地方依恋具有显著影响,尤其是体验构面中老街的"文化体验""怀旧体验"对地方依恋有明显的影响,在情绪方面也会显著影响地方依恋,并说明游客愉快的体验会进一步对地方留下好印象,加深对地方的记忆与经验,进而衍生为对地方的依恋。梁慈航等人研究台南市历史古迹及纪念性建筑物与观光客的怀旧情感、体验价值与地方依附的关系,结果显示游客的体验价值对地方依附有直接正向的影响,其中以"美感价值"影响程度最高,而怀旧情感也正向影响地方依附,进而发现体验价值对怀旧情感与在地依附具中介效果。

(2)游客特性对体验价值影响之部分。黄宜瑜等人(2011)探讨老街旅游体验价值,结果显示不同旅游体验价值族群其游客在性别及主要游伴方面具显著差异。简彩虹、黄长发(2010)调查发现主题乐园游客因社会经济背景的不同,体验价值具有

显著差异。

(3)游客旅游特性对场所依附影响之部分。江昱仁、蔡进发、黄馨婵(2008)研究发现游客社经背景与旅游特性分别对场所依赖及场所认同有显著差异,包括年龄、职业、同伴类型与主要活动类型等。徐玮襄、曾永平、庄竣安(2012)探讨游客对太鲁阁公园的地方依附,研究发现游客社经背景中年龄与居住地对地方依附有显著差异,说明年纪越长者地方依附程度越高;居住在东部地区的游客地方依附程度也高于其他地区的游客,在游憩经验中,到访次数与重游动机对地方依附有显著差异,说明经常造访或长时间停留的游客,其地方依附感会随时间延长而增加,而一年内不曾来过的游客地方依附程度则最低。

三、研究架构

(一)研究架构与假设

根据研究目的与相关文献探讨,本研究调查游客在鹿港老街从事观光活动后,所感受到的体验价值是否影响场所依附,以及探讨游客旅游特性不同对二变项的差异,研究架构如图1所示,并提出以下假设。(H1:游客在老街中感受到的体验价值会显著影响场所依附。H2:老街游客旅游特性不同对老街之体验价值有显著差异。H3:老街游客旅游特性不同对老街之场所依附有显著差异。)

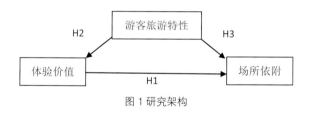

图1 研究架构

(二)测量量表

本研究在各观察变项采用李克特五点尺度加以测量,分数从1~5分分别表示非常不同意至非常同意。

1. 体验价值

本研究为了解游客在老街从事观光活动时,接触当地环境所感受到的各种体验价值,参考了蔡明达、许立群(2007)及黄宜瑜等人(2011)探讨游客对地方老街的体验价值观察变项,提出"文艺价值""情感价值""社会互动"及"投资报酬"。整体信度Cronbach's α值为0.871,显示问项皆具有良好的内部一致性。

2. 场所依附

本研究针对文化观光中游客至老街从事观光活动的场所依附程度,参考蔡智欣等人(2012)及林宗贤等人(2009)的研究中关于老街、文化观光之间项进行修改,提出"场所依赖"及"场所认同",整体信度Cronbach's α值为0.881,显示问项皆具有良好的内部一致性。

3. 游客属性

游客属性分为受测者社经背景与游憩行为特性两部分。游客社经背景包括性别、年龄、职业、教育程度。游憩行为特性包括:旅游次数、同游对象、交通工具、停留时间与旅游目的,

其中年龄与停留时间由受测者自行填写后再进行分类。

（三）抽样方法与研究对象

本研究采用便利抽样方法于鹿港老街现场进行调查，以老街上的游客为研究对象，调查时间为2014年5月8日至5月11日，共发放400份问卷，平日、假日分别发放120份与280份问卷，扣除44份废卷，共回收356份有效问卷。

四、结果与讨论

（一）游客属性之描述性统计

在356份有效问卷中，社经背景部分，性别以女性居多，共188人（占52.8%），男性168人（占47.2%）；受访者年龄大多分布于21至30岁，共181位（占50.8%）；受访者职业以工商服务业居多，135人（37.9%）；受访者教育程度大专院校最多，共269人（占75.6%）。在旅游特性部分，受访者前来次数以六次（含）以上居多，共有161人（占34%），第1次来的有50人（占14%）；旅游同伴以朋友／同事（同学）居多，219人（61.5%）；所乘交通工具以汽车为最多，有215人（占60.4%）；受访者停留时间大多分布于2.1～4小时，占49.2%；旅游目的主要以体验当地文化为最多，共137人（占38.5%）。

（二）体验价值与场所依附结构常态性检定与描述性统计

先了解样本数据各题项的平均数、标准偏差、各构面信度及检视常态分布状况，Kline于2005年说明变量偏态绝对值在2以内、峰度在7以内，即称为符合单变量常态。

1. 体验价值

在18题体验价值问项中，平均数介于3.244～4.5674之间（介于普通至同意之间），分数最高之题项为"鹿港老街上的历史建筑是值得保存的"（4.5674），其次为"通过老街体验可以让我认识当地文化"（4.3188），而分数最低的选项为"老街体验活动可以认识当地居民"（3.244）；标准偏差介于0.565～0.862之间；偏态介于-0.880～0.567之间；峰度介于-0.688～0.912之间，变量绝对值皆符合常态分布范围（偏态小于2；峰度小于7）。体验价值整体信度Cronbach's α 值为0.877。

2. 场所依附

本研究场所依附10题问项中，样本数据平均数介于3.326～3.978之间（介于普通至同意之间），分数最高之题项为"鹿港老街是从事文化观光最好的地方"（3.978），其次为"在鹿港老街从事观光活动是其他老街无法取代的"（3.882），而分数最低的选项为"我非常依恋鹿港老街"（3.326）；标准偏差介于0.692～0.816之间；偏态介于-0.236～0.397之间；峰度介于-0.741～0.195之间，变量绝对值皆符合常态分布范围（偏态小于2；峰度小于7）。场所依附整体信度Cronbach's α 值为0.873。

（三）测量模式之建立

体验价值经CFA模式修正后，已达适配（表2），组成信度介于0.71～0.78之间，平均变异数抽取量介于0.42～0.53之间，整体而言具有良好信度及效度（如表3）。场所依附经CFA模式修正后，已达适配（表2），组成信度介于0.79～0.85之间，平均变异数抽取量介于0.55～0.65之间，整体而言具有良好信度及收敛效度（表3）。

（四）体验价值与场所依附之关系

本研究整体结构模式，依各项配适度指标评估，$x^2/df=2.005$，$GFI=0.915$，$AGFI=0.890$，$RMSEA=0.053$，$SRMR=0.0573$，$TLI=0.923$，$IFI=0.934$，$CFI=0.934$，Hoelter's N（0.05）=211，$ECVI=1.186$，$AIC=420.917$；$BIC=603.038$，大部分结果皆符合配适度标准。由图2可知，体验价值对场所依附具显著正向影响（$t=5.586$，$p<0.001$）。在体验价值部分，由标准化参数估计系数可知"投资报酬"方面（0.88）为体验价值主要的潜在因素构面，其次为"社会互动"构面（0.73），样本平均数以"鹿港老街上的历史建筑是值得保存的""通过老街体验可以让我认识当地文化"为最高。由此可见受访者在体验老街后，普遍认同当地历史文化是值得保存与体验的，且符合其期待。由上述推测，使游客感受到在此地从事观光活动是值得的，主要影响原因为老街的历史建筑与环境氛围。场所依附部分，由标准化参数估计系数得知场所认同与场所依赖皆为主要潜在因素构面（0.82），受访者评值以"鹿港老街是从事文化观光最好的地方""在鹿港老街从事观光活动是其他老街无法取代的"最高，由游客旅游特性中前来次数为6次（含）以上居多，受访者对鹿港老街之场所依附程度很高。

（五）游客旅游特性对体验价值、场所依附的影响分析

体验价值部分，可发现受访者"同游对象"不同，其"文艺价值"的体验具有显著差异（$p<0.05$），经事后比较（Scheffe法）发现受访者的同游对象为家人、亲戚者对老街文艺价值感受较受访者之同游对象为"单独前来"者佳。受访者采取的"交通工具"不同，其"情感价值"的体验价值构面有显著差异（$p<0.01$），经事后检定可知，受访者交通工具为步行者对老街情感价值之感受明显高于交通工具为脚踏车者，推论步行者能够慢慢体验当地较深层的历史情感。

场所依附部分，受访者之旅游目的不同，其场所依赖程度具有显著差异，经事后检定发现，受访者之旅游目的为"体验

表2 各量表测量模式适配度分析表

配适指标	x^2 值	自由度	x^2/df	GFI	AGFI	CFI	RMSEA
体验价值	184.373	73	2.526	0.922	0.888	0.914	0.071
场所依附	22.848	8	2.856	0.975	0.936	0.981	0.078
建议值	越小越好	越大越好	<5	>0.9	>0.8	>0.9	<0.10

表 3 各变项信度及效度分析

研究构面	题项	SFL	S.E	SMC	CR	AVE
文艺价值	1. 鹿港老街上的历史建筑是值得保存的	0.600	0.019	0.360	0.78	0.42
	2. 通过老街体验可以让我认识当地文化	0.738	0.022	0.545		
	3. 鹿港老街的环境对我来说具有视觉吸引力	0.706	0.028	0.498		
	4. 我喜欢鹿港老街营造出的环境氛围	0.659	0.030	0.434		
	5. 我认为老街能够传承历史	0.532	0.034	0.284		
情感价值	7. 鹿港老街体验能让我想象过去的生活场景	0.464	0.042	0.216	0.71	0.46
	8. 在鹿港老街进行观光活动让我觉得有趣	0.794	0.032	0.630		
	9. 此次观光活动让我对老街留下美好回忆	0.733	0.027	0.538		
社会互动	11. 老街体验活动能让我认识新朋友	0.660	0.036	0.436	0.71	0.45
	12. 我与鹿港老街店家人员互动良好	0.633	0.028	0.401		
	13. 老街体验活动可以认识当地居民	0.716	0.037	0.513		
投资报酬	15. 到鹿港老街进行观光活动是值得的	0.660	0.024	0.435	0.77	0.53
	16. 此次老街体验活动符合我的期待	0.788	0.026	0.620		
	18. 此次老街体验活动让我受益良多	0.740	0.028	0.548		
场所依赖	3. 相较于其他老街，鹿港老街让我感受到的满意度较高	0.654	0.029	0.427	0.79	0.55
	4. 在鹿港老街进行观光活动是其他老街无法取代的	0.770	0.029	0.593		
	5. 相较于其他老街，鹿港老街让我感受到更多乐趣	0.799	0.026	0.638		
场所认同	8. 相较于其他老街，我更喜欢鹿港老街	0.758	0.026	0.574	0.85	0.65
	9. 鹿港老街对我来说有特别的意义	0.822	0.027	0.676		
	10. 我对鹿港老街有强烈的认同感	0.829	0.025	0.638		

注：SFL= 标准化因素负荷量；SE= 标准误差；SMC=R² ；CR= 组成信度；AVE= 平均变异抽取量

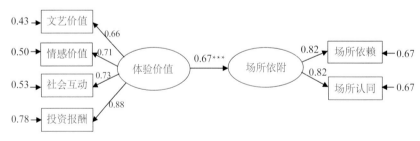

图 2 整体结构模式的关系

当地文化"者对老街场所依赖之感受较旅游目的为"放松身心"者更为强烈，显示文化观光类型的游客对鹿港的满意度以及老街的无法取代性、乐趣等较高。受访者之旅游次数对场所认同程度具显著差异（$p<0.001$），经事后比较发现，前来次数为"6次（含）以上"者对老街场所认同程度明显高于前来次数为"2～3次"者及前来次数为"4～5次"者。此结果与林宗贤等人（2009）调查金瓜石九份袭产旅游区游客之场所依恋结果相同，该研究结果显示，重游游客的重游行为意图受场所依恋影响较大，怀旧意象对场所依恋有正向显著影响，且标准化参数估计系数以场所认同构面为场所依恋之主要潜在变项，与本研究场所依附部分结果相同，可知重游次数越高的游客对当地之

认同感及场所依附程度越高。本研究结果也符合徐玮襄等人调查之结果，皆证实游客到访次数对场所依附具显著差异，且到访次数越多场所依附程度越高，见表 4。

五、结论与建议

（一）结论

研究结果显示，体验价值对场所依附具显著正向影响（$t=5.586$，$p<0.001$），且研究架构之结构模式配适度良好，因此本研究假设一"游客在老街中感受到的体验价值会显著影响场所依附"成立，即游客之体验价值感受越高，场所依附程度

表 4 游客属性与真实性差异分析表

变项	背景属性	构面	F 值	事后比较（Scheffe 法）
体验价值	同游对象	文艺价值	3.540*	其他＞家人亲戚＞单独前来
	交通工具	情感价值	3.404**	步行＞脚踏车
场所依附	前来次数	场所认同	7.140***	6 次（含）以上＞第 2～3 次、第 4～5 次
	旅游目的	场所依赖	2.370*	体验当地文化＞放松身心

注：*$p<0.05$；**$p<0.01$；***$p<0.001$

也会越高。此结果与徐钱玉、陈柏苍（2011）探讨淡水老街之体验、情绪与地方依恋之研究结果相同，该研究结果发现体验对地方依恋有显著影响，其中以文化体验及怀旧体验两构面最具影响力。另外，梁慈航等人（2011）调查台南市古迹景点，结果也显示观光客之体验价值会正向显著影响地方依附，并说明地方依附的发展来自于视觉景观，可见老街保有的历史文化景观能使游客感知其价值，并影响游客对当地之依赖及认同感。

游客旅游特性对体验价值之差异性分析结果显示，受访者"同游对象"不同，其"文艺价值"之体验具有显著差异（$p<0.05$），经事后比较（Scheffe 法）发现，受访者之同游对象为家人亲戚者对老街文艺价值感受较受访者之同游对象为"单独前来"者佳。推测原因可能为与家人亲戚前往，多数富有教育的意义，借此观光活动了解当地的历史文化，因此感受到的文艺价值较高。受访者采取之"交通工具"不同，其"情感价值"之体验价值构面有显著差异（$p<0.01$），经事后检定可知受访者交通工具为步行者对老街情感价值之感受明显高于交通工具为脚踏车者。推论步行者能够慢慢体验当地较深层的历史情感体验，另一方面骑脚踏车前往老街者，多半以运动为主要目的，因此对当地之体验价值感受程度较低。因此本研究假设二"老街游客旅游特性不同对老街之体验价值有显著差异"部分成立。本研究结果也与黄宜瑜等人（2011）的研究结果部分相同，该研究依游客之体验价值感受分群，结果发现不同体验价值族群在性别及主要游伴上具有显著差异。

游客旅游特性对场所依附之差异性分析结果显示，旅游目的及前来次数对场所依附具显著差异。旅游目的对场所依附的影响经事后比较发现，旅游目的为"体验当地文化"者对老街之场所依附显著大于旅游目的为"放松身心"者，推测可能以体验当地文化为目的者会比放松身心者更专注于当地文化、与当地有较多的互动及联系，而放松身心者可能只是想到该地走走、散心，因此体验当地文化者对老街之认同及依赖感较深。在前来次数对场所依附的影响经事后检定，发现以"6 次（含）以上"者对老街场所认同之程度明显高于前来次数为"2～3 次"者及"4～5 次"者，可见前来次数越高对老街之场所依附程度越深。因此本研究假设三"老街游客旅游特性不同对老街之场所依附有显著差异"部分成立。此结果与江昱仁等人（2008）的调查结果部分相同，该研究显示游客之年龄、教育程度、职业、前来次数、同伴与活动类型皆对场所依附具有显著差异。此结果也与徐玮襄等人（2012）的调查结果相同，

皆证实游客到访次数对场所依附具显著差异。

（二）建议

根据本研究结果发现，前往鹿港老街进行观光活动的游客，主要旅游目的为"体验当地文化"，且在体验价值之观察变项上以"鹿港老街上的历史建筑是值得保存的"与"通过老街体验可以让我认识当地文化"评值最高，由此可知游客对当地历史文化评价较高，但对于到此地进行观光活动能增加社会互动之评价较低。因此，建议相关单位在推广鹿港老街的计划上，应多举办与当地历史文化、美食及工艺品相关的体验活动，让游客能更深入地了解当地历史、建筑文化。建议可依游客对当地文化了解的深入程度进行分类，提出不同类型的深度体验活动，增加游客对鹿港老街的认识，并提供专业的导览人员进行讲解。

另外，体验价值为影响场所依附的重要因素，未来有关单位在推广深度之文化观光上应从"体验"上来强化，以提升游客对文化观光场域的认同与依赖。否则，以台湾目前老街多数以类似建筑整建、贩卖类似产品的现象而言，似乎不能够让游客有更深层的体验，游客之体验价值也无法提升。所以建议通过人员服装、服务态度、气氛营造等提升游客体验价值，进而提高场所依附，最终提高游客重游意愿。

个人旅游特性不同可作为市场区隔之依据，例如自行车运动者对于文化观光的体验与一般步行者不同，因此针对老街之文化观光，应强化步行者之游憩体验与满意度，至于针对自行车运动者，则是提供停车休息之场所，进而引导其步行进入老街进行更深度的文化体验。

作者简介

郭彰仁，现任虎尾科技大学休闲游憩系副教授，台湾造园景观学会理事，高雄市公共事务管理学会理事；1996 年本科毕业于东海大学景观学系，1998 年硕士毕业于东海大学景观学系硕士班，2008 年博士毕业于中山大学公共事务管理研究所管理学专业；研究专长为景观设计与规划、休闲游憩行为、公园经营管理、视觉景观评估、地区经营管理、地区营销、研究方法、游客调查。

花东纵谷景观分析与景观管制

项目地点：台湾东部花东纵谷
项目设计人：林晏州 苏爱媜 郑佳昆

　　花东纵谷位于台湾东隅，是台湾的后山宝地，坐落在中央山脉及海岸山脉之间的纵谷平原，孕育了台湾的良田与好米，不仅可欣赏开阔的农田景致，亦可遥望远山错落之美，见图1。游览花东纵谷之主要轴线由台9线、县道193线及县道197线连接南北交通，而游人所触及之景色皆由轴线向外延伸，故任何的建筑物、设施之设置，皆有危及景观质量之虞。因此，由景观分析方法，先了解花东纵谷之背景环境，再分别由景观敏感度、景观质量分析将景观空间进行分级，制定不同的景观经营管理目标及管制方式，并自实地调查照片中萃取主要环境色彩，据此提出调和色彩设计的建议，以确保花东纵谷之美景的长久经营、永续保存。

图1 花东纵谷美景

花东纵谷西侧的山脉最高高度超过 3500 m，海岸山脉最高仅有 2000 m，见图 2。

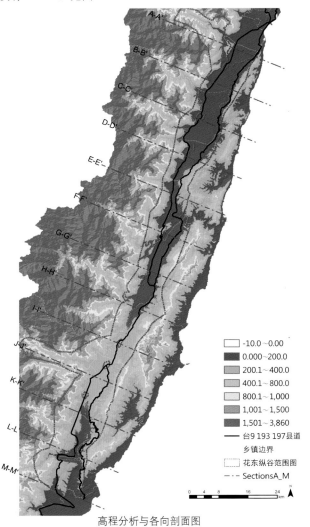

高程分析与各向剖面图

| -10.0 ~ 0.00 |
| 0.000 ~ 200.0 |
| 200.1 ~ 400.0 |
| 400.1 ~ 800.0 |
| 800.1 ~ 1,000 |
| 1,001 ~ 1,500 |
| 1,501 ~ 3,860 |

— 台 9 193 197 县道

乡镇边界

花东纵谷范围图

—·— SectionsA_M

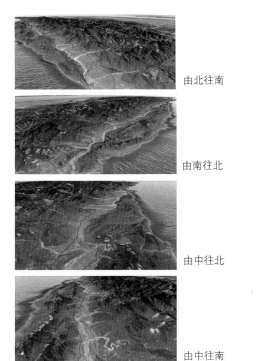

由北往南

由南往北

由中往北

由中往南

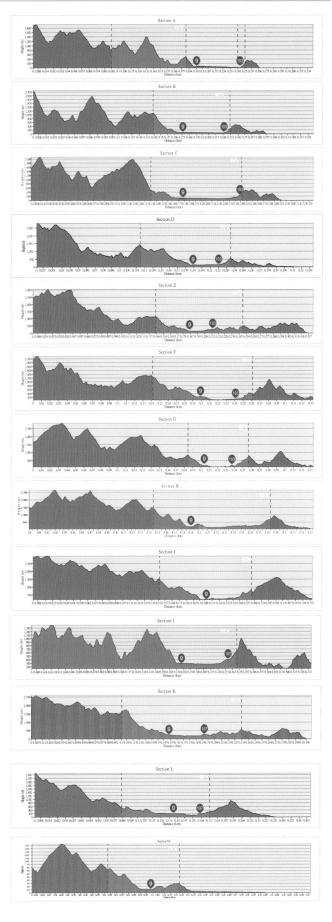

图 2 花东纵谷分析图

一、坡度分析

纵谷内坡度多为 0 ～ 40 度，表示视觉吸收能力优良，两侧坡地则为中等，见图 3。

二、交通分析

省道台 9 线串联纵谷南北与其平行的县道 193 与 197，为境内重要的交通轴线，见图 4。

三、水文分析

纵谷范围内北为花莲溪水系，中部为秀菇峦溪水系，南为卑南溪水系，见图 5。

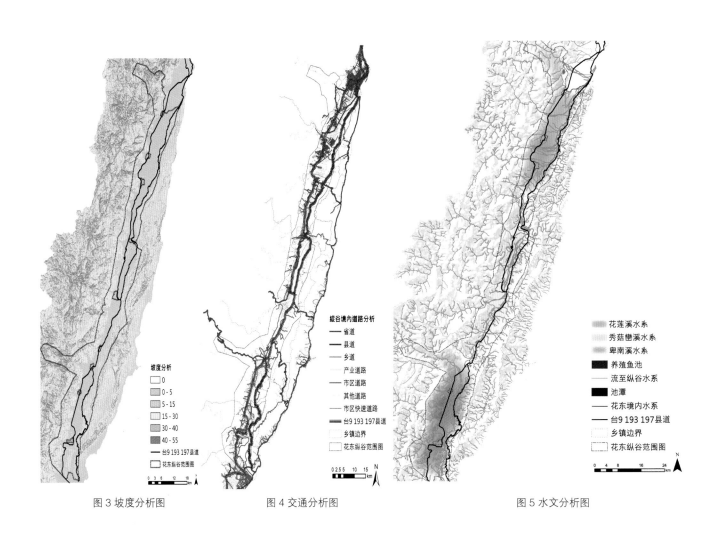

图 3 坡度分析图　　　　　　　图 4 交通分析图　　　　　　　图 5 水文分析图

四、视域分析

纵谷范围内北为花莲溪水系敏感度分别由视域分析之可见次数、距离带、交通量进行评估，其概念为单一位置被看见几率之综合评估。可见次数依据地形变化及视域分析之结果，可见次数越高，表示其被看见之概率越高。轴线交通量较大、使用人数较多，而有较大的被看见概率；距离主要轴线之远近亦会影响被看见概率，距离主要轴线越近，被看见概率越高。视域分析见图6，景观敏感度分级见图7及表1。景观分析见图8～图10以及表2所示。

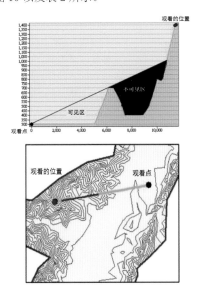

台9线可见次数

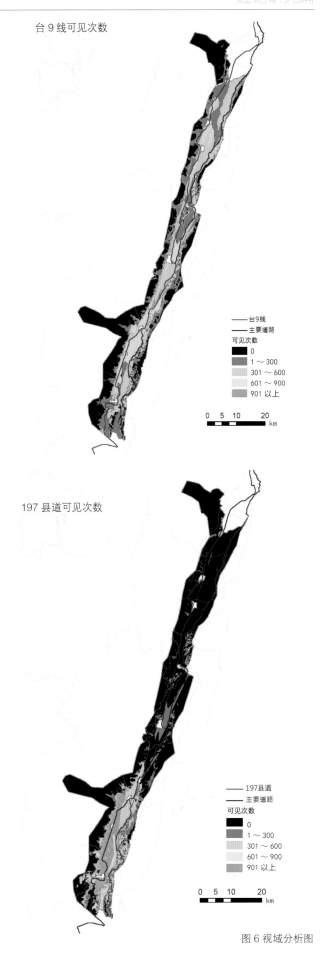

193县道可见次数

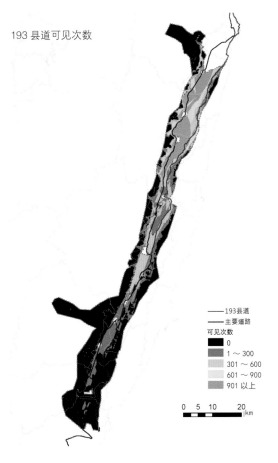

197县道可见次数

图6 视域分析图

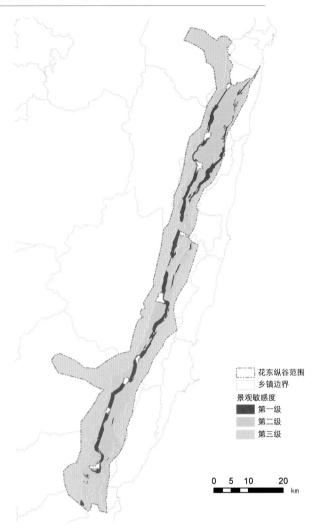

图 7 景观敏感度分级

表 1 敏感度得分表

		得分
视域分析 / 可见次数	901 次以上	4
	601 ~ 900 次	3
	301 ~ 600 次	2
	300 次以下	1
交通量	台 9 线	7
	193 县道	3
	197 县道	1
各轴线两侧距离带	<200 m	5
	200 ~ 600 m	3
	>600 m	1

$$\text{景观敏感度} = \sum_{i=1}^{3} (\text{可见次数}\,i \times \text{交通量}\,i \times \text{距离带}\,i)$$

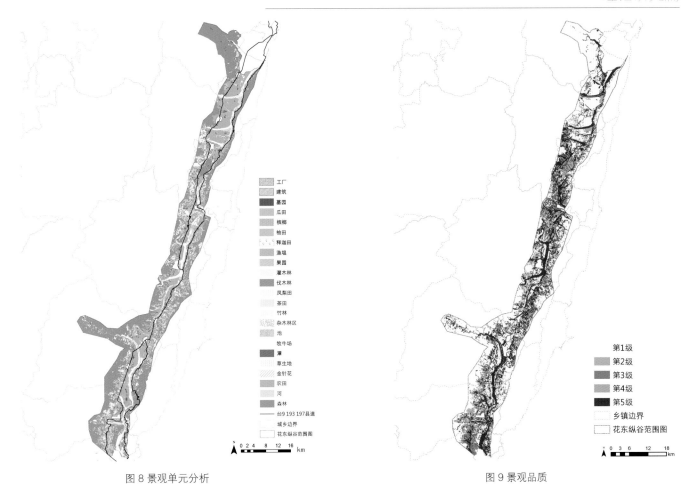

图 8 景观单元分析

图 9 景观品质

表 2 景观元素分类表

	第 1 级	第 2 级	第 3 级	第 4 级	第 5 级
景观元素	金针花 农田 草生地 畜牧场 森林 河 潭	茶园 菠萝 竹林 人工林 杂木林 池	果园 柚子 释迦 灌木林 渔塭	槟榔 瓜田	建筑区 工厂 广告招牌 高压电塔 墓园
得分	5	4	3	2	1

第 1 级	第 2 级	第 3 级	第 4 级	第 5 级

五、景观经营管理分区

将景观敏感度与景观质量进行叠图分析，并依据两者之关系将景观空间分为三类景观经营管理分区，见图11及表3。

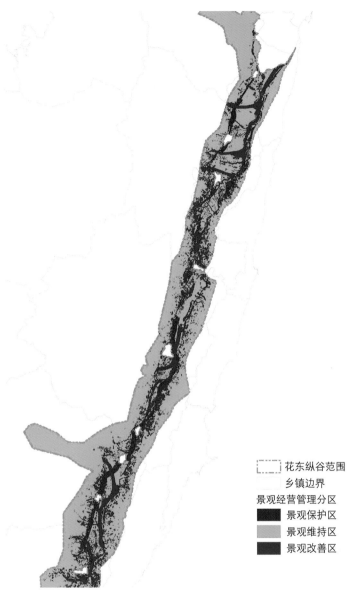

景观经营管理分区
- 花东纵谷范围
- 乡镇边界

景观经营管理分区
- ■ 景观保护区
- ▨ 景观维持区
- ▨ 景观改善区

图 11 景观经营管理分区

六、景观经营管理目标

A：景观保护区，致力维护自然景观，排除人为设施的干扰。

B：景观维持区，维持现有景观，减少人为设施造成的视觉冲击。

C：景观改善区，整顿非必要结构物，以调合整体景观。

表 3 景观经营管理目标

		景观敏感度		
		第1级	第2级	第3级
景观品质	第1级	A	B	B
	第2级	B	B	B
	第3级	B	B	B
	第4级	C	C	B
	第5级	C	C	B

七、景观管制构想

控制建筑与结构物的"位置、大小、高度、色彩",以减缓视觉冲击。由"景观保护区、景观维持区、景观改善区"三个景观空间与主要交通轴线的交互位置,决定管制的严格程度。

八、位置管制分三个范围

近景范围:道路边界线向外 50 m

中景范围:道路边界线向外 200 m

远景范围:道路边界线向外 200 m 外的范围

九、高度限制分两种

建筑与结构物高度应满足一下要求。

不得超过驾驶人视角仰角 5°射线。

不得阻挡望向山脉、山棱线的高度。

招牌版面面积不得大于 18 m²。

假设驾驶人驾驶汽车于台 9 线 2 m 的路肩上,道路两侧的结构物,在中景范围内的高度限制为道路边界 10 m 处只得高 1.9 m、50 m 处高 5.5 m、200 m 处可高 18.7 m,具体见表 4 和图 12。

表 4 结构物高度与位置管制构想表

		台 9 线	193/197 县道
景观保护区	近景	不得设置结构物	
	中景	仰角 5°高度限制	
	远景		
景观维持区	近景	不得设置结构物	仰角 5°高度限制
	中景	仰角 5°高度限制	
	远景	仰角 5°高度限制且 不得阻碍看向二侧山脉山脊线的结构物	
景观改善区	近景	仰角 5°高度限制	
	中景		
	远景	仰角 5°高度限制且不得阻碍看向二侧山脉山脊线的结构物	

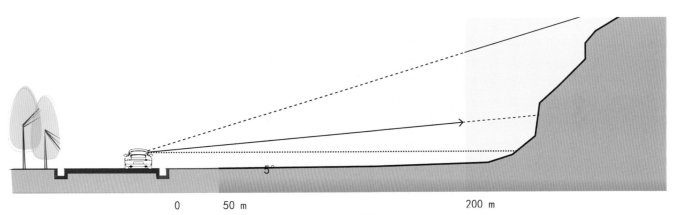

图 12 高度限制要求

十、色彩计划

色彩计划构想如图 13 ～图 15。

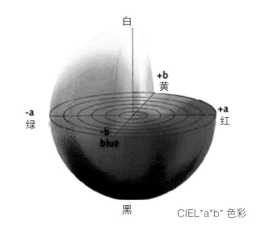

图 13 色彩计划

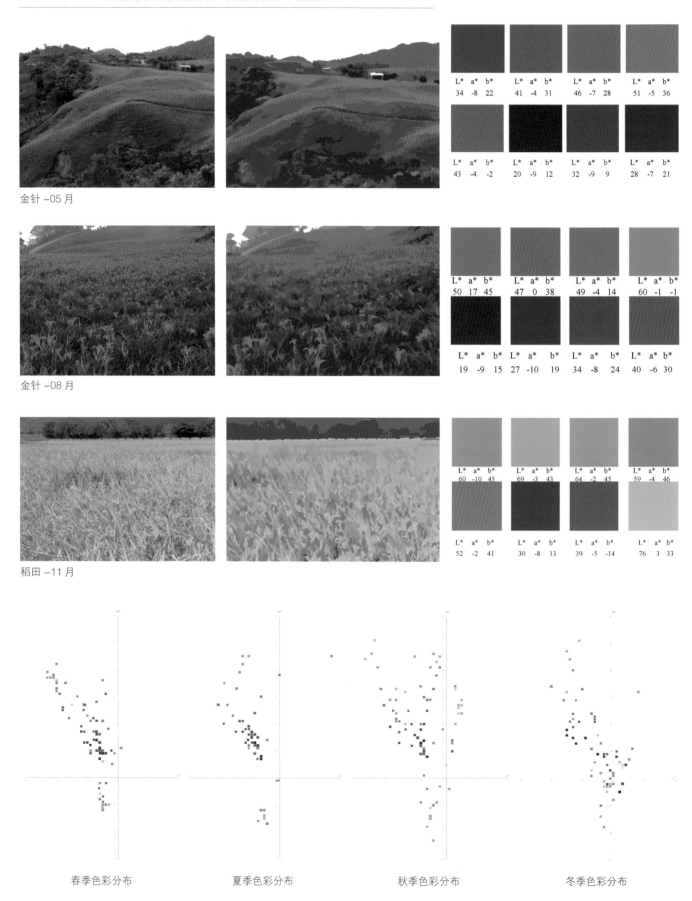

金针 –05 月

L*	a*	b*	L*	a*	b*	L*	a*	b*	L*	a*	b*
34	-8	22	41	-4	31	46	-7	28	51	-5	36

L*	a*	b*	L*	a*	b*	L*	a*	b*	L*	a*	b*
43	-4	-2	20	-9	12	32	-9	9	28	-7	21

金针 –08 月

L*	a*	b*	L*	a*	b*	L*	a*	b*	L*	a*	b*
50	17	45	47	0	38	49	-4	14	60	-1	-1

L*	a*	b*	L*	a*	b*	L*	a*	b*	L*	a*	b*
19	-9	15	27	-10	19	34	-8	24	40	-6	30

稻田 –11 月

L*	a*	b*	L*	a*	b*	L*	a*	b*	L*	a*	b*
60	-10	45	69	-3	43	64	-2	45	59	-4	46

L*	a*	b*	L*	a*	b*	L*	a*	b*	L*	a*	b*
52	-2	41	30	-8	13	39	-5	-14	76	3	33

春季色彩分布　　　　　　夏季色彩分布　　　　　　秋季色彩分布　　　　　　冬季色彩分布

图 14 四季色彩构想

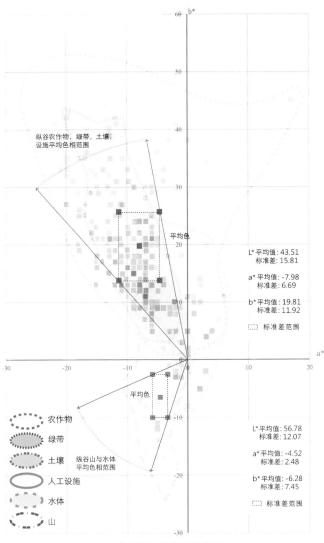

图 15 色相值与景物分类分析

十一、Moon and Spencer 色彩调和理论

理想的色彩调和应与指定色彩为同一调和、类似调和、对比调和的关系。彩度应选择同一彩度、明度差为 3 以上较为调和，见图 16。

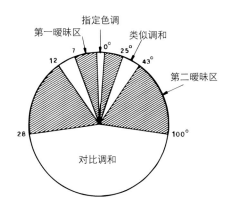

图 16 色彩调和理论图

十二、调和色彩建议

花东纵谷调和色彩建议如图 17 所示。

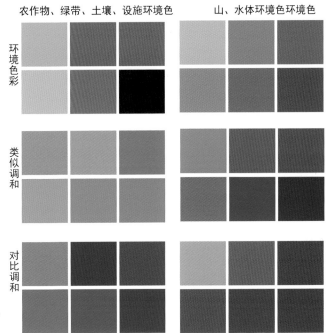

图 17 色彩调和建议

作者简介

林晏州教授，台湾台南市人，1952 年生，1975 年毕业于成功大学建筑学系，1979 年于中兴大学都市计划研究所毕业，1979 年台湾考试主管部门都市计划科高等考试及格，并通过台湾教育主管部门公费留学考试，于 1980 年秋赴美国西北大学（Northwestern University）攻读博士学位，1983 年秋毕业返台，任教于东海大学景观学系，担任副教授、教授（1983—1990 年）。现任台湾大学园艺暨景观学系教授（1990 年迄今）。曾任台湾大学园艺暨景观学系系主任（2008—2014 年）、台湾造园景观学会理事长（2009—2013 年）、人与植物学会理事长（2010—2013 年）、户外游憩学会理事长（1996—2000 年），现任《造园景观季刊》编辑顾问，《台湾园艺》、《户外游憩研究》及《社会与区域发展学报》等学术期刊之编辑委员。

苏爱婧博士，台湾台北人，1983 年生，2006 年毕业于台湾大学园艺学系，同年进入台湾大学园艺学系硕士班就读，2008 年 2 月申请通过径行修读博士，并于 2015 年 6 月取得台湾大学园艺暨景观学系博士学位。曾任《户外游憩研究》执行编辑，现任台湾大学园艺暨景观学系博士后研究员、人与植物学会理事。专长领域为景观色彩分析、景观规划与设计、游客量推估与预测、观光资源调查分析等。

郑佳昆，台湾大学生物资源暨农学院园艺暨景观学系副教授，1993 年本科毕业于台湾大学园艺学系，1995 年硕士毕业于台湾大学园艺学研究所，2007 年博士毕业于 Texas A&M University, Recreation, Park, and Tourism Science。专长领域为人文层面景观资源分析与预测、景观信息科技、资源永续利用规划设计、景观意象及美学。

中国古典园林技法于现代园林之应用

台湾大学园艺暨景观学系　张育森　吴奕萱

摘要：中国古典园林拥有悠久的历史，在形式、设计与风格上自成体系，其为山水式之自然园林，强调园林中意境之美。中国各地因地理位置、环境条件不同，园林特色各有所长，在设计手法与植栽使用上各有风格。中国园林组成要素有假山、水景、中国特有的建筑物与园林植物，再以巧妙的造园手法加以结合。中国园林植物应用着重于艺术特色与审美价值，植物选用上注重姿态，讲究诗情画意。植物配置上注重视觉、听觉、嗅觉等感官感受的变化。在古典园林中，植物与其他园林要素紧密结合配置，无论山石、水体、园路和建筑都以植物衬托。然而现代园林的服务对象已转为一般民众，因此设计营造的自然景观，须能为一般民众欣赏与感知并进行功能形态上的转变，融合现代机能设施，但仍须保持环境的一致性。在植栽配置与维护上，保护现有的古树名木等并定期进行维护管理。古典园林应用的植栽种类少且重复率高，可就现代植物配置进行调整，多着重于植物的多样性和乡土性原则，以维持环境的生态与景观功能。

一、中国园林之特质

中国古代造园艺术在世界园艺史上有着自己独立的体系，于类型和风格上来说实属多样，比如类型上有皇家宫殿式与自然山水式，而风格上又以地域分为北方、江南、岭南等。在中国古典园林中，多通过模仿原始山川河泽之美，将自然式的山水风景缩于自家园林之中，并以植物配置使整体环境、景致相和谐，达到"虽由人作，宛自天开"的境界，不仅在居住环境中体现自然，也在园林里寄情山水。

中国历代均有不少著名园林，每个园林都有其鲜明的个性和特色，一般来说，江南园林典雅秀丽，岭南园林比较绚丽纤巧，但是它们在艺术的表现与设计上均有其统一的原则。凭着这些匠心独运的艺术构思，才得以创造出这些富有韵味的立体山水画，将造园的意境提升到了自然美、建筑美、绘画与文学艺术之形式展现的高度。

中国园林之形式：中国庭园分为宫殿式及山水式两类，为人工与自然的混合式。

园景美的表达方式：可以分为形象美和意境美，中国园林则强调意境之美。

庭园之风格：讲求畅、幽、灵、雅四字，通畅、幽深、曲折、多变、不俗等。

设计原则：讲求体、宜、因、借四字。

（1）体：得体，各物之安排各安其分，不做作即为体。在现代用语中与"合乎功能"相似。

（2）宜：合宜，即调和也，要考虑环境之适应性，即物与物应相合，物与背景亦应协调也。

（3）因：即因应，随机应变、因地制宜也，即设计必须依地势与需求而安排，不要故意违背自然。

（4）借：即借景，园虽别内外，借景则无拘远近，俗则摒之，佳则收之。

二、地理位置与园林类型差异

（一）中国北方类型

北方地域宽广，所以园林范围较大，建筑富丽堂皇。因自然气象条件所局限，河川湖泊、园石和常绿树木都较少。由于风格粗犷，秀丽明媚则显得不足。北方园林的代表大多集中于北京、西安、洛阳、开封，其中尤以北京为代表。

（二）中国江南类型

南方人口密集，园林地域范围较小，因而必须在有限空间内创造出较多景色。于是小中见大、借景对景等造园手法灵活巧妙地运用并配以较多河湖、园石、常绿树，使园林景致较细腻精美。因上述条件，其特点为明媚秀丽、淡雅朴素、曲折幽深，但究竟面积小，略感局促。南方园林的代表，大多集中于南京、上海、无锡、苏州、杭州、扬州等地，其中尤以苏州为代表。

（三）中国岭南类型

该地属亚热带，终年常绿，多河川，所以造园条件比北方、江南都好。其明显的特点是具有热带风光，建筑多轻巧通透、高大而宽敞，以适应多雨湿热的气候。园林景物多用自然色调，各类设施方便实用、朴实无华、不显张扬。因山势水系建园筑庭，不拘一格，尤喜水景的灵活布置。它融合北方园林与江南园林的风格，并结合了海外文化的特色。

岭南园林植物的选择注重色彩、香味、形质，点缀山石、水景、庭院天井，趣味盎然。园林植物应用具热带性，植物景观大多绿意盎然，植物品种丰富，常绿和阔叶树种多，取冠大荫浓乔木，遮荫效果好，利于降温解暑。果木树种丰富，果树可以起到很好的遮荫效果，又可在茶余饭后品味岭南佳果。现存岭南类型园林，有著名的广东顺德的清晖园（见图1）、东莞可园、番禺余荫山房等。

图1 广东 顺德 清晖园

岭南园林的特点如下。

（1）园林景物多用自然色调和偏冷色调，各类设施方便实用、朴实无华，不显张扬。

（2）造园材料多就地（近）取材。

（3）因山势水系建园筑庭，不拘一格，尤喜水景的灵活布置。

（4）园林选址及朝向的巧借，看似风水之舆，实为选取最佳风向与景观。

（5）其气候多雨湿热，建筑（含园林建筑）多轻巧通透，并建有长廊，各面又绕有游廊，跨水建廊桥，以减少游赏时的日晒时间。

（6）园林植物的选择注重色彩、香味、形质，点缀于山石、水景、庭院天井，趣味盎然，空旷地段则取冠大荫浓乔木，利于降温解暑。

（7）园林及室内家具及装修装饰典雅而庄重，通过各类牌匾、楹联、木雕、砖石、瓷雕等构件的装饰、点缀，透出浓浓的岭南文化气息。

（四）台湾传统园林形式

台湾的传统园林接近于岭南式的园林，但分别受到西方、日本及现代思潮的影响，加上自然环境不同，形成了台湾园林的特有风格。植物以热带植物或台湾特有树种为主。叠石为本地石材，受日本叠石技术影响，不完全等同于江南或日本的形式。

台湾传统园林特色如下。

（1）具有畅、幽、灵、雅的空间特质及变化，常用借景等空间技巧。

（2）采用云墙、月门、花窗、长廊、水池、山石、亭台、楼榭等中国古典园林风格的元素。

（3）各项设施之外形或装饰，多有象征性或吉祥含意（源自东方文化）。

（4）园中之植物以热带植物或台湾特有树种为主。

（5）选石材料均为本地石材，叠石技术受日本技术之影响，不同于江南石塑外形。

（6）台湾传统园林及早期公园中整形树普遍出现（受日本影响）。

（7）部分古建筑及庭园建筑为西方风格，如巴洛克式建筑并配有大面积草地、树林等（受西方影响）。

三、巧妙的造园手法

在古代的园林艺术中，常用的造园手法有以下几种。

（一）抑景、隔景

"先抑后扬"是抑景手法的关键。通过某些景物形成暂时遮蔽，不使人一眼望穿，以产生绕过此物眼前景致豁然开朗的效果。譬如颐和园中勤政殿后的山丘，通过小径时，阻挡游人视线，穿过假山后，看见宽阔的昆明湖，顿觉眼前景色更为开阔。

（二）对景

两个景致相隔一定空间彼此遥遥相对，可使游人观赏到对面景色（见图2）。

图2 对景

（三）借景

将园外甚至更远的景观组合到园内某一方向的景致当中，使景深增加、层次丰富，形成在有限空间看到无限景致的效果。在颐和园中，西边的玉泉山塔被借景到颐和园景区中，在视觉上加大了景深，使两者相互交融。

（四）添景

在空间比较空旷、景观单调而无层次感的地方，以景物填补其中，使近景之景色得以改观。如在近处以乔木、花卉过渡，景色显得有层次美。

（五）框景

框景是用有限的空间框架去采收无限空间之局部画面的造园手法。如园林中建筑的门、窗、洞或乔木树枝抱合成的景框，把景观包含其中。

（六）漏景

漏景是通过院墙或廊壁上各种造型的漏窗，将院内外或廊壁两侧的景致组合在一起,以扩大视野,丰富有限景观空间内容的造园手法。这种手法由框景发展而来,使景色若隐若现,含蓄婉约。

四、中国园林的组成要素

(一)水景

水景与假山的创造将山河缩景于中国庭园中,使山水相映,"山因水而活,水得山而媚"。中国园林"无水则枯,得水则活",有时是因水而有园。中国山水园林离不开山,更不可无水。

古代园林理水之法一般有三种:一为掩,以建筑和绿植,将曲折的池岸加以掩映;二为隔,筑堤横于水面,或隔水净廊可渡,正如计成在《园冶》中所说"疏水若为无尽,断处通桥",如此则可增加景深和空间层次,使水面有幽深之感;三为破,水面很小时,如曲溪绝涧、清泉小池,可用乱石为岸。

(二)假山

叠石堆山是中国园林最有特色的造园手法。叠山和理水一样为对自然环境追求的体现,同时假山在造园手法上具有障景、抑景等作用。

假山可分为土山、石山、土石结合山(两种类型的过渡)三种类型,其中土山为最早出现的手法。土山的起源为平地造园中采用的挖湖堆山,后因土山易流失,改为利用天然山石堆叠,后渐注重人工假山技艺。

(三)中国园林之建筑物

中国园林中的建筑形式多样,有堂、厅、楼、阁、馆、轩、斋、榭、舫、亭、廊、桥、墙等。园林中的建筑有十分重要的作用,它可满足人们生活享受和观赏风景的功能。在中国园林中建筑无论多寡或性质功能,都能与山水、植物有机地组织在一起,协调一致,相互映衬。

(四)中国式之园林植物

中国古典园林在建设上拥有悠久的历史,在园林植物配置上也自成体系。中国园林植物的应用着重于艺术特色与审美价值,植物选用上注重姿态,讲究诗情画意。植物配置上注重季相等视觉的变化,以及听觉、嗅觉等感官的感受。

园林植物可装点山水、衬托建筑小品等景观元素,可强化山水的自然气息,突出重点区域的观赏效果。植物具有优美的自然形态,可以装饰建筑物的单调背景,亦可遮挡不雅景观或私人区域。这种处理手法能提高总体景观质量,扩大景观空间感,增加绿视率,达到其他材料无法达到的独特效果。

中国古典园林景观创作中常借助植物抒发情怀,寓情于景,形成灿烂的园林文化,并为许多植物赋予了人格化的内容,从欣赏植物的形态美升华到了意境美。因此,将植物摆放于庭园,除了视觉形态上的美化,更达到了特定且鲜明的高雅意境。

在植物的应用上,江南园林植物种类不超过200种,且重复率高。北方园林因气候限制,应用种类少、局限性强。一般景观设计上,使用植物品种最多的城市广州仅用300多种,上海200多种,北京100多种。以下对中国园林常用植物予以介绍。

(1)松:象征健康长寿,被视为吉祥物,为"百木之长"。

(2)柏:在民俗观念中,柏的谐音"百",象征多而全,

民间习俗也喜用柏木避邪。

(3)桂:习俗将桂视为祥瑞植物,因谐音"贵",有荣华富贵之意。

(4)梧桐:吉祥、灵性,能知岁时,能引来凤凰。

(5)竹:在中国文化中,将竹比作高风亮节、虚心向上的君子,竹又谐音"祝",有美好祝福的习俗意蕴。

(6)桃:桃有灵气,可驱邪,亦可喻美女娇容。

(7)石榴:象征"多子多福"。

(8)梅:梅傲霜雪,象征坚贞不屈的品格,花有五瓣,象征五福。

(9)牡丹:有花王、富贵花之称,寓意吉祥、富贵、繁荣昌盛。

(10)莲花:被喻为君子,象征清正廉洁。

(11)菊:喻为君子,象征高尚坚强的情操,花性耐霜,秋季开花。

(12)兰:幽香清远,象征高洁、清雅的品格。

在配置古典园林植物时,除讲究景观的艺术构成,也应考虑园址的环境、地形、阴阳向背和各种植栽的特性及形态特征等,例如线条、姿态、体形、色彩、香味等特点,并以不整形、不对衬、不成行列的自然式配置为主要方式。另外,古典园林的花木栽植非常讲究苍劲与柔和的调和,乔木、灌木与地被的搭配,落叶树与常绿树的配合,利用树的大小、枝叶的疏密、亮度的明暗、色彩的对比与协调等构成变化多样的景色,形成自然山林的主题。

园林植物不仅提供多样化的景色,还随着四季的更迭而呈现不同的季相美,创造出四季不同的景观效果,这是中国园林植物造景艺术的一大特色。根据植物的季相变化进行植物配置,可使同一地点在不同时期给人不同的空间感受。中国古代名园中,运用植物四时造景极为普遍。以拙政园为例,春景有"海棠秋坞""兰雪堂",夏景有"荷风四面庭",秋景有"待霜庭",冬景有"雪香云蔚庭",景色借花木而四季不绝。

在古典园林中,植物与其他园林要素紧密结合配置,无论山石、水体、园路和建筑都以植物衬托。建筑等硬件结构是固定不变的,而植物是随季节、年代变化的,这加强了园林景物中静与动的对比,赋予园林无限的生机,展现了无穷魅力。

1. 园林植物与水体的配置

古典园林水池边通常为假山驳岸或条石驳岸,植物配置通常在驳岸内种植一些不阻挡视线的花木,如迎春花、探春花等,或在假山石上攀爬的地锦、薜荔、络石等藤本植物,使假山驳岸更显古朴。另外,还可以在岸边种植碧桃、梅花、玉兰、松树、垂柳、朴树等,使枝条伸向水面,形成柔条拂水、相映成趣的画面(图3)。

在水生园林植物配置上,例如苏州拙政园的中部湖面,荷花伫立水中,突出了主题,又特意露出清澈明净的池水,以欣赏优美生动的倒影。对于较小的水面,可选用花、叶较小且贴近水面的睡莲种植于池中合适的地方,能取得良好的效果。

图 3　植物与水体的配置

2. 园林植物与山石的配置

土山形式的假山以土壤为主体，植物配置多采取复层混交方式，旨在形成类似于山林的植物景观。对于石山形式的假山，为显示假山的陡峭峻拔，常栽植枝干卷曲的花木，或将花木修剪成半悬崖形，使枝条斜出假山之外，与假山相呼应。（图 4）

石山土壤较少，通常会在石山上留好植穴，选择造型优美的松、柏、黄杨、紫薇、梅花、南天竹等，在配置时不宜过于浓密，应使其彷佛从石缝中长出，达到一种宛自天成的效果。

图 4　植物与山石的配置

3. 园林植物与建筑的配置

1）漏窗、洞门

在造园时经常采用墙隅种植或构建树石小品等形式，与形态各异的漏窗、洞门相结合，形成多种多样的画面和框景效果。

2）园亭

园亭常作为空间的主体和景观的中心，与山、水、绿化结合起来组景，多布置在主要的观景点和风景沿线。园亭周围的植物配置经常运用"对景""框景""借景"等手法，来创造美丽的风景画面。（图 5）

图 5　植物与园亭的配置

3）园廊

园廊是古典园林内游览路线的重要组成部分，又起到组织景观、分隔空间、增加风景层次的作用。在植物配置中多通过藤本植物结合一些观赏价值较高的开花植物来增加景观特色，特别注意廊的两侧及周围自然的配置，配置多种具有古典韵味的园林植物，使其和谐地融入整体环境之中。

4）水榭

水榭是供人休息、观赏风景的临水园林建筑。其周边的植物配置常以柳树、枫杨等耐水性乔木结合荷花、睡莲等水生植物，创造一种滨水植物景观。

5）园墙

园墙的植物搭配，首先应特别注重墙内外植物景观的统一性，通过应用相同的植物种类及类似的搭配方式，避免园墙生硬地隔断两侧的景观效果。其次园墙本身往往较长，因此尽可能配植密集的植物，使墙体掩映于红花绿树之中，削弱墙体引起的单调感觉。

五、中国古典园林植栽配置于现代园林之应用

由庭园转型为公园：随着时间变迁，现代园林的服务对象已转为一般民众。设计营造的自然景观，需成为一般民众皆能欣赏与感知的对象，赋予其游憩价值。

古典外观与现代机能：为了适应现代民众的需求，势必融合现代机能设施，内部设施可配合现代的应用进行变化，但仍须维持外观，保持环境的一致性。

文化功能多样化：功能转型上可考虑以教育、休憩等，安排解说或动线变化等相关设施与规划。

现有古树名木的保护与维管：承载历史记忆的古树名木等，随着时间逐渐生长、长大、成熟与老化，若未经妥善管理，或受气候伤损、病虫危害、自然老化等因素，使得植栽的健康度下降或过度扩张，可能对古建园林产生负面的影响。对于古树名木的保护，不仅保护这些植物本身，也应保护该区域景观的历史，并建立起地域上的形象与标志。因此现有的老树古木等，如何进行定期调查与监控、适度的维护管理，以保持其原有的健康与意境，是一重要课题。

绿化植栽的优质化：古典园林应用的植栽种类少且重复率高，多拘泥于诗情画意、以景寓情的植物。因此可就现代植物配置进行调整，多着重于植物的多样性和乡土性，以维持环境的生态与景观功能。

作者简介

张育森，台湾大学园艺学系（径修）博士，台湾大学园艺暨景观学系教授兼系主任，台湾绿屋顶暨立体绿化协会副理事长；台湾都市林健康美化协会副理事长；台湾园艺福祉推广协会副理事长；台湾园艺学会常务理事；台湾造园景观学会常务理事。

吴奕萱，台湾大学园艺暨景观学系硕士班研究生。

景观生态、游憩使用行为、景观与人之生理、心理研究

台湾大学园艺暨景观学系　张俊彦

一、自然景观对生理、心理效益之影响

自远古时代开始，人类就常将景观、园艺等自然环境作为促进身心健康的媒介。但近代许多人生活在求快的现代社会里，生活愈发忙碌与紧张，不管是身体还是心灵，人们都承受了许多生活的压力。因此，近年许多自然户外休闲活动已因人们舒缓压力的需求而日渐增加。自然环境对人类生理、心理影响的研究也证实自然环境不但更受都市人们的喜爱，而且自然环境或自然景色可以降低人的压力，并且使人感到舒适。这些自然休闲活动随着都市压力与老年人口的增加，让人慢慢重视自然与人的微妙关系。其中，疗愈景观（Therapeutic Landscape）更被视为重要的并可同时兼顾农业、医疗与社会的三赢手段。疗愈景观目前在一些国家已经成为蓬勃发展的专业。在一些国家有许多学校设立相关科系，教授疗愈景观相关理论与技术。在景观评估及环境认知研究方法中，大多运用心理学、社会学的理论方式进行探讨，近年来更有学者应用生理回馈（Biofeedback）等科学测试方式，进行自然景观对于生理效益作用的探讨。20世纪70年代，学者对于自然体验与效益的研究多以心理学为主，探讨使用者的心理认知。而自20世纪80年代，学者逐渐对于景观经由视觉所产生的生理反应与心理效益开始进行探究。1990年，在户外休闲游憩与休闲活动体验上，运用心理生理学（Psychophysiological）的测量方式深入进行探讨，使得景观评估及环境认知由传统上偏重于心理学自我评估为主的研究方法逐渐发展为对生理和情绪反应的探索。此测量方法上的趋势，使个体在经由景观环境刺激后，对环境知觉的研究由心理层面扩展至探索人的情感、知觉、压力及行为反应中与生理反应关联的研究。有许多研究都指出人们在有自然元素的环境中不仅会比较放松，而且会比较快地恢复生理的压力以及情绪的压力。但我们大多不知道自然景观效益是发生在怎么样的时间当中，人们要接触自然景观多久可以开始发生效益。本研究希望了解在不同景观类型中，经由许多常用的生理心理科学测试方式，在不同的接触时间后，如何影响人们的生理心理效益。此研究不仅可在疗愈景观设计上，而且在研究上、应用上甚至是临床上能提供更有效的参考。对于一般大众，本研究可以应用在具有健康效益的环境，并鼓励一般大众多与自然接触，以增加户外休闲之机会。

二、研究对景观与健康之概念论述

随着"自然恢复医学"在传统医学的"治疗"与"预防"之外快速发展成为第三医学，接触自然环境所能够产生的人体健康效益渐受重视。近年来，相关研究皆已指出，接触具备某些特质的自然景观环境将能够促进人们生理及心理健康状态。由于自然景观健康效益相关之研究多半从公共卫生或者是环境心理学的角度出发，着重研究自然环境所能够提供的不同方面的健康效益，以至研究结果对于景观学在空间规划设计上较缺乏可应用性。有鉴于此，本研究室近年来以景观与健康为主轴，针对台湾不同尺度、不同类型的自然景观环境及绿地活动进行调查研究，获得大量且多样的实证研究结果。以全面性角度对台湾景观与健康领域之发展提出实证数据及完整描述，供后续相关研究参考。另外，希望能进一步将本研究室所得到的实证数据结合相关研究成果，加入空间规划理论之思考及转化，进而提出台湾不同尺度、不同类型的健康景观空间规划策略及建议，将研究成果转化成可实际运用的空间规划准则，期待成为台湾健康景观规划设计以及健康环境政策形成的重要参考依据。

三、研究室景观生态研究成果

景观规划中的资源使用与保护考虑需多元而周全，无论自然还是人文资源都是景观生态学关注的范畴，过去本研究室累积大量实证基础，以源自空间统计学（Spatial Statistical Methods）之各项指数公式来说明景观生态结构的形状或其间的关系。近年本研究室着重跨尺度分析不同生态阶层变化，反映景观生态结构的改变，除了初步验证鸟类指标物种在乡村地区的适宜分析尺度之外，目前更积极进行以粒度以及幅度（Extent）概念对不同物种指标的预测力研究。本研究室鉴于台湾目前生态信息未能完整及系统建构，若仅以一些国家和地区的研究知识基础来推测台湾地景的结构改变与预测生态机能可能产生偏激的错误结论。因此，我们在研究工作中，持续进行当地环境指标物种资料的调查（主要为鸟类与鳞翅目昆虫），一方面能累积当地的物种资源，另一方面也能较准确地研究当地资源条件下地景的结构改变与生态机能之间的关系，同时也在景观工程实务的景观生态工法上提出具实证基础的策略参考。除了陆续通过不同自然度的环境，进行了实证研究，我们进一步将健康的景观定义为同时有益于野生物种与人类使用者健康之环境，并依此方向逐步整合景观生态研究与景观健康效益研究。

四、研究案例简述

（一）由跨尺度景观结构探讨鸟类和蝴蝶的多样性

在生态学领域及景观规划上，空间尺度为相当重要的概念，

需要配合不同研究议题及研究对象来选取适当的研究尺度。不同国家或是不同地区皆有其景观生态特殊性，而台湾是一个景观异质度及破碎度相当高的地区，故应配合台湾的环境特性寻求适合的尺度来探讨景观中的生态现象。

本研究以景观结构及层级理论为基础，讨论在跨尺度中物种多样性与景观结构的关系。研究基地位于苗栗县三湾乡，为台湾典型的农村地区，研究者运用 eCognition 4.0、ArcGIS 9.2 以及 Fragstats 3.2 进行景观结构量化，分析不同幅度及粒度中景观结构空间组成状态，并以鸟类及蝴蝶作为不同生态地位的代表性物种，见图 1、图 2 及图 3。研究首先确立鸟类及蝴蝶之核心尺度，在此核心尺度中两物种可以显著地反映景观结构的变化，再依此分析结果，探讨不同尺度中之景观结构与物种的相关性以及交互作用的差异。

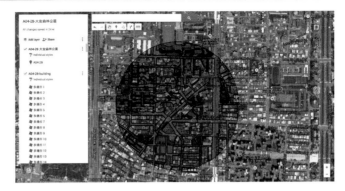

图 3 Google Maps 景观数化操作界面

研究发现，不同核心尺度下鸟类及蝴蝶与景观结构之间存在显著的交互作用，且此核心尺度反映了两物种的生态特性。鸟类的核心尺度反映了鸟类生活圈的范围，包含了防卫性范围、捕食区域以及食源密度的概念。而蝴蝶的核心尺度则反映了蝴蝶飞行距离的长短，说明了蝴蝶生活需求及迁移的活动中飞行行为的重要性。在本研究基地中，景观结构以林地及耕地对于物种多样性的影响最显著，且林地及耕地的景观结构特征对鸟类及蝴蝶会造成不同的影响。

本研究证实不同尺度下存在不同物种的优势生态过程，而跨尺度的研究有助于了解景观中生态系统的完整性，且在实质规划应用中，根据尺度的变化，对于物种栖地环境之营造应有不同的策略与方针。

（二）都市绿化之景观生态效益

都市化之下，人口与建筑用地的不断扩张，使原有的生态栖地不断被分割，造成原生物种的生存空间逐渐缩小。根据台北市相关文件，未来台北市第二类建筑基地中的公有建筑物及公私立各级学校，绿覆率须提高至 55% 以上；而基地绿化具有缓解都市问题的作用，是目前都市中常见的一种绿色基础建设。都市基地绿化可以再创造生态栖地的空间，对于鸟类、昆虫、植物等，其绿化空间可以有效帮助生物的生存与繁衍，并维持物种的多样性与环境健康。

景观结构对于鸟类的栖息有着重要的影响，根据近几年保育团体的鸟类调查，特定地区的景观结构如河滨地、都市公园等，对于特定种类的鸟类在迁徙、栖息上扮演着极重要的角色；而相反的，都市地区中建筑物密集林立，易对鸟类的生存构成很大的威胁。为解决都市问题，过去研究则指出都市基地绿化可以有效增加绿地面积，在物理降温、生态效益层面都有显著效益。因此，本研究选择 46 个都市基地，建立都市景观结构与鸟类数量预测模型，再挑选公有建筑地与校园用地等闲置空间作为仿真绿化对象。

研究结果发现，影响鸟类多样性主要的因子包括乔木、灌木块区的数量，绿地与裸露土壤的连接度及水体平均形状指数等。在未来基地绿化的规划中，本研究建议在现有的景观条件下，尽量保留现有大面积水体或植被，绿化的植物以诱鸟植物或是乔木、灌木栽植为佳；并针对现存的鸟类物种，进行适当的保护，以减缓土地使用方式的改变。

图 1 景观基地空拍图

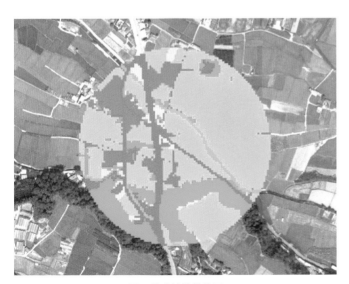

图 2 景观基地数化图

（三）以 fMRI 分析自然景观对于生理心理效益的影响

计划内容：此研究在于探讨不同景观对心理及脑区反应之影响，即由人在观看不同环境类型的图片后，在注意力恢复能力上以及脑区反应的不同。研究结果显示，都市景观之下，人的注意力恢复能力最低，其次是森林、高山，水体景观为最高；在脑区反应方面，在观看都市景观时，所使用的脑区显著多于自然景观，此区在过去研究被认为与注意力恢复理论中所提到需要耗费能量的直接注意力相关。在自然环境方面，心理及脑区反应都比都市环境更具有恢复效益，在高山与水体景观的恢复力为最高，研究过程如图4和图5所示。

图 4 fMRI 研究操作

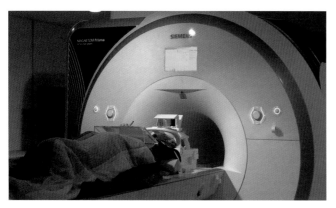

图 5 受测者于 fMRI 机器中接受检测

（四）自然景观中的想象力及其健康效益

计划内容：想象力乃人类重要的知识来源，为设计创造能力之基础。自然环境是否有助于人们寻求灵感？在想象设计过程中脑区是如何反应的？想象力对于人类的生理心理效益影响又是如何？本研究探讨不同景观环境对于使用者想象力之影响，并尝试分析受测者在想象力运作时，对于环境的偏好、注意力恢复力与身体放松程度的影响，并进一步通过 fMRI 分析想象力运作时受测者的脑区反应；并尝试分析不同环境设计背景或从事设计环境的受测者，对于设计想象力的表现是否有不同影响。研究结果显示，景观设计过程中，在产生活化反应，即印证了

Geol 提出的设计过程中前额叶偏侧假设，景观设计精炼、想象力与创造力是项不可或缺的能力。

作者简介

张俊彦，目前任职于台湾大学园艺暨景观学系，主要研究范围为环境健康与使用者关系。研究自然景观带给人的生理、心理效益，以景观生态的角度分析自然，进一步以生理、心理指标分析环境对人健康的影响，并以社会科学的观点了解人与自然的游憩关系，探讨接触自然的重要性，希望了解景观规划设计如何让人和生态永续相处。目前研究的三大方向为：景观生态、游憩使用行为、景观与人之生理心理效益。

许汉珍大木匠司落篙技艺及"缝"字义之讨论

成功大学　蔡侑樺

一、前言

许汉珍为台湾南部地区知名的大木匠司，为台湾现存少数的大木构造主持匠司（按场司傅（Hōan Tiûn Sai Hū）[1]），主导庙宇设计、落篙[2]、放样、大木作施作等程序，并自行学习发展钢筋混凝土仿木构造技术与庙宇结网技艺。汉珍司虽然具有大木作技艺的家庭背景，从小耳濡目染，但1929年出生的他也面临台湾建筑技术与传统文化快速转变的时代，20世纪50年代他开始从事寺庙兴建工作，并持续超过50年。能够坚持下来的理由，乃依靠匠司的不断学习、调适与突破。换言之，汉珍司既是一位拥有传统大木建筑技艺，又可与当代建筑技术融合的匠司，其学习与执业的历程，无疑是台湾寺庙建筑史的重要篇章。自2005年许汉珍获得第12届"全球中华文化艺术薪传奖"传统工艺奖肯定以来，陆续由台南市政府于2010年及2014年以"庙宇大木"及"庙宇结网许汉珍"之名称将汉珍司拥有的大木作技艺登录为台南市传统艺术，其"大木作技术"也由相关文化主管部门于2011年列册追踪，进一步于2014年指定汉珍司为"大木作技术"的传统技术保存者。

为保存匠司的大木作技艺，2015年受文化主管部门委托，我们针对汉珍司的大木技艺生命史进行书写。本文为书写内容的一部分，汇整自林宜君2012年记载的汉珍司落篙步骤，并重新通过口述访谈，记录匠司落篙过程中所思考的尺寸信息。口述访谈过程中，得知汉珍司将架与架之间的空间称为"缝（Phāng）"，类似的用语曾出现于《营造法式》折屋之法篇章中，不过既有研究将《营造法式》中的"缝"字，解释为中线的意思，似乎与汉珍司定义的"缝"字意思不同。在假设台湾大木匠司可能传承中国南方大木技术观念的前提下，本文重新检视"缝"字在《营造法式》中的用例，因而对《营造法式》中的"缝"字字义有不一样的看法。

由于大木构造有相当多的专有名词，包含许汉珍匠司特殊使用的名词，基于记录匠司技艺的立场，本文中采用的名词以汉珍司所用名词为主。为提供读者理解相关名词之构造部位，以一组汉珍司2007年的架栋落篙示范案例为底图，于图上标示构件名词，如图1所示。

二、落篙前的基本尺寸规划

许汉珍匠司参与的大木构造均为寺庙建筑，其高度、进深与面阔除受限于基地条件之外，基本上由无形的力量（即神明）决定进深、地坪高程、正殿（大殿）高度（中梁底至地坪高度）以及面阔（墙心至墙心、柱心至柱心），可避免众炉下信徒有不同的意见。完成高度、面阔、进深等基本尺度规划后，由大木匠司决定各空间的落柱位置。在正殿、后殿等殿宇空间，中央的四点金柱的位置是必须预先决定的。汉珍司认为前后点金柱的间距最少要等同左右点金柱间之距离（即中港间面阔），如中港间面阔为15尺，前后点金柱的距离至少也要配置15尺。

初步规划前后点金柱的间距之后，接着需考虑楹仔（Êng-Á，或称为檩、桁）的位置，汉珍司将楹仔与楹仔之间的间距称为"缝（Phāng）"，配定楹仔位置称为"分缝（Pun-Phāng）"。在宋《营造法式》关于折屋之法、造叉手之制及用椽之制的说明，同样用到"缝"字，陈明达2010年将缝解释为中线，如槫（相当于台湾的楹仔）缝即槫的中线。本研究认为，《营造法式》中所谓中下平槫缝、每槫上为缝之"缝"，均为构件搭接处的意思，为"缝"字的字义之一即缝合的地方，未必有中线的意思。依此，由于折屋之法之第一缝折二尺、第二缝折一尺，所谓第一缝、第二缝均与搭接无关，折下之处虽为槫的中心，表现屋顶斜率者却是由槫与槫之间的空间来显现，此时的"缝"可能为"缝"字的另一个意思，为空隙之意，即与汉珍司所认为的"缝"意思相符。

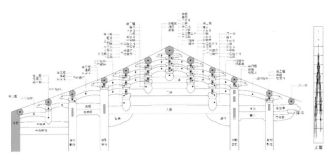

图1 汉珍司2007年落篙案例之架栋剖面图

根据汉珍司的施作经验，一缝的间距约2尺半左右。因此，正殿架栋必定采用三通五瓜系统，前后点金柱连同瓜柱共有6缝，尺度在16尺左右，汉珍司将此前后点金柱间的空间称为"五架内"。在基地深度允许的情况下，后殿亦会有相同的尺度配置逻辑。关于五架内的分缝原则，汉珍司通常会先平均分配各缝进深，若无法整除至寸的单位，则控制前后二、三缝使之等距，而稍微缩小中梁前一缝跟后一缝之深度。将四点金柱的位置定下来之后，才考虑前步口柱、神房点柱等位置，此时则应用文公尺上的吉利尺寸，汉珍司称为"合字"。由于文公尺上所谓有"字"的吉利尺寸，除了起始的1至5厘米之外，均位于7寸的倍数附近，2.1尺附近（2至2.2均为吉利尺寸）为汉珍司常用的前坡分缝尺寸，前步口柱与前点金柱的间距则常用4.2尺或4.9尺附近尺寸（4至4.4尺、4.8至5.1尺皆为吉利尺寸）。基于后坡长于前坡的原则，2.8尺附近（2.7至3.0尺均为吉利尺寸）则为后坡常用的分缝尺度。

在三川殿（前殿，又称为三川门）的位置，除了既已决定的面阔、高度之外，三川殿进深须视基地剩余深度予以调整，并依可用的深度决定前步口柱、开门位置的牌楼柱以及后轩柱的位置。由于牌楼柱前方的深度原则上须小于其后侧空间之深度，因此假设基地深度较浅，则牌楼柱配置位置的极限就是中梁正下方，否则汉珍司通常将牌楼柱配置于前一架的位置，以符合前步口不大过开门内深度的原则。就尺寸配定而言，4.2尺或4.9尺附近尺寸为牌楼柱与前步口柱之间经常使用的尺寸，以符合吉利尺寸；牌楼柱至后轩柱则可能取9.8尺或10.5尺附近的吉利尺寸（9.8至10尺、10.5至10.7尺皆为吉利尺寸）。室内分缝则依愈远离中梁楹仔间距愈大的原则配置，未必要合字。例如前、后一架各为2尺的状况，后二架可能为2.1尺，后三架为2.2尺。基本上后坡各架间距均会大于前步口各架间距，使后坡长于前坡。

完成各架平面位置的规划后，接下来汉珍司必须计算各架高度，具体依中梁高度及屋顶斜率而决定。在有些案例中，汉珍司会采用同一斜率的屋坡。有些案例则采用反曲屋顶，自檐口至中梁，愈靠近中梁屋顶的斜率愈大。汉珍司认为檐口处的屋坡斜率最少也要有3.5或3.7分水（3.5/10～3.7/10），依序抬升为3.9分水（3.9/10）、4.5分水（4.5/10）至中脊处达到5分水（5/10）左右。

经配定屋坡斜率之后，由于中梁高度既已决定，各架楹仔高度即自中梁起依各缝间距及坡度计算。假设前、后一架的缝距为2尺，斜率为5.1分水，则前、后一架楹的顶高即较中梁顶高下降1.02尺，依此类推计算前、后二架、三架等之高度。汉珍司对于反曲屋顶的屋坡斜率配定方式中愈靠近中梁屋坡斜率愈大的观念，与清工部《工程做法》举架的方法类似，与宋《营造法式》举屋折下（举折）的计算方式差异较大。但清工部《工程做法》是预先决定檐柱高度，再依不同的屋坡斜率推算中梁高度。先决定中梁高度，再依不同屋顶斜率计算各架高度的概念，则为宋《营造法式》举折之概念。

在进入落篙程序之前，汉珍司仍需决定平行开间方向之屋顶起翘，并配定节路（Chat-Lō）。所谓屋顶起翘指的是中梁及楹仔于小港间（次间）处自架栋位置向两侧承重墙方向抬升，

依汉珍司口述抬升比例为6%。节路指的是插仔、线柴、各云斗、刀栱等构件在垂直向的间距，其大概位置在各架楹仔高度确定之时，亦已确立。在该基础上，配定原则是愈往下层构件尺度愈大，符合视觉美的比例原则与结构合理性。

三、落篙步骤

（一）落篙符号

不同匠帮会有不同的落篙符号。通过汉珍司几次示范落篙机会，整理几种汉珍司经常使用的落篙符号，分别代表中梁及楹仔上缘、中梁及楹仔下皮、纱帽匙、鸡舌、各云斗（Ûn-Táu）、栱、插仔、线柴、瓜筒、通等。其落篙使用符号如图2～6所示。

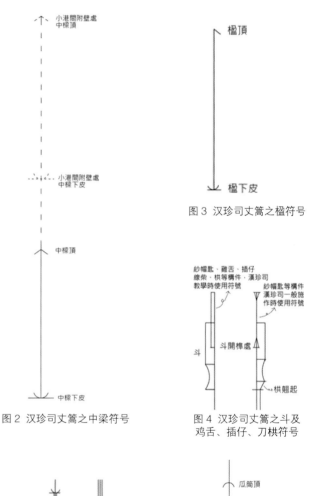

图2 汉珍司丈篙之中梁符号

图3 汉珍司丈篙之楹符号

图4 汉珍司丈篙之斗及鸡舌、插仔、刀栱符号

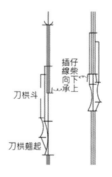

图5 汉珍司丈篙之斗、插仔、刀栱符号

图6 汉珍司丈篙之瓜筒符号

（二）落篙步骤

此处落篙步骤源自林宜君2012年记载的汉珍司落篙步骤，主要依据2007年汉珍司示范落篙时所留下的步骤记录。当时汉珍司系以台南市大铳街元和宫正殿架栋为蓝本，共有11架（前5架、后6架）之规模，经重新配定屋坡斜率及构件分布后，进行落篙示范。依序说明落篙步骤如下。

1. 制订尺距、配定落篙布局

（1）使用曲尺，于丈篙底板上每一尺绘制横线一条，于横线一旁标示尺度。在标示尺度之前，须预先估算架栋最低点至

最高点的范围，如最低点在10尺至11尺之间，则最下方的横线标示尺度为10尺，向上依序标示11尺、12尺，依此类推，至中梁顶为止。

（2）以丈篙底板宽度的中心线为绘制中梁及中梁以下构件之标线，中央标线右、左两侧分别为前、后架之各条标线，原则上使标线平均分配在丈篙上。由于丈篙底板宽1尺，扣除左、右侧白边后，分为6等份（后6架），求得每一条标线在丈篙上的横向间距为7分（见图7）。

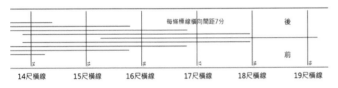

图7 制订尺距、配定落篙布局（丈篙方向向右侧旋转90度）

2. 标示中梁位置

（1）于丈篙中心标线处，使用曲尺量距中梁实高（18.18尺），绘上"⌣"，为中梁底皮位置。

（2）自中梁底皮向上量距中梁直径（1尺），绘上"↑"为中梁顶位置。

（3）自中梁底皮向上量距小港间屋顶起翘尺度（1.55尺），以虚线绘上"⌣"，为小港间附壁处中梁底皮位置。

（4）自小港间附壁处中梁底皮向上量距中梁直径（1尺），以虚线绘上"↑"，为附壁处中梁顶位置。

3. 依序标示前后二、三、四楹之位置

前、后四楹以内，所谓五架内的前、后楹仔高程基本上互相对称，落篙步骤于同一高程的前、后楹，因此可同时进行，步骤说明如下。

（1）依中梁前、后一缝的间距（2.45尺）及屋坡斜率（5分水），计算求得前、后二楹顶高（17.95尺，精度至分），并设定前、后二楹直径（8寸）。于前、后二楹之标线处，使用曲尺量距前、后二楹实高（底高，即顶高减8寸），绘上"⌣"，为前、后二楹底皮位置（右侧为前架楹、左侧为后架楹）。

（2）自前、后二楹底皮向上量距楹仔直径，于前二楹绘上"↑"，于后二楹绘上"↗"，分别为前、后二楹顶之位置。

（3）依中梁前、后三缝的间距（2.5尺）及屋坡斜率（4.6分水），求得前、后三楹顶高（16.80尺），并设定前、后三楹直径（7寸）。于前、后三楹之标线处，使用曲尺量距前、后三楹实高，绘上"⌣"，为前、后三楹底皮位置。

（4）自前、后三楹底皮向上量距楹仔直径，于前三楹绘上"↑"，于后三楹绘上"↗"，分别为前、后三楹顶之位置。

（5）依中梁前、后三缝的间距（2.5尺）及屋坡斜率（4.2分水），求得前、后四楹顶高（15.75尺），并设定前、后二楹直径（7寸）。于前、后四楹之标线处，使用曲尺量距前、后四楹实高，绘上"⌣"，为前、后三楹底皮位置。

（6）自前、后四楹底皮向上量距楹仔直径，于前四楹绘上"↑"，于后四楹绘上"↗"，分别为前、后三楹顶之位置。

4. 依序标示前五楹、前六楹、后五楹、后六楹、后七楹之位置

由于前、后四楹之外的前、后楹高度不一，必须分别标示各楹位置，其步骤类似五架内前、后楹落篙步骤（图8）。汉珍司在这个示范案例中，设定前、后四楹之外的楹仔直径均为7寸，各缝间距、屋坡斜率及各楹顶高整理如下。

（1）前四缝：间距4尺，屋坡斜率3.8分水，前五楹顶高14.23尺。

（2）前五缝：间距2.5尺，屋坡斜率3.7分水，前六楹顶高13.16尺。

（3）后四缝：间距3.65尺，屋坡斜率3.8分水，后五楹顶高14.36尺。

（4）后五缝：间距2.7尺，屋坡斜率3.5分水，后六楹顶高13.42尺。

（5）后六缝：间距3.2尺，屋坡斜率3.3分水，后七楹顶高12.36尺。

图8 丈篙上标示中梁及各楹仔位置
（丈篙方向向右侧旋转90度）

5. 落中梁及各楹下构件

受限于篇幅，仅举例说明中梁以下以及最复杂的前三架落篙内容。

1）中梁下方构件

中梁下方的构件，由上而下包含上瓜筒正上方的上云斗、中云斗、上瓜筒上斗，架栋方向（以下简称X方向）的纱帽匙、中梁插仔、中梁线柴、三通以及开间方向（以下简称Y方向）的鸡舌、鸡舌斗、刀栱、刀栱斗、十字栱（图9），于丈篙上可见到上述所有构件之符号（图10）。汉珍司习惯将位于架栋中心及X方向构件绘于标线左侧、Y方向构件绘于标线右侧，整理落篙内容如下。

X方向（含上瓜筒正上方）构件如下。

（1）自中梁底皮下方于标线左侧以直线向下注记纱帽匙高度（3寸7分）。

（2）由纱帽匙底向上量距上云斗开榫高度（上云斗含（kâm）纱帽匙，同时含鸡舌1寸8分），由该位置起于左侧落下与斗高相符之上云斗（斗高3寸9分，斗喉为斗高的1/3）。

（3）由上云斗底于标线左侧以直线向下注记中梁插仔高度

（5寸），于插仔底以斜线向下向外，表示插仔下弯。因前、后侧各有一支插仔伸出搭接于前、后二楹下方，于标线左、右两侧均出现插仔下弯之符号。

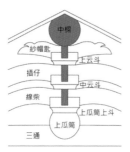

中梁下 X 方向剖面图

中梁下 Y 方向剖面图

图 9 汉珍司 2007 年落篙案例，中梁下 X 方向及 Y 方向剖面图

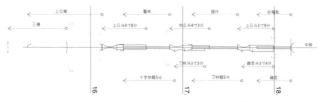

图 10 落在丈篙上之中梁下各构件符号

（4）由插仔底向上量距中云斗开榫高度（中云斗含插仔、同时含刀栱1寸9分），自该位置起于标线左侧落下与斗高相符之中云斗符号（斗高4寸3分）。

（5）由中云斗底于标线左侧以直线向下注记中梁线柴高度（5寸）。于线柴底以斜线向下向外，表示线柴下弯。因前、后侧各有一支线柴伸出搭接于前、后二楹下方的中云斗，于标线左、右两侧俱出现线柴下弯符号。

（6）由线柴向上量距上瓜筒上斗开榫高度（下云斗含线柴、同时含十字栱2寸5分），自该位置处于标线左、右两侧皆绘制与斗高相符的上瓜筒上斗符号（斗高4寸8分）。

（7）于上瓜筒上斗底绘制"⌒"表示上瓜筒顶，向下量距至三通顶、上瓜筒底、三通底，分别以相应符号注记。

Y 方向构件如下。

（1）自中梁底皮下方于标线右侧以直线向下注记鸡舌高度（3寸7分）。

（2）由鸡舌底向上量距鸡舌斗开榫高度（鸡舌斗含鸡舌1寸3分），由该位置起于标线右侧落下与斗高相符之鸡舌斗符号（斗高3寸4分）。因鸡舌斗下方的刀栱作起翘（翘5分），

于鸡舌斗底部画一斜线向下向内，表示刀栱起翘。

（3）在标线右侧，自鸡舌斗下方斜线底部以直线向下注记刀栱在中云斗搭接处之高度（5寸）。

（4）自刀栱底向上量距刀栱斗开榫高度（刀栱斗含刀栱1寸4分），自该位置处于标线右侧落下与斗高相符之刀斗符号（斗高3寸3分）。因刀栱斗下方的十字栱作起翘（翘5分），因此于刀栱斗底部画一斜线向下向内，表示十字栱起翘。

（5）在标线右侧，自刀栱斗下方斜线底部以直线向下注记十字栱在上瓜筒上斗搭接处高度（5寸）。

2）落前三架构件

前三架为前点金柱位置，2007年汉珍司在这个示范案例中，将柱尾斗，X 方向的三副插仔、三副线柴、四副插仔、大通、直出、弯光，Y 方向的连鸡、刀栱斗、楣顶斗、刀栱、五弯板（"弯"字在篙尺上简写为"丸"）、斗座草、前弯大楣、大楣下插角等构件记号全数落在前三架标在线（X 及 Y 方向剖面参见图11），该标线因此是所有标线中最复杂者。依 X 及 Y 方向分别整理落篙内容如下（图12、图13）。

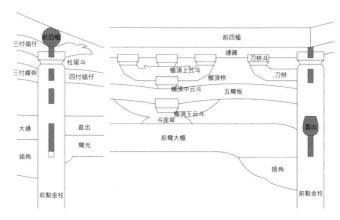

前三架 X 方向剖面图　　　　前三架 Y 方向剖面图

图 11 汉珍司 2007 年落篙案例，前三架 X 方向及 Y 方向剖面图

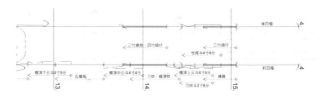

图 12 落在丈篙上之前、后三架上半段各构件符号

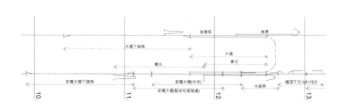

图 13 落在丈篙上之前、后三架下半段各构件符号

X 方向（含前点金柱正上方）构件如下。

（1）自前四楹底皮下方于标线左侧以直线向下注记三副插仔尾高度（3 寸 7 分），于插仔尾底以由内而外的向上斜线表示该插仔上弯至前二架。

（2）由三副插仔尾底向上量距柱尾斗开榫高度（柱尾斗含前三副插仔尾、另含鸡舌 2 寸），由该位置起于标线右侧绘制与斗高相符之柱尾斗符号（斗高 4 寸 4 分），于斗底绘制“︵”表示前点金柱顶。

（3）自柱尾斗底向下量距 1 寸 7 分，为三副线柴尾及四副插仔顶位置，于标线左侧以直线向下注记三副插仔尾及四副插仔高度（5 寸），于左侧以由内向外的向上斜线表示该线柴上弯至前二架，右侧以由内向外的向下斜线表示四副插仔下弯至前四架。

（4）自三副线柴尾及四副插仔底向下量距 1 尺 2 寸，于标线左侧以直线向下注记大通高度 8 寸 5 分。大通下仍有插角构件，汉珍司在此示范案例中将代表大通下插角的符号落在后三架标在线。

（5）由大通底部向上量距 1 寸 5 分，为直出底位置，再向上量距 6 寸 9 分，为直出顶。于标线右侧以直线向下注记直出高。

（6）由直出底向下量距 1 尺，为弯光底位置，将弯光符号落于标线右侧。

Y 方向构件如下。

（1）自前四楹底皮下方于标线右侧以直线向下注记连鸡高度（3 寸 7 分）。

（2）于连鸡底向上量测刀栱斗开榫高度（刀栱斗含连鸡 1 寸 1 分），为刀栱斗顶。于柱尾斗右侧以虚线绘制与斗高相符之刀栱斗符号（斗高 3 寸 8 分）。

（3）自刀栱顶向下量距 4 寸 4 分，为楣顶上云斗高度，于楣顶上云斗底绘制“ ▽ ”符号。自该点于标线右侧绘制向外向上斜线至刀栱斗，表示楣顶栱起翘（翘 6 分）。

（4）自刀栱斗底向下量距 1 寸 4 分，为刀仔栱与金柱搭接处的顶部位置，于标在线绘制“ ▽ ”符号。自该点于标线右侧绘制向外向上斜线至刀栱斗，表示刀仔栱起翘（翘 1 寸 4 分）。

（5）自楣顶上云斗底向下量距 5 寸，为刀仔栱与金柱搭接处的高度，于刀仔栱底于标在线绘制“ △ ”符号。

（6）自刀仔栱底向上量距楣顶中云斗开榫高度（楣顶中云斗含刀仔栱 1 寸 4 分），自该处于标线右侧以虚线绘制与斗高相符之楣顶中云斗符号（斗高 4 寸 4 分），并于楣顶中云斗底绘制“ ▽ ”符号，表示五弯板顶。

（7）自楣顶中云斗底向下量距五弯板在楣顶下云斗搭接处高度（5 寸 5 分），于五弯板底于标在线绘制“ △ ”符号。

（8）自五弯板底向上量距楣顶下云斗开榫高度（楣顶下云斗含五弯板 1 寸 8 分），自该处于标线左侧以虚线绘制与斗高相符之楣顶下云斗符号（斗高 4 寸 9 分）。

（9）自楣顶下云斗底以虚线于标线左侧，用直线注记斗座草在楣顶下云斗下方高度（4 寸），于斗座草底位置绘制“︵”表示前弯大楣顶。

（10）自斗座草底下向量距前弯大楣断面高度（1 尺），绘制“︵”表示前弯大楣底。于前弯大楣顶及底分别向下量距 2 寸，于上点绘制“ ▽ ”符号、下点绘制“ △ ”符号，分别表示前弯大楣在与前点金柱搭接处的顶及底之位置。

（11）于前弯大楣与前点金柱搭接处底，向下量距 1 尺 2 寸，为大楣下插角高度，以相应符号注记之。

四、结论

本文针对汉珍司的落篙技艺，回顾汇总林宜君 2012 年记载的汉珍司落篙步骤，并重新通过口述访谈，记录匠司落篙过程中所思考的尺寸信息。

由研究得知，汉珍司落篙前的架栋尺寸规划，除依靠无形的力量决定建筑物的面阔、进深及高度等整体架构之外，关于落柱、分缝、屋坡斜率之设定，基本上依靠匠司传承下来的施作与美感经验以及一套吉利尺寸规则（以台寸 7 寸为比例）作规范。针对汉珍司认为的“缝”之字义，为架与架之间的空间，本研究认为其意义应与《营造法式》折屋之法的第一缝、第二缝之“缝”字意义相同，有别于既有研究对于《营造法式》“缝”字字义的认知。除此之外，可发现汉珍司推算各架高度的方法与《营造法式》类似，先决定建筑物总高之后，由各缝斜率折算，定出各架高度。虽然各缝斜率配定方式中愈靠近中梁屋坡斜率愈大的观点，与清工部《工程做法》举架的方法相同，但《工程做法》相对是预先决定檐柱高度后，再依不同的屋坡斜率推算中梁高度。

更细部的架栋节路设计，除了斗高、五架内瓜筒高、各通高及各通间距随高度递减的原则之外（图 14），可发现无论是中梁下，或其他五架内、外的插仔，其头尾高度尺寸均相同。与插仔尾具有同性质的纱帽匙，或是连带 Y 方向与插仔尾垂直交叉的鸡舌、连鸡；与插仔头垂直交叉的刀栱在各架亦有相同的高度（图 15）。如此配定，可使仰视各架最高点时感受到统一的尺寸感。各云叠斗、通梁方在比例递增及结构合理性的美学原理下，完成整个架栋之细部尺寸配定。

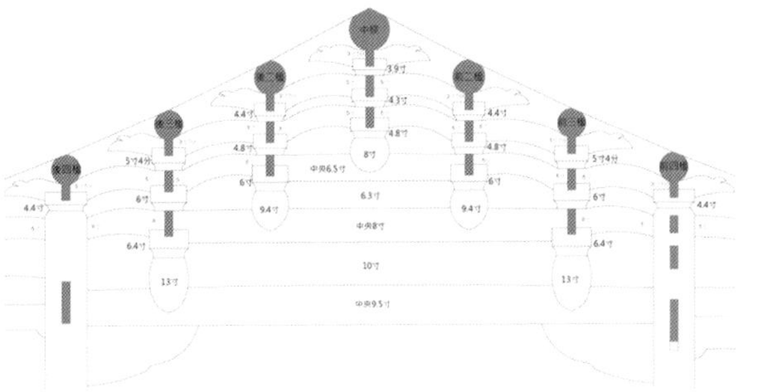

图 14 汉珍司 2007 年落篙案例之五架内剖面图，标示各斗高程

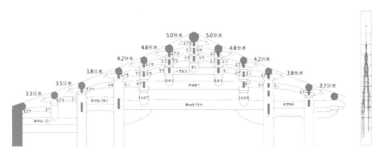

图 15 汉珍司 2007 年落篙案例之架栋剖面图，标示插仔、线柴、瓜筒、通等构件
高程（蔡侑桦依汉珍司 2007 年落篙绘制）

注释：

1. Hōan Tiûn Sai Hū 为主持匠司之意，Hōan 写作"按"，乃根据甘为霖 1913 年《厦门音新字典》之于按字的使用例词，包括 HōanTōa（按舵）、SanHōan（相按）、HōanKe（按家）等，再对照《康熙字典》对于"按"字的其中一个解释："控也。《史记·绛侯周勃世家》天子乃按辔徐行。"

2. 所谓落篙，指的是大木匠司将大木架栋上的关键构建与次要构建的放样位置以符号表示在长条形的木板（即丈篙（Tng-Ko），或称篙尺（Ko-Chhioh））上。

3. 汉珍司表示，小港间面阔 5 尺，至少需抬升 3 寸，斜率为 6%。

作者简介

蔡侑桦，成功大学规划与设计学院建筑学系助理研究员（2015 年11 月），成功大学规划与设计学院博士后研究员（2011 年 7 月至 2015年 10 月），逢甲大学建筑系兼任助理教授（2015 年 2 月至 2015 年 6 月），成功大学博物馆项目博士后研究员（2010 年 10 月至 2011 年 6 月），成功大学建筑研究所历史保存组博士（2004 年 9 月至 2009 年 7 月）。

两河流域间的生态网络建置策略
——大甲溪与乌溪间的大肚山台地

东海大学　蔡淑美　蔡承祐

摘要： 大肚山台地为人为开发与自然生态夹杂的复杂生活区域，现行的都市计划与非都市计划都未能有效地保护生物栖地与防止都市蔓延及人为活动的侵扰，导致大肚山区域的环境、生态与生活质量无法提升。本研究收集许多大肚山区域的相关数据，显示在现有的生活集居区、科学园区与校园中，人为活动较为强烈的地点虽有公园绿地空间，但都未能有效地提供生物作为移动上的生态跳岛，而大肚山区域的大型公园绿地更是未能提高其对于生态跳岛彼此间的连接度，以至于非都市与都市的整体生态网络无法完整连接。研究过程中对土地利用调查之结果进行整理，形成环境背景资料，加入东海大学 2015 年全球环境暨永续社会发展计划 GREEnS 所提出之中部区域生境面积指数 (TBAF) 的计算，通过生境面积指数将大肚山区域的基质与块区进行分类与分区，并借由景观生态学理论在土地使用上的方法，以增加大肚山区域的生境面积及串联大肚山区域内的整体连接度，最后针对基质、块区与廊道、嵌合体之现状进行相关景观生态策略的拟定，以达到本研究预期的目标，希冀借此研究提升大肚山区域的环境效益与生态效益。

关键词： 生境面积指数（Biotope Area Factor），景观生态学 (Landscape Ecology)，大肚山台地 (Mt. DaDu)

一、前言

20 世纪以来，人口不断增加，而众多人口所居住的都市也因此将沿着道路或依循着都市计划不断地蔓延与扩张，促使都市的灰色基盘（或称灰色基础设施）（Gray Infrastructure）也理所当然地取代了原有的透水性佳的表面形态 (Land Cover Type)，但都市所需的灰色基础设施是导致降水无法顺利入渗地下的主因，更在地表形成都市径流（地表径流），成为都市地区污染邻近水系与水源的主要来源，导致邻近生态系所需水系与水源的破坏。这些灰色基础设施也导致了都市生态环境的脆弱，使得其他生物无法在都市中生存，然而都市依赖的资源与能量必须通过外部的生态系统提供与补给。因此，如何让都市与周遭的环境能够共生与永续发展也成为了当今所有发达与发展中国家所须面临的课题。

Ebenezer Howard 在 19 世纪末 *Garden Cities of Tommorrow* 一书中，提出花园城市 (Garden City) 的构想与理念，更深层地影响了后续的生态城市的基本观念，也提出了一个可以自给自足与环境共存的都市模型。而当我们以景观生态学的观点来重新检视都市的组成结构时，Richard T.T. Forman 也提出基质 (Matrix)、块区 (Patch)、廊道 (Corridor) 与嵌合体 (Mosaic) 的概念，并开始着重于不同尺度中景观的结构、功能与变化，在此观念下，许多学者也开始运用景观生态学的概念，重新思考景观规划与设计，并运用其概念发展出许多成功的项目。

在未来，如何更新现有都市中的灰色基础设施与提升都市内的生境面积，如何连接都市内的公园绿地与都市以外的生态栖地，达到景观生态学中所提的能量流动、物质流动与信息流动也将成为传统都市更新成为生态都市与永续都市所须检讨的课题。

二、相关理论

（一）景观生态学

景观生态学最早在 20 世纪起源于中欧与东欧，德国的区域地理学家 Troll 在 1939 年提出"景观生态学"一词。Troll 将景观生态学定义为景观尺度下生物群落与生物群落间复杂的因果与回馈关系。他特别强调景观生态学是一个结合航空测量学、地理学和植被生态学的综合学科。在此时期，前苏联的生态学家也发展出了生物地理群落学；荷兰生态学家 Zonneveld 与以色列的生态学家 Naveh 也发表出了具有代表性的文章和著作，此后，Naveh 和 Lieberman 更进一步地在 1984 年发表了欧洲景观生态学的概念，并提出景观生态学的基础架构。而在北美地区，景观生态学一直到 20 世纪 80 年代才开始被引用与讨论，1986 年美国的景观生态学才正式出现，同年 Forman 和 Gordon 出版了 *Landscape Ecology* 一书，对景观生态学在不同尺度上进行了讨论与研究，并发展出景观生态空间格局分析方法并广泛应用，也为景观生态学在土地规划的适用性上增加了新的内容与观点。

在景观生态学的研究范畴中及空间格局中，其研究对象与内容可以概括为三个基本面，在景观生态学中其所包括的三个基本面包含了景观结构、景观功能与景观变化，而这三个基本面也受到空间尺度的影响，景观结构即景观组成单元包含类型、多样性及其分布位置的空间关系，景观结构又可细分为基质、块区、廊道和嵌合体；景观功能即为景观结构彼此间的生态过程与作用关系，主要在于显现景观结构间的能量流动与物质传递；景观变化即为景观变迁，包含景观在结构与功能上随时间与空间的变化，并由此导致能量与物质的传递有所转变与差异。

景观生态学在应用于景观规划与设计时，往往是通过分析景观生态的结构与功能，对其位置作出空间上的判断与评析，最后提出最优的方案。其目的是使景观生态内部的组成与分布能在时间和空间上达到最佳的利用与功能的提升。在以景观生态学为基础的景观规划与设计中，常常根据区域的景观生态结构是否构成良性的循环和循环系统来进行规划设计，合理地处理生态与生产及资源保护与开发的关系，以达到最优的规划设计方案。

（二）绿色基础设施

基础设施一词广泛运用在都市规划与其公共设施之中，而基础设施的兴建也决定了整个区域的发展。绿色基础设施可以细分为四类，包括永续基础设施 (Sustainable Infrastructure)、建造基础设施 (Built Infrastructure)、绿色基础设施 (Green Infrastructure) 及生态基础设施 (Ecological Infrastructure)，但最常运用绿色基础设施一词来涵盖其余三类。在绿色基础设施中，所须考虑并不是工程技术面向的课题，而是必须重新检讨与更新整个城市的基础设施，其中必须考虑自然与人文的系统整合。绿色基础设施强调不只单一支持人类群落，而是可以提供其他生物生命支持的功能，将生态自然与人文经济相结合，并建立系统性的结构以维持其功能的运作。

绿色基础设施也依循着生态城市的规划原则进行其在都市区域的应用与操作。1984 年联合国所提出的人与生物圈计划 (Man and the Biosphere Programme) 也提出五项生态城市应施行的策略与原则，包括：①生态保护策略；②生态基础设施 (EI)；③居民生活标准；④文化历史的保护；⑤将自然引入城市。在此五项原则中，生态基础设施的概念也逐渐转化为范围更广的"绿色基础设施"，而学者也依生态基础设施的概念提出生物栖地网络设计，其组成生物栖地网络的概念为生态廊道、绿色通道、环境廊道、生境面积、生境网络、生态网络及景观生态结构等。在近年来绿色基础设施的应用中，许多学者也依循其概念提出一种新的土地空间规划与环境保护策略，2001 年美国马里兰州提出的 Maryland's Green Print Program 更是近代绿色基础设施应用的代表，其计划的总体目标以保护与维护现有的环境、丰富的自然资源为基础，确保原生植物、野生动物得以长久保存，并对产业发展具有重要的影响作用。

绿色基础设施也开始着重考虑人居社会的利益并将都市内的公园绿地与自然栖地连接起来，自然栖地网络连接有利于生物多样性的保存与避免栖地破碎。在此原则下，绿色基础设施是整个区域的自然生命支持系统，其水道、湿地、林地、野生动物生境及其他自然地区，通过绿色廊道、环境廊道及生物廊道串联公园及其他保护区，以维系天然物种的基因流动，维护空气质量和保护水资源，并对人居社会有所贡献。

（三）中部区域生境面积指数

20 世纪 80 年代德国提出的生境面积指数 (Biotope Area Factor，BAF) 是一种策略性的测量工具。该指数用于保护及提升开发环境的生态质量，一个地区的生境面积指数所代表的是该区域中"有效的生态表面 (Ecologically-effective Surface)"面积占区域总面积的比例。该指数的内容认为越是透水、越有植物覆盖的表面，就越适合生物栖息与滞留，也就越能达成"生态有效"的意义，而不同的土地表面形态有着不同的生态有效度，因此被赋予一个生态有效权重值。此后，2001 年美国西雅图市政府也提出了以社区尺度为基准的测量工具——西雅图绿色因子 (Seattle Green Factor)，此工具也提出一套符合西雅图气候环境的生境面积指数测量方法并广泛用于开发的商业区与住宅区的生态面积计算中。后来，当地政府要求开发区域的生境面积指数须达到一定标准才核发建筑与使用的许可。近年来，生境面积指数的应用也较为广泛地运用在商业区、住宅区与公共设施兴建地等开发区域，许多国家开始运用类似的评估概念进行都市空间内生态栖地的增加与补偿。

但上述两项生境面积指数皆未能指出在任何一种生境面积因子中具有的生物数量与生物多样性，且皆以社区区域的尺度为主。有鉴于此，本研究认为在讨论生境面积的同时，必须考虑生物的多样性与其间的关系，并改善生境面积指数对于生物多样性的测量精度，并突破其应用的区域尺度限制。因此，本研究运用 2015 年东海大学全球环境暨永续社会发展计划 GREEnS 所整理提出之中部区域生境面积指数为测量工具，并运用该指数重新测量现有的开发区域，提出现有开发区域为永续目标所应该进行的后续更新与改善方式，以使台中市可以朝永续都市与生态都市的目标迈进，相关指数见表 1。

表 1 TBAF 权重表

	表面形态	原始表面形态及定义	权重
人工铺面	不透水铺面	卵石堤岸 (湿式工法)、水泥铺面、沥青铺面、红砖铺面、连锁砖、水泥堤岸	0.0
	透水铺面	未使用地、红土旱田、架高木栈道、废耕地、湿地、透水石板铺面、裸露地、泥滩地、透水石板、沙地、木质铺面步道、木质铺面广场、透水碎 (卵) 石铺面、砾石、农路、荒地、植草砖、砾石堤岸 (干式工法)、透水水泥铺面、木质平台、安全软垫铺面	4.5
园景设施	植栽覆盖不与底土连接	植栽覆面，下方为人工地盘与地下土壤无接触	3.8
	植栽覆盖与底土连接	花圃造景、庭园造景，植栽覆面，地下土壤无人工地盘封死	5.3
植被	地被	草沟、草地、草泽、农地	5.6
	灌木	灌木、多年生灌木或植物	4.7
	小乔木	成树平均生长高度可达 10 米之阔叶乔木或针叶型、疏叶型树种之乔木	3.5
	中乔木	果树林、中乔木株高 9~18 米的树种	7.1
	大乔木	混和阔叶林、自然阔叶林、人工阔叶林、杂木林、乔木廊道、密植区、绿廊道、防风林带、树胸高直径 0.3 米以上之乔木	8.5
	复层植栽	地垂直剖面包括乔木层、灌木层、地被层三层配置之植栽	10.0
生物滞留设施	绿屋顶	薄层型绿屋顶、盆钵型绿屋顶及庭园式绿屋顶	5.3
	绿墙	绿墙、植生墙、垂直绿化、生态墙	3.0
	雨水花园	小型滞洪池、滞洪池、雨水花园是自然形成的或人工挖掘的浅凹绿地，被用于汇聚并吸收来自屋顶或地面的雨水，通过植物、沙土的综合作用使雨水得到净化，并使之逐渐渗入土壤，涵养地下水，或使之补给景观用水、厕所用水等城市用水	6.1

三、操作流程

根据研究动机与文献回顾，拟出本研究之操作流程（详见图1），初步进行环境背景资料的收集与整理，之后运用中部生境面积指数（TBAF）进行研究区域的计算，依其计算结果将研究区域进行景观结构的分析，再提出景观生态结构发展课题与对策，并整合出研究区域的空间策略与发展构想。

图1 操作流程图

四、实证案例

本研究拟将大肚山区域作为实证基地，该区域位于乌溪与大甲溪之间，是大肚山山丘台地的一部分，范围北至台中航空站，南至乌溪流域，东至台中荣总集居区，西至沙鹿集居区，整体面积共15 346.7公顷。本研究计算该区域之生境面积指数，并将其依景观生态学划分为两种基质及16种块区（图2），基质包括农地与山林地，块区包括分散农地住宅、集村区、沿街大型集居区、机场及周边设施、中部科学园区、荣总周边集居区、精密科学园区、大型集居区、10号道路集居区、台中工业区、东海大学、东海北侧空地、都会公园、静宜大学、高尔夫球场及机场旁农地，共16种，以下将针对基质、块区与廊道及嵌合体提出现况问题与解决策略。

（一）大肚山嵌合体之基质块区特性汇整

将大肚山嵌合体视为一嵌合体，并针对其基质及块区之组成、特性与面积进行讨论，其详细结果如表2所示。

表2 大肚山嵌合体之基质、块区特性汇总表

类型		特性	面积（公顷）
块区 (Patch)	分散农地住宅	位于大肚山嵌合体北侧偏东，为一农村聚落，住宅与农地镶嵌，形成较为传统的聚落形式	838.7
	集村区	位于大肚山嵌合体北侧偏西，为一集居型的农村聚落，其多为相邻住宅，四周被农地包围	27.2
	沿街大型集居区	位于大肚山嵌合体南侧，为一社区聚落，多为相邻住宅，其土地使用强度较传统聚落高	475.6
	机场及周边设施	位于大肚山嵌合体北侧，为大面积空旷的裸露地及较低矮的植被覆盖	854.8
	中部科学园区	位于大肚山嵌合体东侧，为密度较低的厂房聚集，其中绿带较为宽广且具有动物滞留设施	466.0
	荣总周边集居区	位于大肚山嵌合体东侧偏南，土地使用强度高，为一密集发展的社区	126.2
	精密科学园区	为于大肚山嵌合体南侧，土地使用强度较台中工业区低，其绿廊较宽且与周边有隔离绿带	115.4
	大型集居区	位于大肚山嵌合体西侧，于大肚山山腰与山脚之位置，为大型的集居区域，土地使用强度高	874.9
	道路集居区	位于大肚山嵌合体北侧，机场南侧之位置，为一社区形聚落，其土地使用强度较大型集居区低	320.1
	台中工业区	位于大肚山嵌合体南侧，为高密度聚集的厂房区域，土地使用强度高	580.0
	东海大学	位于大肚山嵌合体东侧偏南，为一大型校园，具有丰富的植被林，开发强度较低	134.0
	东海北侧空地	位于东海大学北侧，为大型公墓及殡葬设施，使用强度低，并有自然生长之树林及地被植物	135.3
	都会公园	位于大肚山嵌合体中心位置，开发强度低	88.0
	静宜大学	位于大型集居区西侧，开发强度较大型集居区低，有较少原始植被覆盖	30.0
	高尔夫球场	位于机场北侧，人工林为主，鲜有原始植被覆盖	110.9
	机场旁农地	为大面积的旱作农耕地，其余为有地被覆盖之闲置空地	524.9
基质 (Matrix)	山林地	其组成以大肚山之保安林带为主，也是台中市最后一块完整的原始林	4869.5
	农地	大肚山上农地以红土为主，大多种植花生、番薯等旱作物	4775.1

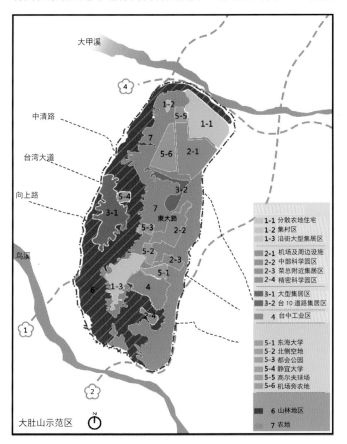

图2 大肚山区域嵌合体

（二）大肚山嵌合体基质现状问题与景观生态策略

大肚山嵌合体主要基质为农地与山林地，以下将针对其现状问题进行说明，并拟定相关策略，详细说明如下。

1. 基质现状问题

1) 人为活动与开发干扰原有自然植被与生物栖地（图3）

人为开发促使原有的植被受到破坏，也导致生物栖地遭到破坏，在现有的大肚山区域中以各类型的生活集居区为主要干扰来源。

图3 大肚山清水镇空拍图（吴志学）

2) 非原生物种侵害

近年来，许多外来物种对原生物种的生存造成侵害，大肚山被禾本科多年生植物入侵，它们已经逐渐取代原生种的本地植物芒草，再加上大肚山上自燃性的大火，趁势取代原有的相思树林，转变成以大黍为主的草生地。

3) 道路切割，栖地破碎（图4）

人为开发使得道路进入基质与块区，道路的切割导致生物栖地缩小破碎甚至消失，在大肚山主要以东西向的联络道路切割最为严重，其次为南北向的高速公路。

图4 大肚山道路空拍图（吴志学）

2. 基质景观生态策略（图5）

（1）维持基质现状。

（2）预防都市扩张。

（3）建立缓冲带。

（4）种植当地物种。

（5）避免道路密度过高。

（6）提出生态补偿计划。

（7）建立动物穿越路径。

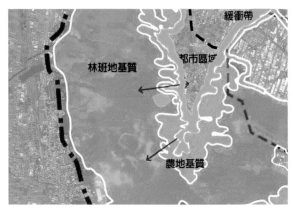

图5 基质景观生态策略示意图

（三）大肚山嵌合体（Mosaic）块区与廊道现状问题

大肚山嵌合体主要块区共16种，以下将针对其现状问题进行说明，并拟定相关策略。

1. 块区与廊道现状问题（图6）

1) 人为因素切割块区，使同类型块区栖地过于凌乱破碎

人为开发活动如发展商业区、农业开垦、工业区设置等，都导致原有的块区与基质受到破坏与侵害，却往往忽略补偿生物栖地的价值，而大肚山上主要以生活集居区、科学园区、机场及道路侵害最为严重。

图6 大肚山基质（林班地与农地）（吴志学）

2) 块区彼此间距过大，不利于物种迁徙与移动

因为人为开发与道路切割，块区与生物栖地阻隔，在集居区、科学园区等，建筑物占据的区域更多，此现象容易导致生物所在的栖地空间减少，使它们生存更为困难，甚至灭绝，减少生物多样性。

3) 廊道断裂，物种移动不易，无法促使景观生态的能量流动

原本串联块区的自然廊道因为人工道路的切割，导致廊道断裂且无法提供生物移动迁徙与连接块区的功能，促使块区间的能量流动与物质流动更为困难。

2. 块区与廊道景观生态策略（图7）
（1）增加生态跳岛。
（2）保护较小的块区。
（3）降低块区消失的风险。
（4）提高块区生态功能。
（5）导入TBAF计算开发区域。
（6）增加生物滞留设施。

2）交点效应未达效果
在大肚山上，许多公园绿地虽位在重要的廊道节点上，却未能有效地提升其生态效益，以提高整体绿廊网络的交点效应，进而导致物种的生存不易与生物多样性的损失。
2. 大肚山嵌合体景观生态策略（图9）
（1）找出重要节点。
（2）设置缓冲区。
（3）避免节点遭受破坏。
（4）增加环状路线。
（5）开发替代路线。
（6）增加物种生存栖地。
（7）提高廊道连接度。

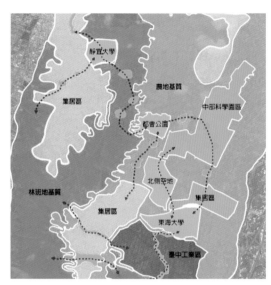

图7 块区与廊道景观生态策略示意图

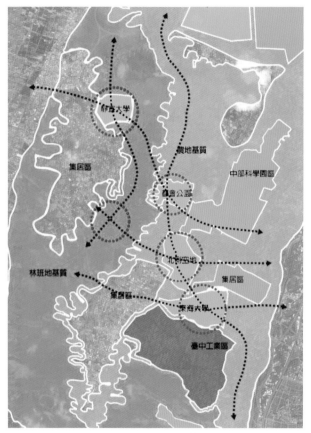

图9 嵌合体景观生态策略示意图

（四）大肚山嵌合体现状问题与景观生态策略

以下将针对大肚山嵌合体现况问题进行说明，并拟定相关策略。

1. 大肚山嵌合体现状问题
1）生态栖地网络连接性与循环系统功能不足
从大肚山卫星影像图（图8）上检视大肚山区域的生物栖地网络串联时，会发现原本自然的生态廊道被人为开发所切割，但却无补偿与应对机制，导致人为开发与自然生态无法有效互补甚至共存。

图8 大肚山卫星影像 (Google Earth)

五、结论与建议

在以往的绿廊网络策略中，往往仅提及开发区域内的都市空间绿地串联，而未与都市区域外的自然绿地有所连接，在整体大肚山的绿廊网络策略中，本研究先运用中部区域生境面积指数（TBAF）计算大肚山区域得出结果后，借由景观生态学理论进行分区讨论，对于大肚山区域的景观生态策略，综合上述的景观生态策略，策略目标主要为设置缓冲带，防止都市蔓延与人为开发的侵害；设置生态跳岛，增加生物滞留设施；串联断裂的绿廊，增加廊道连接性；增加廊道中植物的多样性，避免物种单一；翻转集居区、科学园区、工业区等基础设施，以提高人为开发区域内的生境面积指数，在整体的绿廊网络串联策略中，主要以提升景观功能内的生态效益与增加景观结构的廊道连接度为主，并希望借由绿廊网络策略达到生态上的效益。本研究中，由于环境背景资料之因素，未能运用景观指数搭配评估，若在往后的研究中，可以加入景观指数的计算与生境面积指数相互比对，从其外观形状至内部结构给予完整的分析，应较能有效地诠释景观生态学在大肚山区域的景观结构与现状，并更能针对块区的现况问题给予建议。

创作实践篇

Chapter II: Practice & Creation

天津大学北洋园校区景观规划设计

项目地点：天津市津南区
设计时间：2013 年
项目设计人：曹磊 王焱 付建光 沈悦 代喆 刘志波 王忠轩 宗菲 叶郁 郝钰 高哲 张梦蕾 李相逸

"天津大学北洋园校区景观规划设计"项目2014年完成设计工作，于 2015 年 10 月天津大学建校 120 周年之际投入使用。天津大学前身为北洋大学，始建于1895 年10月2日，是中国近代第一所大学，历史悠久。案例首先介绍天津大学北洋园校区的项目概况，通过区位分析、自然条件解读、人文条件解读等，提出了完整的设计理念，包括设计概念、设计原则、设计目标等。在天津大学北洋园校区景观规划设计项目中，传承百年老校的血脉与基因，引入城市雨洪管理，建设生态可持续校园，并以"以学生为中心"的人性化景观设计为核心设计理念贯彻始终。特别是在 3700 亩的景观规划设计中将生态化雨洪管理系统切实地应用于校园景观建设中，全面采用"绿色生态、环境友好"的景观生态化技术措施，成为全国首个在如此大规模场地中系统化、科学化应用生态雨洪管理系统的校园景观环境设计，同时也使之成为天津这一盐碱地区建设海绵城市的试验区。天津大学北洋园校区景观规划设计项目将成为天津大学生态环境景观学科群的科学实验展示基地，既能培养天大学子的生态环境意识，同时也可为相关学科的教学和科研提供场地支撑，成为重点科学研究基地。

景观鸟瞰效果图

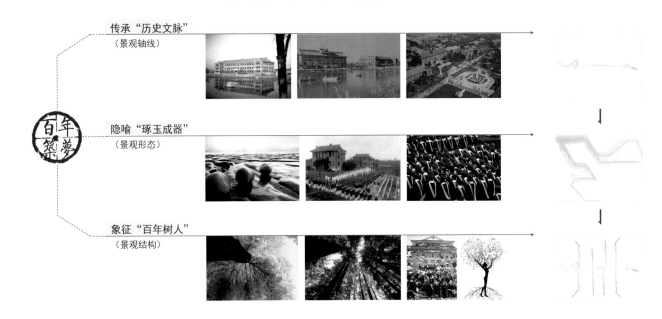

传承"历史文脉"
（景观轴线）

隐喻"琢玉成器"
（景观形态）

象征"百年树人"
（景观结构）

"百年筑梦"设计概念

设计概念

方案主题："百年筑梦"。

传承"历史文脉"的景观轴线，北运之水奔流百年不息，北洋血脉永续未来不朽。天津大学北洋园校区将传承百年历史，延续传统基因血脉，基因相承，血脉相承，以崭新的形式面貌，面向世界，面向未来，赋予新生土地血脉的延续。

隐喻"琢玉成器"的景观形态教育之树人形同水流之琢玉，滔滔北运磨砺谦谦之君子，蔼蔼花堤孕育天下之桃李。

象征"百年树人"的景观结构，十年树木，百年树人，寓意天大如同百年之古树，根深叶茂给养莘莘学子。古树枝脉的生长有机地整合各区块景观布局，脉络交织如同学科交错，枝繁叶茂，蓬勃发展。

设计原则

景观规划设计过程中，还明确了8条设计原则，以保障"延续景观基因、促进学科发展、提升生态价值"三大核心目标的实现。

（1）设计结合北洋园校区的规划要求，立足于建设"综合性、研究型、开放式、国际化的世界一流大学"的天津大学总体发展目标。

（2）传承天大百年校史，展现北洋学府的办学特色，利用历史及既有的景观元素，营造北洋园校区景观。

（3）从学生的使用角度出发，充分贯彻"育人为本"的思想，着眼于学生的综合培养和全面发展，校园功能分区、交通组织、景观环境和建筑空间配置等各方面均体现了以方便学生学习、生活的核心规划设计理念。

（4）设计结合区域环境，充分考虑基地的现状特点，选择适合本地生长的植物物种，考虑植物的季相设计和主题性设计，体现校园植物景观的多样性和丰富性。

（5）体现生态雨洪管理，将水资源、土地资源、能量消耗和对环境的污染程度降至最低，营造高效、低耗、无废、无污染的、可持续发展的景观空间，并保证建设的可实施性。

（6）营造人性化空间，形成良好的人际交往氛围，促进校园学术交流。创造兼具参与性、多样性、时尚性、趣味性的多功能空间环境，提升校园整体活力。

（7）创造兼具科普性与知识性的校园景观环境，既为全体天大学子的生态意识培养做出贡献，同时也为相关学科的教学和科研提供重要支撑——重点科学研究基地。

（8）设计力求减少初期建设成本，降低日常维护费用。

设计目标

延续景观基因：景观轴从承载历史的北洋广场起航，穿越历史的精彩与回忆，如滔滔运河水汇入江海，未来百年，梦想将从这里起航！琢玉树人，教育为本。经过院校的调整、学科的分合，形成了以工为主，理工结合，经、管、文、法等多学科协调发展的学科布局。血脉是北洋百年铸就的灵魂。

促进学科发展：北洋园校区景观设计依据对学生需求之调研，以学生为本，整合布局，营造多样、时尚兼具生态教育功能的公共空间，凝聚人气，促进交流。

提升生态价值：绿色可持续是永恒的主题，在设计中依托规划条件，全面渗透"绿色、生态"理念，湿地、中心湖、溢流湖的布局实现了水系的完整与水资源的有效利用，北洋园校区校园景观环境将成为未来天津大学生态环境景观学科群的科学试验展示基地。

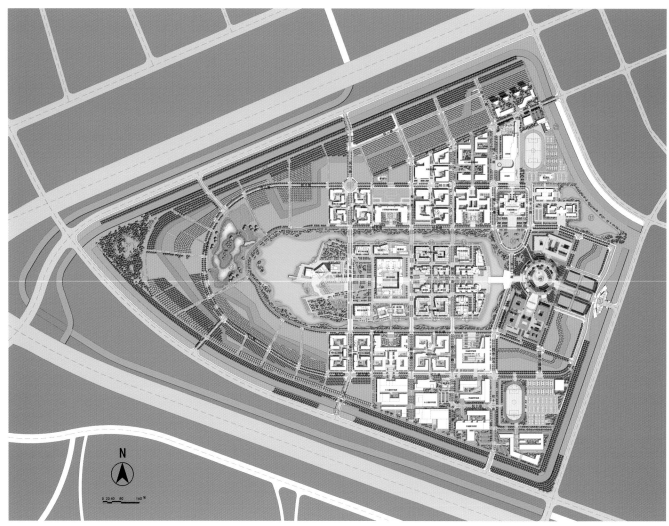

景观总平面图

1 主入口	9 海棠坞	17 化工材料教学组团	25 六艺——乐园
2 北洋广场	10 杏树堤	18 机械教学组团	26 六艺——礼园
3 宣怀广场	11 岛内亲水平台	19 南区生活组团	27 六艺——射园
4 求是大道	12 桃花堤	20 土木教学组团	28 六艺——御园
5 太雷广场	13 海棠堤	21 博士生公寓组团	29 日新园
6 音乐下沉广场	14 硕士公寓组团景观	22 龙园湿地	30 行政楼中心景观
7 高位植台驳岸	15 计算机软件教学组团	23 六艺——书园	31 溢流湖
8 绿化植台驳岸	16 北区生活组团	24 六艺——数园	32 次入口

大学生活动广场景观效果图

中轴线夜景效果图

景观夜景鸟瞰效果图

内环河效果图

一轴串人文十景，隐喻历史之传承，展百年之筑梦。景观轴从承载历史的北洋广场起航，穿越宣怀广场、三问桥、天麟广场、求是大道、书田广场、牛顿苹果树、太雷广场，如滔滔运河水汇入青年湖与龙园湿地，展现历史的精彩与回忆，未来百年，梦想将从这里启航。

一环连两堤六园，如水流之琢玉成器，同古木之树人育人。桃花堤——北洋园之再现，海棠堤——天津大学的还原。一环将多学科组团串联，象征天大多学科的构成与发展。花桃蔼蔼，平园、诚园、正园等组团相映成趣。柳荫绵绵，修园、齐园、治园等组团交相辉映。

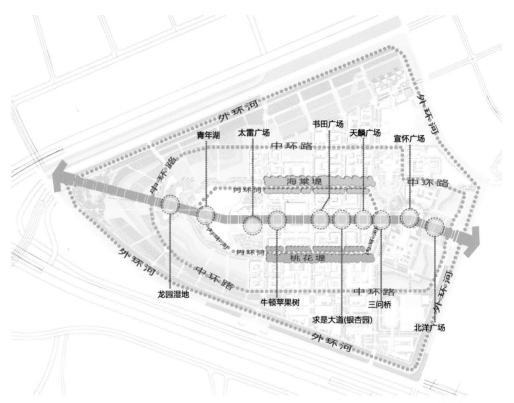

景观布局分析图

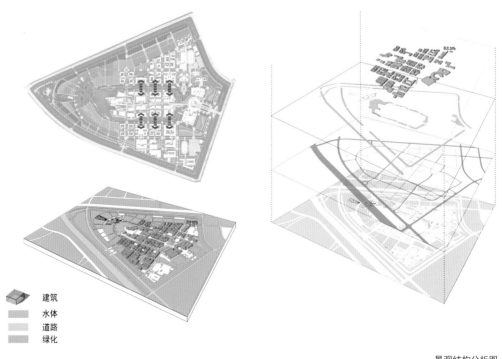

古树枝脉的生长有机地整合各区块的景观布局，脉络交织如同学科交错，枝繁叶茂，蓬勃发展。中心河两岸对景，两岸开放空间相互呼应，形成对景关系（六组）。对景空间不仅使两岸形成优美的观景效果，同时也为学生们创造了有趣的交往空间。

建筑
水体
道路
绿化

景观结构分析图

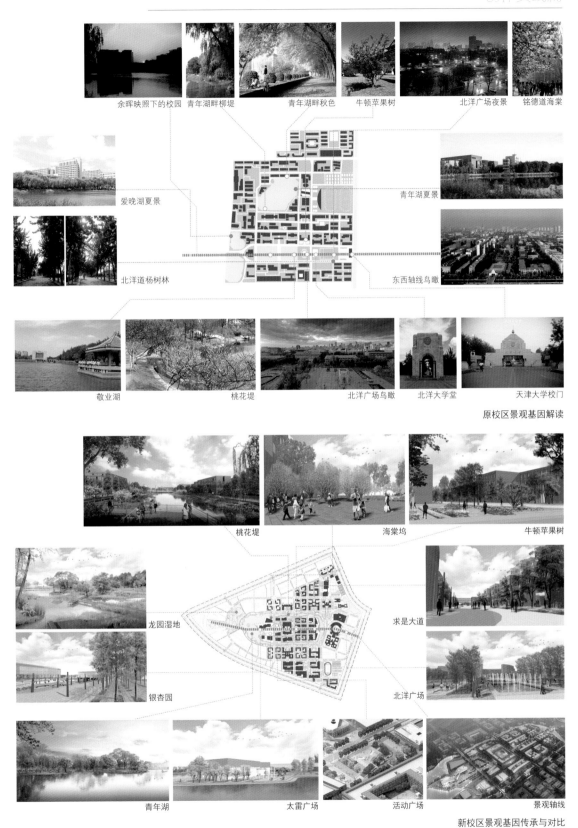

余晖映照下的校园　青年湖畔柳堤　　青年湖畔秋色　牛顿苹果树　　北洋广场夜景　铭德道海棠

爱晚湖夏景

青年湖夏景

北洋道杨树林

东西轴线鸟瞰

敬业湖　　　　　　桃花堤　　　　　北洋广场鸟瞰　北洋大学堂　天津大学校门

原校区景观基因解读

桃花堤　　　　　　海棠坞　　　　　牛顿苹果树

龙园湿地

求是大道

银杏园

北洋广场

青年湖　　　　　　太雷广场　　　　活动广场　　　　景观轴线

新校区景观基因传承与对比

　　景观基因解读：天津大学既有校区景观格局主要沿东西向轴线布局，中轴上分布有北洋广场、喷泉广场、北洋大学堂、北洋亭、牛顿苹果树、敬业湖等景观节点，它们已成为天津大学的名片。校园内还有四个人工湖，分别为敬业湖、青年湖、爱晚湖和友谊湖，湖水清澈，景色秀丽，清雅宜人。湖畔的桃花堤、铭德道的海棠树也是校园景观中不可或缺的一部分。

　　景观基因传承与对比：在北洋园校区景观设计工程中，用新的设计理念和设计手法，来诠释和表现北洋大学和天津大学原有的校园景观特征和景点，使原有校区的景观基因得以延续和传承。

求是大道效果图之一

求是大道效果图之二

学生中心和太雷广场鸟瞰效果图

海棠堤效果图

桃花堤效果图

行政楼前广场景观效果图

中心岛景观效果图

　　"源头"出发，内外联合，层层构建，控制洪涝，净化利用。

　　根据北洋园校区的整体布局理念，将校区划分排水分区，每个分区因地制宜地采用不同的雨、洪水收集、利用及排放方式，从而达到校区整体雨、洪水的安全排放及雨水科学、有效的利用，实现经济、社会、生态全面可持续发展。

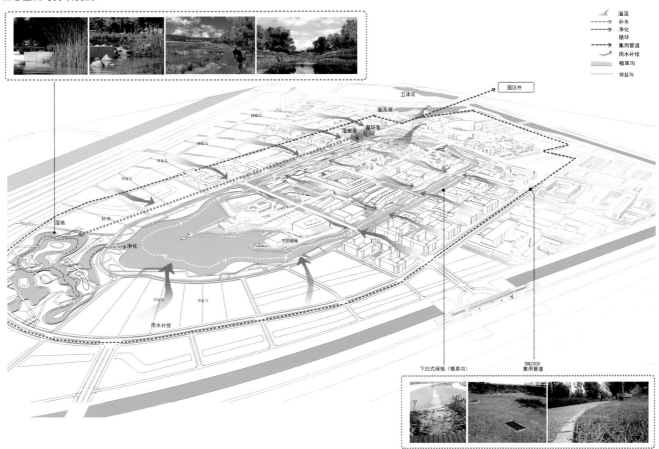

天津大学北洋园校区生态雨洪管理分析图

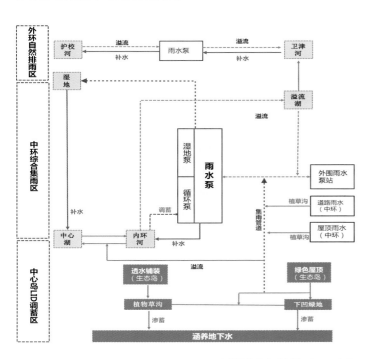

北洋园校区水系统循环原理示意图

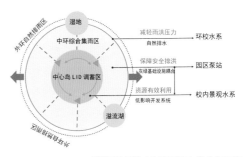

北洋园校区排水划分思路和排水管理策略

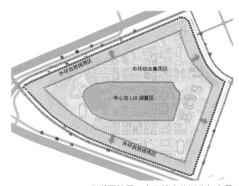

北洋园校区三个子排水的划分与布局

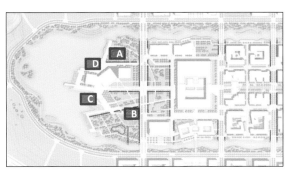

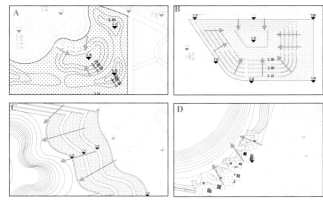

下凹绿地索引图

A：自然缓坡式下凹绿地　　　　B：台地式下凹绿地

C：阶梯式绿地 1　　　　　　　D：阶梯式绿地 2

中心岛区规划设计了四处下凹绿地，其功能如下。

（1）降低区域洪涝灾害发生的概率，增加降雨入渗量和地下水资源量，减少绿地的灌溉用水量，详见 A、B。

（2）减少雨水对河湖的水质污染，减少河湖的淤积量，详见 C 、D。

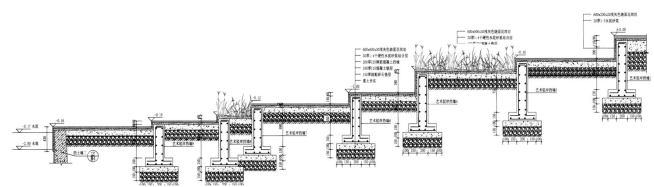

阶梯式绿地剖面施工图

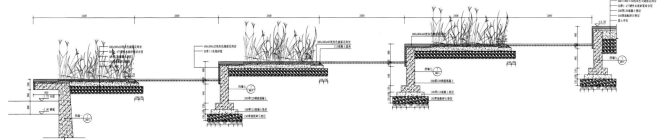

台地式下凹绿地剖面施工图

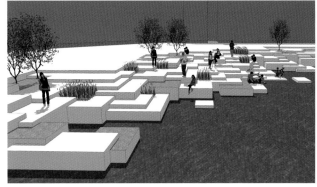

阶梯式绿地效果图

台地式下凹绿地效果图

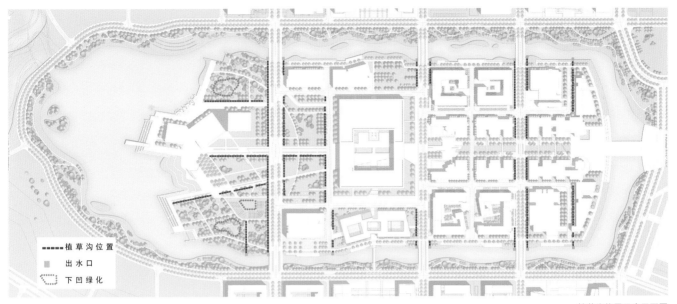

植草沟位置示意平面图

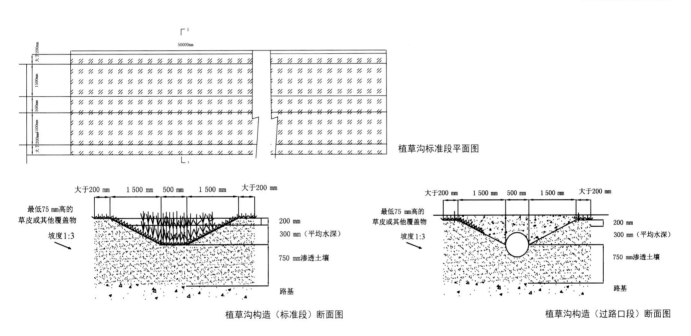

植草沟标准段平面图

植草沟构造（标准段）断面图

植草沟构造（过路口段）断面图

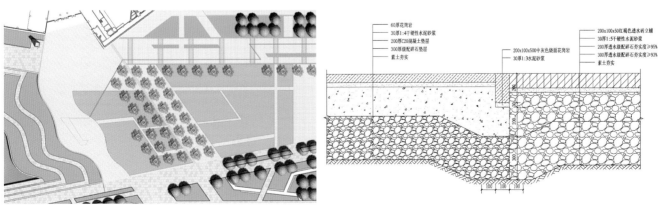

透水地面平面图

透水地面断面施工图

北洋园校区主要以雨水和中水作为景观水水源。利用二期建设用地，规划设计了人工潜流湿地和龙园景观表流湿地，将中水站初次净化后的水体进行再次处理。水体中污染物和有机质经湿地进行沉淀过滤和分解吸收，净化后补充中心岛区景观水体，保持景观水位以及作为绿化用水。同时，该湿地也是北洋园校区蓄滞防洪的重要组成部分，其蓄水量可达到 33 589 m^3。龙园人工湿地不仅是北洋园校区水体净化和生态设计的核心，也是生态湿地景观设施与水生植物造景的有机结合。湿地景观自然、蜿蜒的水岸线延长了水流路径，增加了水体与植物的接触时间，有效提高了净化效率。而丰富多变的地形则塑造出溪流、浅滩、沼泽、岛等不同的生境类型，结合大量乡土的水生、湿生和陆生植物的种植，为校园增添了生机盎然的生态景观，成为校园内亲近自然的绝佳场所，也为学生的课余活动提供了新的选择。

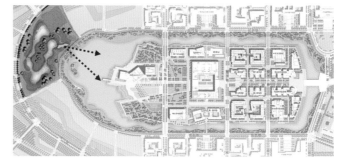

人工湿地位置示意图

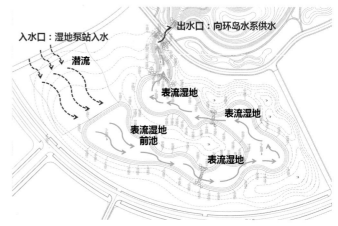

人工湿地分析图

人工湿地剖面示意图

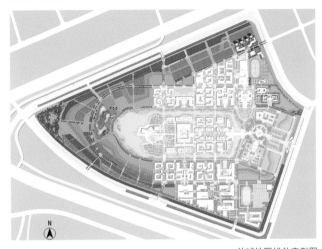

外环排雨区雨水直接下渗涵养地下水，或充分利用场地竖向就近排入卫津河和护校河。

由于场地土壤盐碱水平高，且该区规划为苗圃，因此，该区的雨洪管理需要充分结合排盐处理，在减轻校区暴雨季节排洪压力的同时降低土壤盐碱度，保障苗木成活。

该区的排水及排盐处理方法为：高填土 + 沥水沟。

盐碱地区排盐索引图

苗圃中的排盐沟现场图

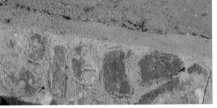

排盐沟侧壁做法现场图

排盐沟砌筑过程现场图

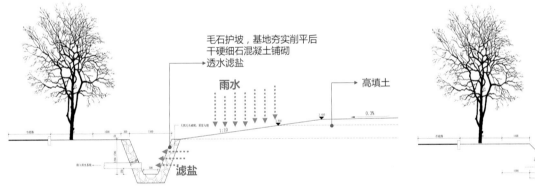
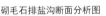

砌毛石排盐沟断面分析图

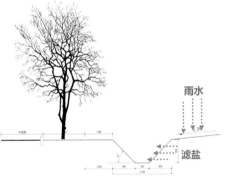

排盐土沟断面分析图

中环及内岛土壤改良索引

现场建设图

现场建设图

现场建设图

对于栽植区的土壤改良方案为：将现有厚 60 ～ 100 cm 表层土起出后，在就近场地堆积，按照每平米使用 8 kg 盐碱地专用改良肥，20 ～ 30 cm 厚酸性山皮砂，10 ～ 15 cm 厚腐熟牛粪的比例掺拌均匀。将掺拌后的土方进行摊铺至设计要求的标高。抬高地坪有利于降低现状土中盐碱成分对植物生长的影响，山皮砂、牛粪等不仅有助于增加土壤肥力，保障苗圃区苹果树、桃树、山楂树等苗木的成活，而且可以明显改善现状土质的渗透性，提高雨水下渗率，促使排盐碱效能的充分发挥。项目采用沥水沟，利用降雨实现滤盐洗盐的目标，不仅洗盐效果好、返盐率低，而且兼顾了该片区的雨洪管理，多目标集合特性显著。

天津古海岸与湿地国家级自然保护区七里海湿地保护与恢复规划

项目地点：天津市宁河县
设计时间：2013 年
项目设计人：曹磊 王焱 林建桃 杨冬冬 李相逸 代喆 刘志波 付建光 沈悦

"山中林木蓊蔚，水泽沮洳之区"，位于天津市宁河县境内的七里海古潟湖湿地，因其独一无二的古地质遗迹及湿地生态系统资源，与美国圣路易斯安纳州的古贝壳堤海岸、南美苏里南的古潟湖湿地并称为世界三大古海岸湿地。保护区境内贝壳堤、牡蛎礁及古潟湖湿地共存，且蛎礁体规模之大，密度之高，属世界之奇观。1992 年，经由国务院批准，建立天津古海岸与湿地国家级自然保护区。七里海湿地古地质资源的保护与生态系统的修复规划就科学价值、工程规模、社会意义而言，在世界范围内屈指可数，意义深远。

七里海湿地的总面积约为 344.38 km²，其中核心区面积约为 44.85 km²，缓冲区面积约为 42.27 km²，试验区面积为 257.02 km²。由潮白河从中间分为东海和西海。东海 16.66 km²，主要由连片水面和苇地组成；西海 28.19 km²，绝大部分是苇海，基本处于原生态。此次生态修复范围主要针对核心区。

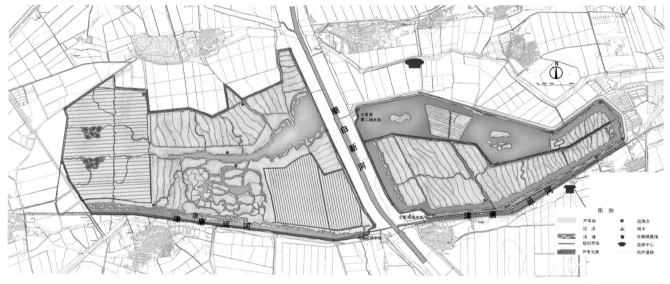

七里海湿地总平面图

七里海湿地局部鸟瞰图

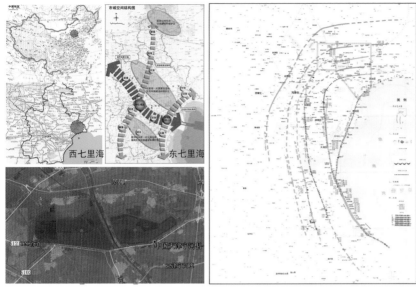

七里海湿地位置　　　　七里海牡蛎礁、贝壳堤分布范围

七里海湿地核心区现状总平面图及现场

一、七里海湿地现状条件

　　本次规划范围为核心区，占保护区总面积的12.56%。七里海湿地核心区是由11线国道、潮白新河堤路、蓟唐高速公路及保护区所形成的封闭区域，区域面积广阔，有利于湿地生态系统的发展和珍禽鸟类的迁徙、栖息、繁衍，七里海湿地的生境可以得到较好的保护。

二、七里海湿地特征分析

　　在漫长的海陆变迁过程中，由于海平面的不断下降，沿岸地带退海的发生，以及淤泥的大量堆积，经历了5 000年沧海桑田的变化，七里海湿地区域内逐渐形成了牡蛎礁、贝壳堤和古潟湖等古海岸遗迹，成为最奇特的自然景观。

三、七里海湿地古地质资源保护与生态修复规划的创新性

本次修复规划依据七里海湿地独有的古海岸遗迹景观资源及自然生态系统特点，在科学认识、科学研究基础上，进行综合评价，最后提出了七里海湿地地质遗迹和生态系统科学保护和修复规划方案。

理论层面的创新主要有以下两点。

（1）将古地质遗迹的保护与湿地生态系统的修复综合考虑，尊重原生态环境特点，进行整体保护。

（2）通过科学分析与软件模拟，在规划伊始，结合七里海古地质资源与生态系统现状两方面分析、研究，建立综合评价体系及生态脆弱性分析。

技术层面创新包括以下三点。

（1）修复规划中以保护为先，浅层动土，原位调整，保证生态系统的原真性和完整性。

（2）从生态链的整体保护与修复的角度出发，尊重湿地原有生态特点，恢复植物群落的多样性，满足动物栖息、繁衍的生境特点，进行动态保护与修复。

（3）对七里海湿地水环境进行动态模拟，确定水系调整方案，对水渠调整工程等尽量以清淤为主，浅层开挖。

四、七里海湿地保护现状综合评价体系的构建

本生态修复规划首先根据七里海湿地现状，基于客观性、科学性、系统性原则，选择YAAHP（Yet Another AHP）软件进行层次分析，构建七里海湿地保护现状的综合评价指标体系，包括自然属性、价值属性、保护前景和发展潜力四个一级指标（见表1）。

表1 评价指标赋分标准表

评价指标		赋分标准	赋分
自然属性	典型性	类型、特征具有国际性对比意义	67~100
		类型、特征具有全国性对比意义	33~66
		类型、特征具有较重要的对比意义	<33
	稀有性	属国际罕有或特殊的遗迹景观	67~100
		属国内罕有或特殊的遗迹景观	33~66
		属省内少有的遗迹景观	<33
	规模	遗迹出露面积大且成片区	67~100
		遗迹出露面积较大	33~66
		遗迹零星出露	<33
	系统性	现象保存系统完整，能为形成与演化过程提供重要证据	67~100
		现象保存较系统完整，能为形成与演化过程提供依据	33~66
		现象保存不够系统完整，但能反映该类型地质遗迹景观的主要特征	<33
价值属性	科学价值	具有国际上少见的较高的地学科研价值	67~100
		具有国内少见的较高的地学科研价值	33~66
		具有一定的地学科研价值	<33
	美学价值	具有国际上少见的景观优美性	67~100
		具有国内少见的景观优美性	33~66
		具有一定的景观优美性	<33
	经济价值	具有很高的经济价值	67~100
		具有较高的经济价值	33~66
		具有一般的经济价值	<33
	社会价值	具有很高的社会价值	67~100
		具有较高的社会价值	33~66
		具有一般的社会价值	<33

续表

评价指标		赋分标准	赋分
保护前景	保存现状	基本保持自然状态，未受到或极少受到人为破坏	67~100
		有一定程度的人为破坏或改造，但仍能反映原有自然状态或经人工整理尚可恢复原貌	33~66
		受到明显的人为破坏和改造，但尚能辨认地质遗迹的原有分布状况	<33
	可保护性(影响因素的可控性)	通过人为采取有效措施能够得到保护	67~100
		通过人为采取有效措施能够得到部分保护	33~66
		自然破坏力较大，人类不能或难以控制	<33
发展潜力	资源状况	地质遗迹及周围其他的旅游丰富程度很高	67~100
		地质遗迹及周围其他的旅游丰富程度较高	33~66
		地质遗迹及周围其他的旅游丰富程度一般	<33
	安全性	地质条件十分稳定，无地质灾害影响	67~100
		地质条件不太稳定，有地质灾害隐患，需采取预防措施确保安全	33~66
		地质条件很不稳定，地质灾害严重，需进行工程治理方可达到安全标准	<33
	景观承受力	地质遗迹景观容量很大，能承受较大客流压力仍有余	67~100
		地质遗迹景观容量一般，能承受日常客流压力	33~66
		地质遗迹景观容量较差，能勉强承受日常客流压力	<33
	区位优势	区域位置优越，可通达性很好	67~100
		区域位置较好，可通达性较好	33~66
		区域位置一般，可通达性一般	<33
	客流	全年客流充足	67~100
		客流一般，但通过加强宣传，可以改善	33~66
		客流较差，无改善前途	<33

在本次评价中，根据综合评价指数法计算公式，得出七里海各类地质遗迹评价综合定量评价。

由数字结果可知，七里海湿地达到国际级地质遗迹的有俵口牡蛎礁景观1处；达到国家级地质遗迹的有西七里海古潟湖景观、东七里海古潟湖景观共2处，是具有极高科学价值和生态价值的保护区。

表4　西七里海古潟湖景观定量评价表

评价指标		二级指标权重	指标评分	一级指标权重	综合评价结果
自然属性	典型性	0.286	66	0.496	34
	稀有性	0.529	65		
	规模	0.102	80		
	系统性	0.083	82		
价值属性	科学价值	0.548	75	0.267	21
	美学价值	0.295	82		
	经济价值	0.099	72		
	社会价值	0.058	75		
保护前景	保存现状	0.667	66	0.154	11
	可保护性	0.333	84		
发展潜力	资源状况	0.160	85	0.083	7
	安全性	0.040	78		
	景观承受力	0.062	77		
	区位优势	0.295	82		
	客流	0.443	80		
合计		1		1	73

表2　俵口牡蛎礁景观定量评价表

评价指标		二级指标权重	指标评分	一级指标权重	综合评价结果
自然属性	典型性	0.286	90	0.496	44
	稀有性	0.529	90		
	规模	0.102	88		
	系统性	0.083	84		
价值属性	科学价值	0.548	86	0.267	23
	美学价值	0.295	85		
	经济价值	0.099	84		
	社会价值	0.058	85		
保护前景	保存现状	0.667	84	0.154	13
	可保护性	0.333	84		
发展潜力	资源状况	0.160	85	0.083	7
	安全性	0.040	78		
	景观承受力	0.062	77		
	区位优势	0.295	82		
	客流	0.443	80		
合计		1		1	87

表5　东七里海古潟湖景观定量评价表

评价指标		二级指标权重	指标评分	一级指标权重	综合评价结果
自然属性	典型性	0.286	66	0.496	34
	稀有性	0.529	65		
	规模	0.102	80		
	系统性	0.083	77		
价值属性	科学价值	0.548	75	0.267	20
	美学价值	0.295	80		
	经济价值	0.099	72		
	社会价值	0.058	75		
保护前景	保存现状	0.667	66	0.154	11
	可保护性	0.333	84		
发展潜力	资源状况	0.160	85	0.083	7
	安全性	0.040	78		
	景观承受力	0.062	77		
	区位优势	0.295	82		
	客流	0.443	80		
合计		1		1	72

表3　西七里海牡蛎礁景观定量评价表

评价指标		二级指标权重	指标评分	一级指标权重	综合评价结果
自然属性	典型性	0.286	66	0.496	29
	稀有性	0.529	66		
	规模	0.102	25		
	系统性	0.083	84		
价值属性	科学价值	0.548	75	0.267	15
	美学价值	0.295	40		
	经济价值	0.099	52		
	社会价值	0.058	50		
保护前景	保存现状	0.667	80	0.154	12
	可保护性	0.333	84		
发展潜力	资源状况	0.160	85	0.083	7
	安全性	0.040	78		
	景观承受力	0.062	77		
	区位优势	0.295	82		
	客流	0.443	80		
合计		1		1	63

表6　古海岸线地质遗迹景观定量评价表

评价指标		二级指标权重	指标评分	一级指标权重	综合评价结果
自然属性	典型性	0.286	63	0.496	31
	稀有性	0.529	60		
	规模	0.102	73		
	系统性	0.083	54		
价值属性	科学价值	0.548	75	0.267	15
	美学价值	0.295	30		
	经济价值	0.099	30		
	社会价值	0.058	30		
保护前景	保存现状	0.667	33	0.154	6
	可保护性	0.333	54		
发展潜力	资源状况	0.160	65	0.083	6
	安全性	0.040	78		
	景观承受力	0.062	77		
	区位优势	0.295	70		
	客流	0.443	70		
合计		1		1	58

五、七里海古潟湖湿地的生态脆弱性分析

本根据七里海湿地的地质特征和保护现状，选择OECD（联合国经济合作开发署）建立的压力—状态—响应（PSR）框架模型进行评价分析。

在分析中，结合调研和考察的实际情况，对相应指标权重进行赋值评价（见表7）。

由结果分析可知，七里海湿地大部分地区属于中度脆弱区，生态系统结构出现缺陷，系统活力较低，外界压力较大，生态异常较多，湿地中度退化。

根据以上科学评价体系的建立及相关数据分析，制定出七里海湿地生态系统修复与古地质遗迹保护的规划设计方案。

表7 生态脆弱性评价因子赋值表

生态环境质量	评价因子	等级	描述	赋值
压力指标	人口密度	I	<0.00026	0~30
		II	0.00026~0.00039	30~60
		III	0.00039~0.00044	60~100
	人类干扰指数	I	0~0.0781	0~30
		II	0.0781~0.2344	30~60
		III	0.2344~1	60~100
状态指标	初级生产力	I	0.30~0.50	0~30
		II	0.09~0.30	30~60
		III	0.01~0.09	60~100
	分维数	I	>1.6	0~30
		II	1.3~1.6	30~60
		III	1.0~1.3	60~100
	破碎度	I	0.31~1.09	0~30
		II	1.09~1.88	30~60
		III	>1.88	60~100
	斑块形状指数	I	<1.56	0~30
		II	1.56~1.88	30~60
		III	>1.88	60~100
响应指标	湿地变化比例	I	<-5%	0~30
		II	-5%~20%	30~60
		III	>20%	60~100

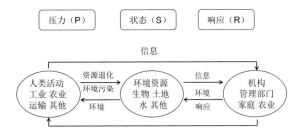

压力—状态—响应（PSR）框架模型

六、七里海湿地生态系统保护与修复

本次规划设计主要针对七里海湿地核心区生态系统及周边古地质资源，科学、高效地进行保护与修复设计，以改善生态环境退化，水系不畅，动植物数量减少，人为干扰加剧的不利局面。设计中坚持"尽量减少人为工程改造，最大化避免外来干扰"的原则。

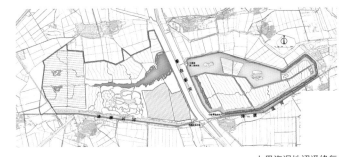

七里海湿地沼泽修复

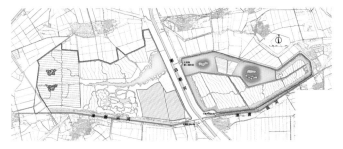

七里海湿地鸟岛堆积与修复

1. 七里海湿地沼泽修复

在东、西七里海湿地内部选取部分区域，增加湿地内浅滩、沼泽。土方来源于开挖水渠的土方量，不从外面运输其他土质，达到自身材料的循环利用。

2. 七里海湿地鸟岛堆积与修复

在东七里海兴坨水库和俵口水库建立两座鸟岛，对西七里海原有两座鸟岛进行垫土修复。

3. 七里海湿地津唐运河芦苇浅滩修复

在七里海湿地津唐运河区域建设 16 km 长的芦苇浅滩。平均宽度 100m，东起齐家埠口，西至津唐引渠，南临七里海大道，北接西七里海湿地核心区。

4. 七里海湿地水生生物资源修复

在东、西七里海实施水系治理、沼泽与植被修复的基础上，实施生态养殖和天然养殖，丰富湿地水生生物资源。

5. 七里海湿地修复前期环境监测

在规划任务开始初期，根据本次规划内容，对七里海湿地做一次有针对性的环境监测，获得一手资料。

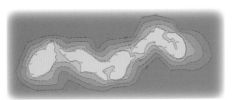

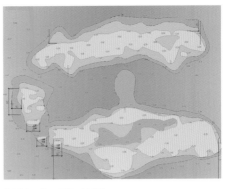

左图上：俵口鸟岛（东海）
左图中：西海鸟岛 1
左图下：西海鸟岛 2
右图上：兴坨鸟岛（东海）

四座鸟岛平面图

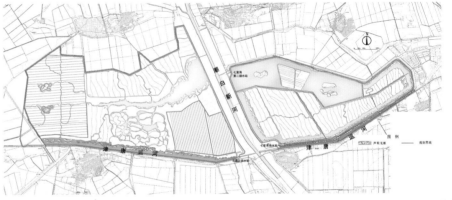

七里海湿地津唐运河芦苇浅滩修复

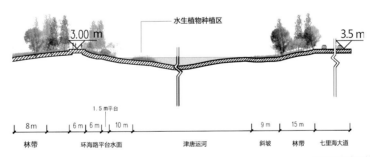

七里海东海湿地津唐运河芦苇浅滩剖面

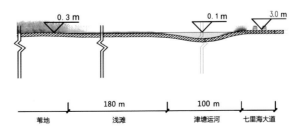

七里海西海湿地津唐运河芦苇浅滩剖面

七、水系治理

针对现状，利用水动力模拟软件确定七里海水系的调整方案。

1. 水系格局调整

（1）挖掘、连通湿地内输水渠。输水渠是向湿地、苇地中心输水、涵养芦苇生长的重要通道，其总体布局形如鱼骨，目的是保障输水的均匀性和秩序性。输水渠有两种断面：宽10 m的支渠（包括现状）总长约为129 028 m，设计水深1.5 m，设计边坡为1:4；宽5 m的支渠总长176 976 m，设计水深1 m。

（2）疏浚、贯通环海沟。干渠位于七里海湿地外围四周，向中心与输水支渠、蓄水水面相连，向外通过闸坝与潮白河相通，连接与纽带作用突出，引输水功效显著。环海干渠总长度33 486 m，其中东海干渠宽100 m，长11 000 m，设计水深2 m；西海（除津塘运河水域）干渠长14 724 m，宽20 m，深2 m，设计边坡均采用非对称式设计，北侧边坡采用1:5，南侧边坡采用1:3，设计水深2 m。

（3）塑造集中蓄水水面。东海是通过打通现状兴坨水库和俵口水库来扩大水面，西海是在现状低洼处开挖新的水面。扩大水面可以达到蓄水的功能。

所有水渠的开挖均以保护原土层为前提，尊重现状、土壤条件及地形情况。

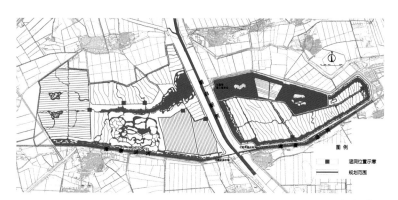

水系现状图

水系规划图

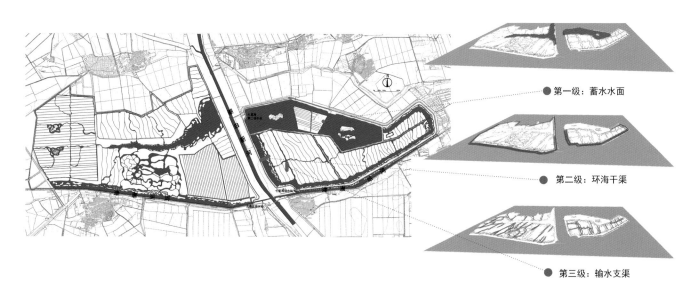

● 第一级：蓄水水面

● 第二级：环海干渠

● 第三级：输水支渠

水系分析图

2. 水系断面设计

以湿地恢复、保障涵养水源供给为主要目标，主要对输水渠及干渠进行设计。据相关地质勘探显示：由于湿地表面 2m 以下地层保留有七里海湿地形成过程中海相沉积物印记，因此输水渠深度严格控制在 1.5m 左右。干渠宽度、深度基本延续现状干渠条件，加以清淤疏浚。

（1）七里海东海春季补水方案

春

第一次补水：天津地区芦苇初灌期在 3 月初芦苇发芽前、土壤尚未融冻的时候，灌溉深度为 10 ～ 15cm。

第二次排水：排水时间为 4 月初，并将水在一周内全部排净，若排水过晚或不彻底则会造成闷芽。

第二次补水：在 4 月中下旬进行，灌水量以土层湿润为宜，此时芦苇发芽率只有 60% ～ 70%，所以灌水不宜过深，这次灌水的目的是润湿土层，促进芦苇芽齐、芽壮，控制芦苇密度。

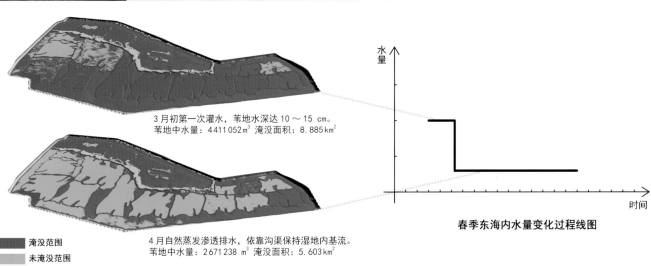

3 月初第一次灌水，苇地水深达 10 ～ 15 cm。
苇地中水量：4 411 052 m³ 淹没面积：8.885 km²

4 月自然蒸发渗透排水，依靠沟渠保持湿地内基流。
苇地中水量：2 671 238 m³ 淹没面积：5.603 km²

淹没范围
未淹没范围

春季东海内水量变化过程线图

水量

时间

（2）七里海东海夏季补水方案

夏

5 月中旬至 7 月下旬，这一时期芦苇生长速度快，是芦苇迅速生长期，其高度已占全生育期高度的 70% ～ 80%。采用排灌反复交替方式，有助于芦苇的生长。

5 月：灌 20cm 水层自由落干后晒田 5 天，后补水到 20cm，如此反复（经计算天津地区夏季落干 + 晒田需要 25 天左右）。

6 月：灌 25 ～ 30cm 水层自由落干后晒田 5 天，后补水到 20cm，如此反复。

7 月中、下旬：这时候正值雨季，空气湿度大，苇田不易保持过深的水层，也要求排水晒田。

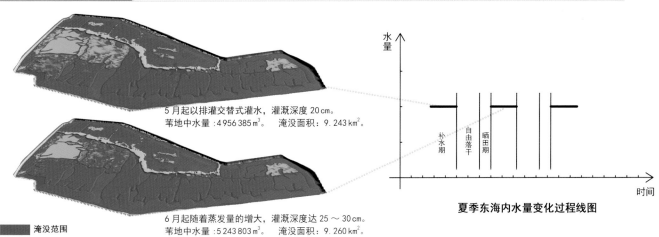

5 月起以排灌交替式灌水，灌溉深度 20cm。
苇地中水量：4 956 385 m³。 淹没面积：9.243 km²。

6 月起随着蒸发量的增大，灌溉深度达 25 ～ 30cm。
苇地中水量：5 243 803 m³。 淹没面积：9.260 km²。

淹没范围
未淹没范围

夏季东海内水量变化过程线图

水量

补水期 自由落干 晒田期

时间

（3）七里海东海秋季补水方案

立秋开始，芦苇由营养生长转为生殖生长，营养生长过剩将导致芦苇节间分生细胞拉长，机械组织软弱，难以支撑芦苇穗的重量，遇强风、降雨易折断。故这个季节以浅水、排水为主。浅水控制在5cm为宜。秋后期，为了增加芦苇纤维素含量，增加茎秆硬度，杜绝猫爪根形成，促进芦苇根壮茎下移，促进越冬芽萌发，基本停止灌水。但采用渗透式补水，水沟内保持有水状态。

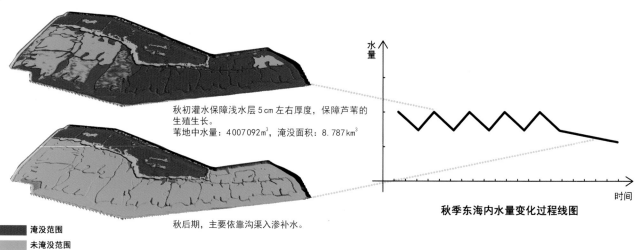

秋初灌水保障浅水层5cm左右厚度，保障芦苇的生殖生长。
苇地中水量：4007092m³，淹没面积：8.787km³

秋季东海内水量变化过程线图

■ 淹没范围
■ 未淹没范围

秋后期，主要依靠沟渠入渗补水。

（4）七里海西海补水方案

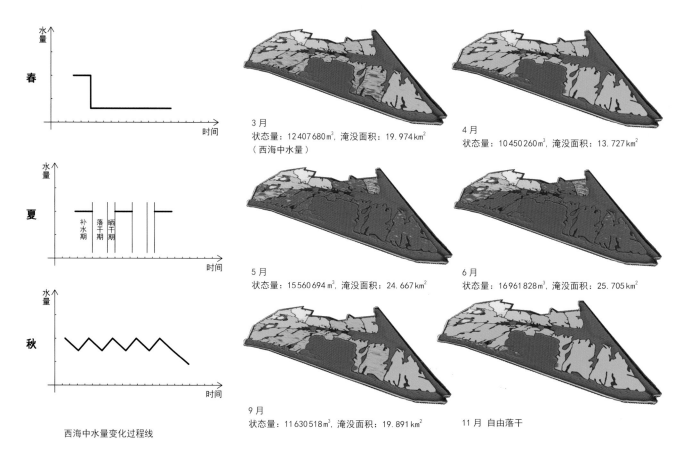

3月
状态量：12407680m³，淹没面积：19.974km²
（西海中水量）

4月
状态量：10450260m³，淹没面积：13.727km²

5月
状态量：15560694m³，淹没面积：24.667km²

6月
状态量：16961828m³，淹没面积：25.705km²

9月
状态量：11630518m³，淹没面积：19.891km²

11月 自由落干

西海中水量变化过程线

3. 七里海湿地水量平衡补给

根据当地生物习性，采用科学合理的补水方式，确定不同季节补水方案，以保证七里海湿地生态系统自身的健康发展，丰富动植物的多样性。

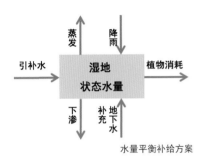

水量平衡补给方案

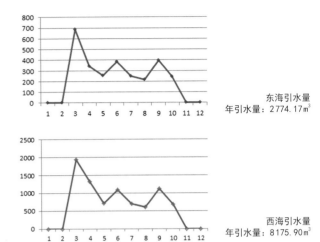

东海引水量
年引水量：2 774.17 m³

西海引水量
年引水量：8 175.90 m³

表8 多年平均各月降水量表（单位：mm）

月份	1	2	3	4	5	6	7	8	9	10	11	12	全年
降水	2.9	4.8	9.8	21.7	39.4	79.8	184.1	133.0	46.5	18.2	9.8	6.4	556.4

表9 天津多年平均各月蒸发量表（单位：mm）

月份	1	2	3	4	5	6	7	8	9	10	11	12	全年
蒸发	43.8	63.7	138.9	232.4	277.2	260.6	199.7	176.2	196.2	129.0	76.8	49.1	1809.6

表10 一株2.0 m高的芦苇全生育期需水量表（单位：mm）

月份	4	5	6	7	8	9	10
需水量	1.14	5.31	16.66	27.94	39.43	33.08	14.86

4. 七里海湿地水循环设计

七里海东海和西海内水体系统彼此独立运行，各自从潮白河引水补充水量。

（1）西海水体循环模式

利用西海东南角处现场扬水站引潮白新河水至环海沟内，环海沟输水至西海四周；输水渠道与环海沟相连，导水至苇地中，涵养苇地，水流至中心凹地处汇聚，形成大水面。

（2）东海水体循环模式

利用东海西北角处现状扬水站引潮白新河水至水库内，经由水库南侧堤坝上水门引水至苇地中，涵养苇地。苇地中水汇流至西海外围南侧环海沟，流入水库内，形成循环水流。

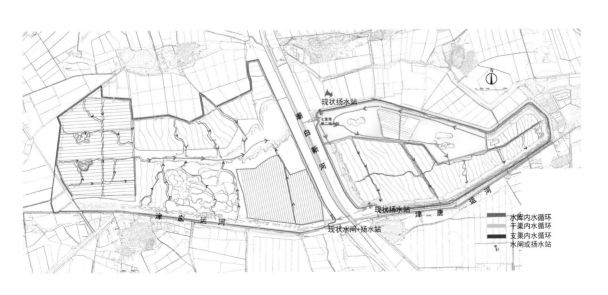

	水库内水循环
	干渠内水循环
	支渠内水循环
	水闸或扬水站

湿地水循环设计图

八、七里海湿地动物生境与植物群落的修复

此次设计基于适地适树、自然协调原则，从三个方面进行规划设计，以恢复七里海湿地植物群落的多样性，同时营建不同的动物生境。

1. 七里海湿林带修复

在七里海湿地核心区围栏外围，按照地形地貌种植疏密相结合的乔灌木，以北部为主，兼顾东、西部，南部适当控制，建有宽度为 8 ～ 15m 不等的林带，形成绿色天然屏障，距离总长约为 32.2 km。

2. 七里海湿地沼泽浅滩植被修复

构建沉水植物—浮水植物—挺水植物—陆生植物梯度，为鱼类、两栖类及浮游生物等提供丰富的繁衍场所，同时形成更加自然的多层次的水生植物景观。

3. 七里海湿地鸟岛植被修复

采用蜜源植物、引鸟植物等，为鸟类提供栖息繁衍场所。

植物现状图

植物规划图

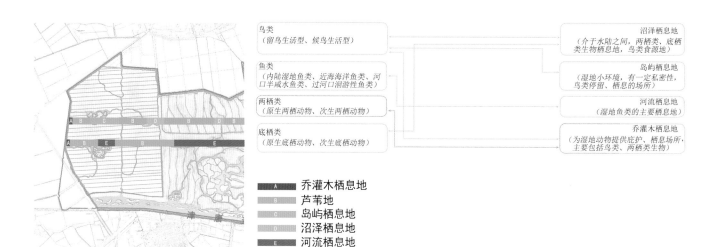

乔灌木栖息地
芦苇地
岛屿栖息地
沼泽栖息地
河流栖息地

整体景观结构图解

4. 植物配置

1) 密集乔—灌木区

使用多种不同乡土植物，以乔木为主，将乔—灌—草进行合理搭配种植，主要为适宜七里海地区土质的树种，包括：柳树、火炬树、毛白杨、香花槐、紫叶李、柽柳等。

2) 水生植物群落（芦苇区）

使用多种不同乡土乡土挺水、浮水、沉水植物，以芦苇为主进行搭配，建构多样性湿地。挺水及湿生植物包括芦苇、香蒲、水葱、茭白等。浮水植物包括莲、睡莲、浮萍、紫萍等。沉水植物包括黑藻、金鱼藻等。

柳树　　火炬树　　毛白杨

紫叶李　　香花槐　　柽柳

陆生植物群落

七里海湿地林带修复

七里海湿地沼泽浅滩植被修复

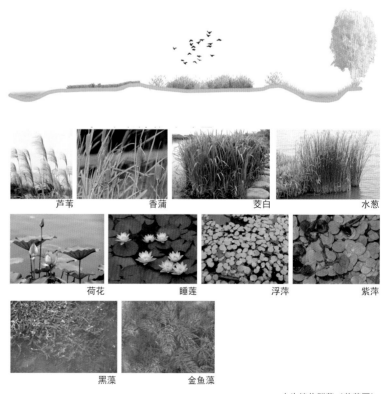

芦苇　　香蒲　　茭白　　水葱

荷花　　睡莲　　浮萍　　紫萍

黑藻　　金鱼藻

水生植物群落（芦苇区）

3）鸟岛种植区

主要用于林鸟及鸣禽类栖息地构建，使用合适的乡土鸟媒植物进行栖息地建设。该区主要以水生植物为主，包括荷花、睡莲、美人蕉、香蒲、梭鱼草、慈姑等。

鸟岛种植区

荷花　　　　　睡莲　　　　　美人蕉

梭鱼草　　　　香蒲　　　　　慈姑

七里海湿地鸟岛植被修复

九、保护设施建设

七里海湿地保护设施建设分为 7 部分内容。

1）七里海湿地修复后期环境监测

项目完成后，将对照七里海湿地前期环境监测内容，再对七里海湿地进行一次环境监测，以检验项目实施的效果，总结经验，为今后七里海湿地恢复提供依据。

2）七里海保护设施建设

在东、西七里海核心区边界设置灌木，长约 31.5 km；合理修建巡护道路，长约 19 km；修建哨卡两个。

3）七里海湿地生态环境监控系统建设

分别在东、西七里海、西海鸟岛和牡蛎礁富集区布设与湿地生态环境相协调的监控探头 32 个，采用无线传输方式，实现七里海湿地核心区全域全天候、全覆盖远程监控和公众宣传功能。

4）生态环境监视监测中心建设

修建建筑面积约 3000 m² 的生态环境监视监测中心，分成 3 个建筑

主体建设，建立监控室、科研监测实验室、档案室、电子档案管理系统等及相关配套设施。

5）七里海湿地牡蛎礁保护

牡蛎礁作为保护区三大保护对象之一，需进行妥善保护，加大保护宣传力度。在七里海湿地牡蛎礁富集区域，建设建筑面积约 3000 m² 的展示牡蛎礁剖面的保护宣传设施 1 座，达到保护宣传目的。

6）湿地生态系统数据库建设

将七里海湿地保护与恢复项目获得的大量数据进行整理、分析，建设湿地生态系统数据库，为科学、动态管理湿地提供依据。

7）七里海湿地资源利用规划设计

在做好七里海湿地保护和恢复阶段性工作的基础上，编制七里海湿地资源利用规划，指导七里海湿地未来一个时期的保护和合理利用工作。

保护设施现状图

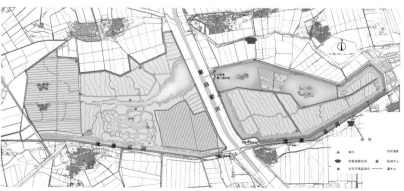

七里海湿地保护设施建设总图

十、七里海湿地地质遗迹保护与修复

对于地质遗迹，"不开发"是最大的保护，因此，设计中遵循"尽量减少人为扰动"的理念进行保护与修复，并主要从 3 方面进行。

1. 古地质遗迹的保护

七里海湿地因牡蛎礁及贝壳堤大规模共存而闻名于世，它们不仅仅是大自然的馈赠，更是人类历史的活化石。所有设计与工程的实施均建立在避免古地质遗迹遭受破坏的基础上。通过制定详细的保护管理规定、宣传机制，采取相关保护措施，建设地质遗迹博物馆、宣传画册等，保护的同时，提高民众保护意识。

2. 土层保护

土壤是万物生长之母体，经历了上千年的沉淀与积累，七里海湿地的土层蕴藏着宝贵的地质信息和丰富的动、植物资源。因此，设计中遵循"浅层动土，原位调整"的原则，保证保护区内土壤结构的完整，避免对土壤中的生物造成干扰。

3. 牡蛎礁展览馆的建设

以牡蛎为展览馆的设计灵感来源，其建设可以进一步加强人民群众对地质遗迹的认识，提高保护意识，达到科普的效果。

牡蛎礁展览馆区位图

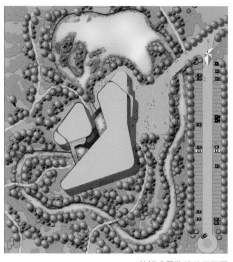

牡蛎礁展览馆总平面图

牡蛎礁展览馆总效果图

于庆成雕塑园景观规划与设计

项目地点：天津市蓟县
设计时间：2011 年
项目设计人：曹磊 王焱 田鹏 王坤 席丽莎

　　本方案坐落于蓟县中部，基地南面紧临北环路，东临蓟县地质博物馆，南临天津蓟县国家地质公园，距离独乐寺 2.2 km，距离于桥水库、南翠屏度假中心 7 km，是蓟县文化设施、旅游设施、生态设施建设的重要一环。于庆成雕塑园是一座以于庆成雕塑为主题文化的雕塑公园，建设面积 5.3 万 m^2，绿化面积 4 万 m^2。雕塑园的景观设计抽象提取了于

庆成雕塑的灵魂——泥土，采用地域化的大地艺术手法融建筑、景观、雕塑于一体，体现出乡土的场所精神，创造了蕴含厚重乡土气息的地域景观，通过此项目弘扬蓟县地域文化，打造民间民俗艺术品牌。同时，设计通过砂石旱溪、梯田景观等解决了山区场地的雨洪管理问题，将于庆成雕塑园打造成为生态、可持续的园林环境。

于庆成雕塑园鸟瞰效果图

一、区位概况

本项目南面紧临北环路，西临津围线，距离津蓟高速6.2km，距离蓟县火车站4km，多路公交可达，地区周边交通便利，基础设施齐全。

二、设计构思

调研基地后，初步分析了项目基地条件与基地景观文化特色，提取于庆成雕塑的灵魂——泥土与当地特色材料叠层岩两种元素，将其运用于地域化的大地艺术景观设计之中。项目设计关注场地的景观生态功能，提出贯彻海绵城市理论的、基于雨洪管理的生态型园林绿地设计，考虑

根据基地地形、水文、植被条件等因素规划设计雨水径流缓冲带。

三、概念深化

整理于庆成雕塑作品，将作品根据主题分为"乐""礼""孝"三类。景观规划设计根据场地特点、雕塑类型、流线交通组织将园区划分为入口景区、"乐""礼""孝"三个雕塑景区、梯田景区和九曲林径景区。将捏泥巴、泥土裂变以及叠层岩岩层成型的概念运用到场地的铺地设计中，形成整体的乡土大地艺术景观。

❶ 铁路用房
❷ 标志墙
❸ 花架
❹ 片石
❺ 车行道路
❻ 景观路
❼ 石头河
❽ 中心绿岛
❾ 叠落绿化
❿ 爬山台阶
● 雕塑位置

于庆成雕塑园平面图

四、设计概念

1. 地域化的大地艺术

1）泥土裂变设计手法的提取

在现代景观设计中，大地艺术将自然环境作为创作场所，成为许多景观设计师借鉴的形式语言，同时，艺术家也纷纷涉足景观设计的领域，许多作品往往是景观师和艺术家合作完成的，这也促进了景观与雕塑两种艺术的融合与发展。在本次设计中，为了和于庆成乡土风格雕塑更加搭配，在景观道路广场的设计过程中选取了泥塑中泥土裂变机理，并将其抽象变形，形成独特的铺装形式，在雕塑园中与叠层岩和格式雕塑风格统一、相互呼应，给人一种浑然天成的视觉体验。

在于庆成雕塑园中，雕塑不是置于景观中的，而是运用场地、岩石、水、树木等自然材料和手段来塑造蕴含大地艺术的景观空间。"捏泥巴"式的雕塑与"捏泥巴"式的景观完全融合，形成自然的共生结构。园中的景观已经从雕塑和建筑的配景、附属物发展为能和雕塑本身产生实质作用和影响的因素，其关键点是生态化和抽象化的大地艺术景观设计。

不仅如此，于庆成雕塑园的景观在设计过程中还非常注重以人为本的理念，创造出一个连续的、集合的、多元的、开放的生态景观结构，在进行造景过程中不单要考虑雕塑的"捏泥巴"形式主题、材质、媒介，同时还要考虑雕塑对环境的影响及其与公众的互动与对话关系。乡土景观与大地艺术都用最简单有效的方式表达自己对自然的感受，因此这两种因素结合的景观设计能更好地烘托出于庆成雕塑中的民俗之美。

2）叠层岩肌理的应用

在天津市蓟县山区，有一种珍贵的奇石——叠层岩。它是地球上已知的最古老的生命化石，被誉为"大地的史书"。世界闻名的中上元古界地层剖面保护区就在蓟县境内。蓟县特有的叠层岩形成于13亿年前，由海洋藻类沉积而成。叠层岩因纵剖面呈向上凸起的弧形或锥形叠层状，如扣放的一叠碗，故而得名。它既有很高的科学价值，又有很高的艺术价值和收藏价值。

于庆成雕塑园景观规划设计同时借鉴了叠层岩成型、岩浆流淌的概念，从场地高处的雕塑博物馆开始"流淌"至场地低处的入口区。道路广场在绿化间层层叠叠、蜿蜒曲折，形成独特的大地艺术景观。雕塑生长于大地艺术之上，生长于景观之中。

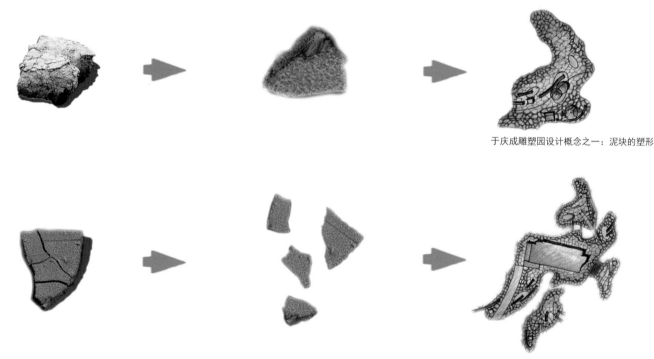

于庆成雕塑园设计概念之一：泥块的塑形

于庆成雕塑园设计概念之二：泥块的分裂

"捏泥巴"式的景观

2. 山地公园的雨洪管理具体措施

1）卵石旱溪

于庆成雕塑馆周边基地具有以下特点：地形变化大，平面布置形式较为自由，空间丰富，坡度大弯道多。其独特性决定了仅靠修复地下管网无法满足排水需求。据此，在设计的过程中，充分利用特殊的自然条件，包括雨水排蓄系统、雨水渗蓄调控系统以及雨水污染控制系统来构建于庆成雕塑公园的内涝防治及雨水利用系统。

在山地冲沟的位置布置卵石沟，同时解决雨水的滞留、渗透、净化、利用与排放等雨洪管理问题，在节水的同时防洪排涝。同时，自上而下蜿蜒曲折的卵石沟串联了整个场地，在卵石沟周围还注重搭配不同植物，如花、草、灌木等，丰富景观层次，形成了独特的景观效果。

2）梯田景观

在基地东侧的设计中加入了梯田景观的元素，这不仅丰富了景观形式，还有利于保持水土。梯田景观像临时水库一般在春、秋、冬三季保持着景观生态系统的正常运行。这种隐形水库能有效地降低暴雨时形成的巨大的地表径流流速，从而减轻对下层梯田景观造成的压力。同时，通过截流，能起到净化水质、保持水土的功效。

同时，场地中的梯田景观与场地外的梯田相互呼应，融为一体。梯田是通过地形的高差、波浪纹与地形完美结合，形成美观而又动感的耕种形式。本设计运用灵动的线条将整个空间串联起来，使空间充满活力与张力。大场景中又包含多个小场景，其空间层次丰富，动静分区明显，使人们可以很直观地感受其中的趣味性。

卵石旱溪实景图

梯田景观实景图

梯田景观中乡土植物分析

五、分区设计

1. 入口区域

入口景区位于场地南侧，紧临北环路，是于庆成雕塑园的主要人行、车行入口，也是提供游客集散、娱乐、休憩的重要场所，是设计的重点。入口区将挡土墙作为入口景墙进行设计，采用叠层岩的肌理形式，并将墙面设计为曲线，以增强动感，强调起伏的山形地势，形成空间视觉中心，挡土墙墙面材质的选择及绿化的方式也经过精心的设计，采用攀爬类植物植于墙顶处的种植穴，软化挡墙的硬质景观效果，改善景墙周围的生态环境、促进自然景观与人工景观的交融，融入周边环境，突出入口主体雕塑的艺术性。

入口区位置

入口区平面图

入口区挡土墙

入口区效果图

2. 中心雕塑景区

于庆成雕塑园中心雕塑景区共分为三个主题区，分别为代表"乐"的欢乐童年主题区，代表"礼"的和谐乡村主题区，代表"孝"的温馨夕阳主题区。其中和谐乡村又分为："好日子""多彩生活""和谐生活"三个雕塑群。

1）乐——欢乐童年主题区

代表"乐"的欢乐童年主题区位于雕塑园南入口区域，共有12组雕塑，计29个儿童形象，生动形象地展现生命的纯真、欢乐与希望。作为入口雕塑群，欢乐童年区设计于项目的南入口处，寓意人生阶段的起点，也是对当代蓟县的民俗文化与人文风情的进一步诠释和体现。

欢乐童年主题区平面图

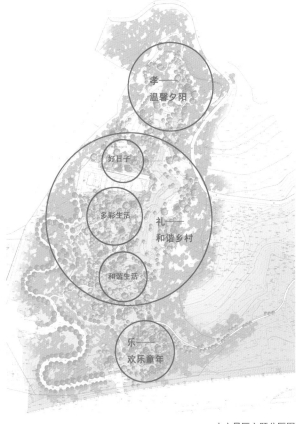

中心景区主题分区图

欢乐童年主题区实景图

121

2）礼——和谐乡村主题区

和谐乡村主题区以表现新农村生活的精神面貌为主题，其中又分为三个雕塑群：表现农村人与人之间和谐交往的和谐共生主题区，表现农村生活中的诙谐、温馨、乡情的多彩生活主题区以及表现农村生活日新月异、蒸蒸日上的好日子主题区。和谐共生主题区共计 7 组雕塑，多彩生活主题区共计 7 组雕塑，好日子主题区共计 3 组雕塑。本区域在临近建筑的重要位置又设置了单独主题——长江黄河。

和谐乡村主题区平面图

和谐乡村主题区手绘效果图

和谐乡村主题区实景图

和谐乡村主题区实景图

和谐乡村主题区鸟瞰效果图

3）孝——温馨夕阳主题区

因该主题区现状良好，所以景观设计以表现人与自然和谐为首要，有一组雕塑，为"妈妈吃啥我买啥"，表现孝顺主题。

主题雕塑意象

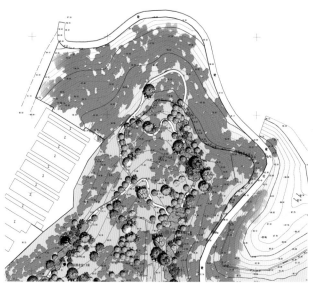

温馨夕阳主题区平面图

3. 梯田景区

梯田景区位于场地东面的坡地上，设计依山就势规划梯田景观区。新奇而又现代化的观景平台，使得清新、秀美的广场一览无余。乔木与灌木合理搭配，花圃和草地相得益彰，使整个广场具有浓郁的生态气息。大小场景不断变化，既有大场景的气势恢宏，又有小场景的丰富精致。

梯田景区具有浓厚的乡土气息，塑造了地域化的景观形态。

梯田景区实景图

梯田景区平面图

4. 九曲林径区

九曲林径区位于项目的西面，连接于庆成雕塑园西侧行车入口与雕塑园北部于庆成雕塑博物馆，是整个雕塑园的行车区域。设计考虑到行车安全，为满足冬季车辆防滑要求将坡度保持在 5%～5.5%。同时，道路两边采用富有空间变化与季相变化的树种，丰富行车的视觉体验。

九曲林径区实景图

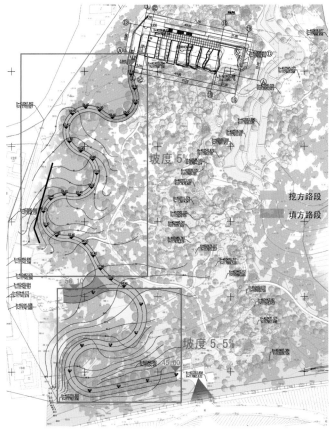

九曲林径区平面图

天津滨海一号景观规划设计

项目地点：天津市滨海新区
设计时间：2011 年
项目设计人：曹磊 董雅 王焱

　　"天津滨海一号景观规划设计"项目地处天津市滨海新区黄港起步区内，毗邻京津高速、港城大道、西中环快速路，地理位置优越，交通便利。周边自然环境优美，位于黄港自然湿地，紧临北塘水库、黄港水库、滨海森林公园。项目占地面积 17.4 hm²，总建筑面积 6.64 万 m²，其中地上建筑面积 5.14 万 m²，地下建筑面积 1.5 万 m²。建筑为中式风格，包括酒店主体建筑、温泉四合院、会议中心、餐饮区、康体中心、贵宾四合院及员工生活楼。"滨海一号景观规划设计"秉承中国古典园林"本于自然，高于自然"的艺术形式、"天人合一"的设计思想，以追求建筑与自然相互交融为目的。设计中借鉴了中国古典园林的空间处理技巧及意境创作的艺术手法，并结合了现代园林特点，且设计将人工美与自然美巧妙结合，体现人工建造对自然的尊重与利用，达到"虽由人作，宛自天开"的景观意蕴。设计旨在体现中式园林独特的艺术价值和艺术魅力，同时通过各种传统造园手法的分析和运用，再现中国古典园林"一步一景，步移景异"的景观特色，在有限的占地空间内展现万千气象、精神意趣，形成壶井天地、吐纳自然的优美景致。

景观概念草图

天津滨海一号景观鸟瞰效果图

一、设计定位

根据该项目规划范围所处的地理位置、环境特征及自身特色，将滨海一号项目定位为以观光、度假等多功能的具当地文脉精神的中式园林。

二、设计构思

滨海一号景观规划设计采用了中国古典园林的设计手法，通过堆山叠石、花木配置以及景观建筑的设计，营造丰富多变的景观空间，达到步移景异、小中见大的景观效果，形成滨海一号古韵鲜明的景观意境。同时，项目外围部分的自然绿化景观则强调模仿自然、再现自然的造园准则，以自然式种植的树丛、蜿蜒的小径为特色，演绎中国古典园林"天人合一，师法自然"的传统造园思想。将在现代都市里的滨海一号营造为富有传统韵味且具有意境之美的中式园林景观。

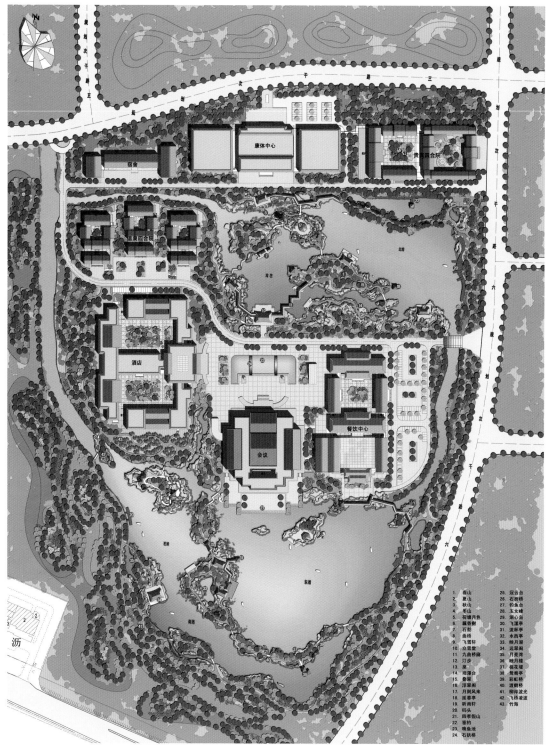

景观总平面图

三、景区划分

本设计结合功能区建筑群与环境的布局关系，将整体景观划分为6大分区：叠石耸秀园、平湖涵碧园、碧波园、石趣园、翠泉园、逸香园。其中叠石耸秀园、平湖涵碧园为重要景观分区，碧波园、石趣园、翠泉园、逸香园与功能区建筑关系紧密，以功能景观为主。

1. 叠石耸秀园

园区以假山叠石的景观特征为主，借鉴古代造园中堆山叠石的设计手法，突出展现山石的秀美多姿。

2. 平湖涵碧园

该园以宽阔的水景为主，园区湖面开阔，岸线舒展，水天一线，湖岛相接，与北部叠石耸秀园幽狭、曲折的湖面形成强烈的空间对比，南北相映，丰富了整个园区的空间层次，给人豁然开朗、畅快淋漓的空间感受。

3. 碧波园

会议中心的北部、南部两面接水，使整个建筑群有悬挑、凌驾于水面之上的态势，整个会议中心仿佛在碧波中浮荡，又有驭波行进的动感。设计营造出一种碧波荡漾的空间意象。

4. 石趣园

度假酒店小院形成了独立的石景园，设计将观赏石点缀其中，假山嶙峋、步径蜿蜒，形成了富有趣味的景石游赏园。

5. 翠泉园

园区与酒店温泉、洗浴的功能结合，给人舒适、惬意、回归自然的安宁之感。

6. 逸香园

顾名思义，该园景观环境与餐饮中心的功能吻合，水岸烧烤和舒适的餐饮环境营造出了香逸满园的意境，是名副其实的逸香园。

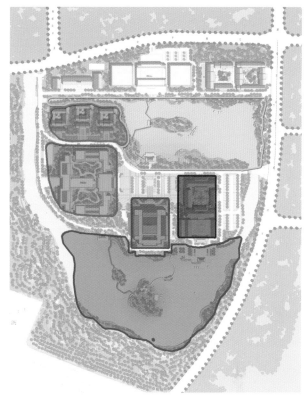

□ 叠石耸秀园
■ 平湖涵碧园
▨ 碧波园
▤ 石趣园
▥ 翠泉园
▧ 逸香园

景区划分分析

四、交通组织分析

项目以已有规划道路为依据设置车行路。

人行系统包括中心区广场铺装、景观路、景观休憩空间及连接岛屿、桥、小路，充分满足日常使用功能及游赏、观景及康体健身的三个层次的需求。

园区特别规划了游赏观景系列路线和康体健身系列路线。其中游赏路线将各景点有序连接，形成完整的景观序列，既形成便捷可达的交通流线，又保障了良好的视线角度，形成了良好的观景效果。规划的康体健身路线，可使人一边观景，一遍健身，在身心愉悦的过程中达到康体的目的。健身步道结合地形起伏，高低错落，满足了造景需求以及康体的需要。尤其园区堆山叠石可高至2～3m，增加了运动强度，加强了健身效果。线路局部适当布置健身器材，铺装广场最大限度地满足了人们休闲、康体、健身等的活动需求。

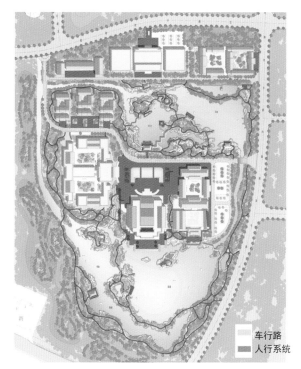

□ 车行路
■ 人行系统

交通组织分析

127

五、景观结构分析

  本项目景观采用"一轴三区"的结构形式。三区即由北至南的山景——叠石耸秀园、林景——中央功能岛及水景——平湖涵碧园；一轴则指的是中央功能岛上的主体建筑——会议中心南北轴线的延长线。

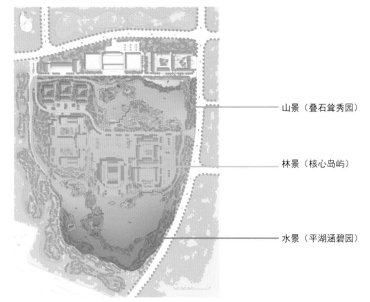

山景（叠石耸秀园）

林景（核心岛屿）

水景（平湖涵碧园）

景观结构分析之一

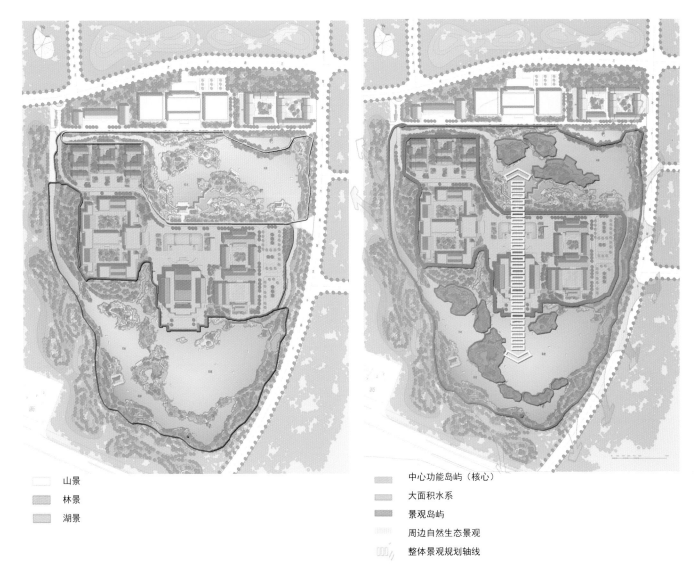

- 山景
- 林景
- 湖景

- 中心功能岛屿（核心）
- 大面积水系
- 景观岛屿
- 周边自然生态景观
- 整体景观规划轴线

景观结构分析之二   景观结构分析之三

整个景观设计中共有三十余个景观节点，其中以"春、夏、秋、冬"为主题的假山结合周围其他景观、景点贯穿设计始终，体现了设计的整体感及韵律感。

北宋画家、山水理论家郭熙在《林泉高致·山水训》中提到四时山景不同："春山淡冶而如笑，夏山苍翠而如滴，秋山明净而如妆，冬山惨淡而如睡。"我们以此为项目中假山设计的缘起，在山体的设计中主要考虑景观在立体空间层次上的递进，营造出高低起伏的变化，同时通过堆石与植栽的不同来体现以春、夏、秋、冬四季为主题的假山之景观特征，给人以丰富的景观体验。

"春山淡冶而如笑"表达的是春天的山恬淡艳丽，充满生机，好像正在微笑。"春山"位于离区域主入口不远处的湖中桃花岛上，同时蕴含了"桃花春色暖先开"和"迎春"之意。小岛上的垂钓区、对面的垂钓栈桥及曲桥环抱着春山，春山上的绿色植物、特色花卉为赏景垂钓的人们提供了一个春光无限、四季回春的绿色休闲娱乐空间。

春山

"夏山苍翠而如滴"表达的是夏天的山葱笼翠绿，那绿色简直就像要滴落下来。"夏山"位于湖中小岛上，为两侧的浮翠阁和石舫提供了郁郁葱葱、嘉树浓密的美丽景色，给人们赏心悦目之感。身临其中，便会感觉到浓浓的绿意，更有亲近自然之感，成为工作之余放松身心、修身养性的好去处。

夏山

"秋山明净而如妆"表达的是秋天的山显得很明净，像是梳妆打扮的的美女。观瀑台与之相连，湖光山色自成一体。叠翠景点以观赏性较强的植物为主，树树皆秋色，山山唯落晖，与秋山景色相协调，来到这里的人们一定能感受到秋高气爽、心旷神怡的自然风光。

秋山

"冬山惨淡而如睡"表达的是冬天的山暗淡无光，像是带着愁容入睡。两侧的飞雪轩和立雪堂与之相呼应，是人们观赏冬山景色的主要平台。

冬山

景观效果图之一

景观效果图之二

滨海一号项目在综合运用各种传统造园手法的同时，使建筑与山石、水池、花木巧妙地结合，把建筑美与自然美浑然地融为一体，从而达到"虽由人作，宛自天开"的景观意境。

实景照片组一

实景照片组二

抚顺大学校园景观设计

项目地点：辽宁省沈阳市望花区
设计时间：2013 年
项目设计人：刘庭风

　　抚顺大学新校区位于抚顺经济开发区，周边道路环绕，一条 20 m 宽的河流从学校穿过，教学区与生活区隔岸相望，临水形成以图书馆为中心、内部环状干道的格局。该项目于 2015 年 9 月建成并投入使用。

　　造景主要围绕水系沿岸展开，由大门到图书馆形成一轴，大面积的疏林草地演化为一点。抚顺大学校园的景观设计，主要从三个方面来考虑。

　　第一，生态设计。要尊重场地的特性，沈阳地处中国东北地区，地势平坦，乡土树种主要为钻天杨、沈阳桧、山杏、红松等耐寒、耐旱品种。

　　第二，安全为尊。设计注重生态安全、城市安全、校园安全，对于行洪安全的处理尤为重视，修建了堤坝和桥梁，亲水平台的设置也是在考虑了安全性的基础上设置的。

　　第三，活动创意。创设了"杏花节"这一具有特色的人文活动，在此基础上可以衍生出诸如歌咏、朗诵、辩论、表演等各种各样的主题活动。这些活动既活跃了校园气氛，又给大家的生活添加了多彩的元素。

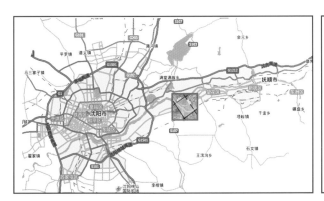

经济指标

用地总面积：	450 000 m²
建筑面积：	45 000 m²
水面面积：	16 400 m²
绿化面积：	285 707 m²
广场面积：	23 112 m²
机动车车位：	415 个
总道路面积：	79 781 m²
绿化率：	63.5%

抚顺大学鸟瞰图

133

一、区位分析

抚顺大学位于辽宁省抚顺市望花区经济开发区，地处沈阳市与抚顺市交界位置。望花区地处抚顺市区西部，是沈抚同城化的最前沿地带，是全市科研院校最为集中的城区。校园北临沈东四路，东临旺力大街。

二、规划分析

基地原为东北平原的耕地，基地内一条20 m宽的河流穿过，河上已有水坝一处可利用，教学区与生活区隔岸相望，临水形成以图书馆为中心，内部路格局为环状干道。由大门到图书馆形成一条道路广场景观轴，由河流形成一条水系和绿化景观带，由疏林草地形成一个四季生态片区。项目设计最大限度利用河道，形成两岸林带、水带、色带景观交织的效果，在河道中形成木栈道、飞白桥、杏坛、杏林、观景台等景观。

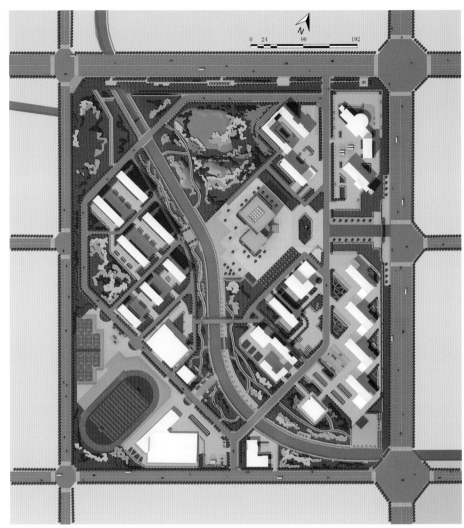

抚顺大学景观总平面图

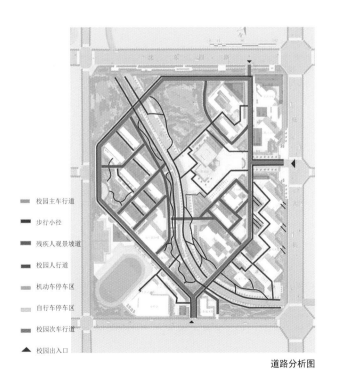

■ 校园主车行道
■ 步行小径
■ 残疾人观景坡道
■ 校园人行道
■ 机动车停车区
■ 自行车停车区
■ 校园次车行道
▲ 校园出入口

道路分析图

■ 沿河生态景观带
■ 宿舍景观区
■ 图书馆景观区
■ 主入口景观区
■ 教学景观区
■ 体育运动景观区
■ 生态景观区
▲ 校园出入口

功能分区图

三、景观节点分析

本案功能结构根据场地地形特点和景观元素分布情况概括为"一轴、一带、一点、六景"。

四、抚顺大学景点命名

1. 广场

求知广场。

2. 主干道

广场北路：文杏路。

广场南路：红杏路。

宿舍区沿河路：杏花路。

3. 景点

杏花堤：线装景观。

杏花谷：山谷景观。

杏坛：孔子讲学景观。

杏果满地：闲卧漫观景观。

杏墙：大门两侧。

杏花路：道路景观。

文杏广场：片植围观景观。

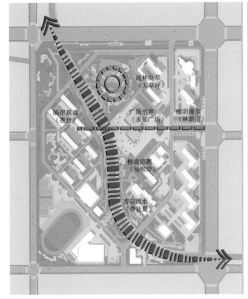

◎ 一点 疏林草地

╲ 一带 河道景观带

▶▶▶ 一轴 主入口—图书馆—景观平台

景观节点分析   景点命名分析

求知广场效果图

杏台效果图

疏林草地效果图

杏花堤效果图

图书馆后门效果图

校园南门效果图

校园正门效果图

校园正门近景夜景效果图

校园服务中心实景照片

教学区实景照片

校园景观带实景照片

疏林草地实景照片

乌海市滨河二期中央公园景观设计

项目地点：内蒙古乌海市滨河新区
设计时间：2013 年
项目设计人：刘庭风

　　该公园于 2015 年 7 月建成，位于乌海市的副中心，是城市新区的中心绿地，因区域所在位置将其定位于区级综合性公园。

　　总体设计以生态性、以人为本、因地制宜、传承历史为设计原则，植物配置遵循仿生、植物多样性、生态性、景观艺术性、适地适树性原则。公园北侧以秋色叶景观为主，横向从左至右分为：以黄栌为主要色叶树种的密林区，以白蜡为主要树种的疏林草地区，以柳树和云杉为主要树种的山涧溪流区。公园南侧以宽阔草地景观为主，横向从左至右分别为：植物种类层次丰富的密林区，以宽阔草地为主的草地区，以柳树和云杉为主要树种的林下溪流区。东西道路景观道路宽 40 m，景观带宽度为 30 m，为城市主要干道，因此景观带主要以植物配置景观为主，以臭椿、白蜡为主要乔木，沿街进行重复式局部节点自然配置，主要供行车观赏。

　　设计着重处理了水资源的利用问题，场地干旱少雨，并且沙砾土不利于水分的保持和植物的生长，遂采用了引水、节水、保水、集水的方案解决水的问题。用换土、善土、固土、养土的方案解决劣土问题。对绿地系统的灌溉则采取滴灌的技术，引黄河之水依照地势形成滴灌为主、喷灌为辅的网格状灌溉系统。

　　设计创造出了丰富的空间类型。曲折的步道、成片的花海、与成吉思汗雕像相互借景的山丘、从黄河引出进而贯穿全园的水系，最终形成了"一轴、一心、一廊道"的项目布局，动态景观与静态景观相结合的可持续生态系统，以及高生态效益指标的植物配置。设计紧扣了"黄河边上的绿宝石"这一主题，将中央公园成功打造成为了"乌海之肺"。

乌海滨河二期中央公园鸟瞰效果图

一、项目背景

　　基地海拔1182～1188m，地形较为平整，地势南高北低。基地是典型的温带大陆气候，土壤类型主要为灰漠土和棕钙土，年降水200mm。

　　基地位于乌海市西部沙漠地区，黄河流域，乌海湖东岸，与甘德尔山遥遥相望，东部毗邻鄂尔多斯高原，是山和水的过渡地带。基地还处于城市的副中心，是城市新区的绿地，将来也会发展成为城市的中心。

区位图

乌海城市控制性规划

　　基地所在范围的二期控制性规划：滨河二期位于海勃湾城区最南端黄河库区东岸的中部，乌海市环湖地带东部的中心位置。向北沟通海勃湾城区，向南、向西通过黄河大桥连接乌达城区、海南城区和滨河西区。用地分为东、西、北三片，东部依甘德尔山，西部、北部两面分别紧临黄河库区和甘德尔河。

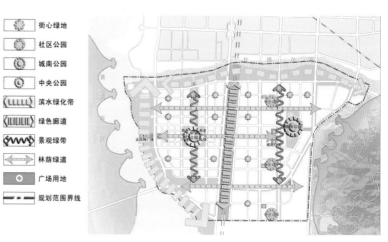

乌海滨河二期控制性规划

二、项目定位于规划

　　该森林公园为滨河二期的大型集中绿地，以该区域为中心，与社区绿化和广场公园绿化形成绿化圈，将生态效益与人文效益结合在一起，辐射到周围商住区，在提高城市区域生态环境的同时，为周围人群提供休闲和娱乐的服务。在满足公园基本休闲活动功能的前提下，结合乌海自然地貌，依附原有的山水构架，打造一个生态多样、可持续发展的乌海城市绿色氧吧。

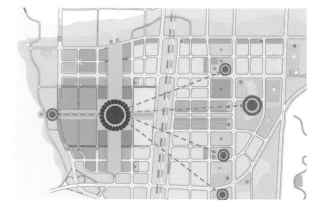

周边环境关系分析图

根据城市规划功能要求，将项目布局为"一轴、一心、一廊道"的结构。

一轴：森林之轴景观

以自然界溪流的形态为依托，形成森林之溪的景观轴，展现自然生态景观的节奏和韵律。

一心：森林之心景观

以树木种植为主，结合水体和草地形成各种自然空间，并设置各种森林活动项目。

一廊道：森林之廊景观

以自行车绿道为主要轴线，配植高大乔木及花灌木，形成林下骑车活动。

打造城市森林公园，成为"乌海之肺"。整体分为森林之溪、森林之心、森林之廊三部分。森林公园郁郁葱葱、枝繁叶茂的景象，在城市之中犹如绿宝石一般珍贵。

景观结构图 意向图

经济技术指标

总面积：365 790m²

车位：120个

水体面积：29 451m²

道路面积：21 158m²

广场面积：4 462m²

绿化面积：308 559m²

绿化率：84.35%

景观总平面图

141

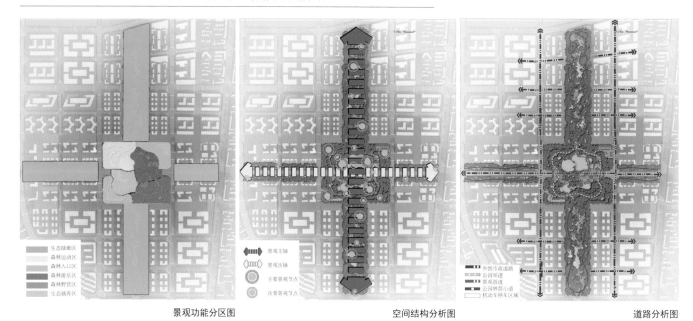

景观功能分区图　　　　　　　　　　空间结构分析图　　　　　　　　　　道路分析图

三、水资源利用分析

引水：引黄河之水，依照地势，形成由南往北流的水系。

节水：利用水系中的水形成网格状滴灌的灌溉系统。

保水：减少硬质铺装，降低地表水分蒸发；湖泊使用防渗膜布。

集水：种植水生植物，设立蓄水池，对雨水进行收集再利用。

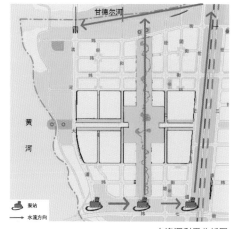

水资源利用分析图

"森之溪"景观轴之一

"森之溪"景观轴之二

中心湖面

中心草地

坐观花开花落

格桑花海

中心西南入口节点

中心西南入口

四、植物配置——森之心

雨槐林：
国槐、白蜡＋龙爪槐、紫穗槐＋珍珠梅、丁香＋贴梗海棠、柠条＋沙冬青、马蔺、爬地柏、金叶莸

清槐熏风林：
金枝国槐、臭椿＋香花槐、紫穗槐＋紫叶李、珍珠梅、龙柏＋红叶石楠、柠条、女贞＋大丽花、连翘、金娃娃萱草

槐花暖溪：
金叶国槐、刺槐＋红花槐、龙爪槐＋榆叶梅、紫叶矮樱、鸡爪槭＋丁香、红瑞木、美人蕉＋马蔺、铺地柏、沙冬青、千屈菜

杨柳度春：
新疆杨、垂柳＋沙枣树、珍珠梅、云杉＋红刺玫、黄刺玫、侧柏＋连翘、月季、美人蕉＋八宝、爬地柏、沙冬青

柳雨桃溪：
垂柳＋碧桃、山桃、紫叶李＋珍珠梅、榆叶梅、鸡爪槭、紫叶矮樱＋侧柏、黑皮柳、日本多枝桯柳＋马蔺、美人蕉、大丽花

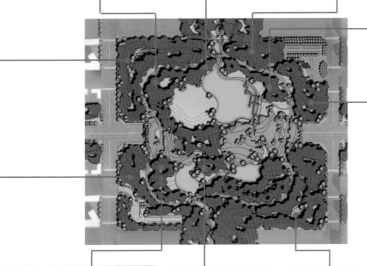

云杉林：
白蜡、香花槐、龙桑＋沙枣、金叶榆、西府海棠、山桃、碧桃、紫叶矮樱＋千屈菜、马蔺、柠条、金星草、月季、爬地柏

松香林：
樟子松、白蜡＋楸树、北京桧＋西府海棠、山桃＋沙枣、柠条、珍珠梅＋日本多枝桯柳、金星草、沙冬青

闻溪处：
楸树、臭椿＋金叶榆、紫叶李、龙桑＋侧柏、榆叶梅、柠条、本多枝桯柳、金星草、沙冬青

镜花园：
白蜡、火炬＋金叶榆、紫叶李、龙桑＋侧柏、龙柏、沙枣、红瑞木＋金叶莸、红叶小檗

杨柳醉春：
河北杨、垂柳＋楸树、西府海棠、红宝石海棠＋北京桧、贴梗海棠、枣、丁香＋连翘、金叶小檗、金叶水腊＋常夏石竹

143

五、植物配置——森之心

栾湖秋岸：
樟子松、北京栾树、女贞＋香花槐、龙柏＋紫叶李、珍珠梅、红叶石楠、柠条＋大丽花、连翘、金娃娃萱草

碧天黄叶：
樟子松、白蜡、楸树、北京桧＋西府海棠、桃、鸡爪槭＋沙枣、柠条、珍珠梅＋日本多枝怪柳、金星草、沙冬青

观栌林：
黄栌、白蜡、新疆杨、楸树＋沙枣、金叶榆、碧桃、紫叶矮樱＋千屈菜、马蔺、柠条、金星草、爬地柏

红叶满溪：
火炬树、白蜡＋刺槐、龙柏＋鸡爪槭、西府海棠、山桃＋沙枣、常夏石竹

楸林漫步：
新疆杨、楸树＋沙枣树、云杉、侧柏＋连翘、月季、美人蕉、紫穗槐＋八宝、爬地柏、沙冬青

杨枝林：
新疆杨、河北杨、北京栾树＋红宝石海棠、鸡爪槭、红叶李＋美人蕉、金星草、常夏石竹、金娃娃萱草、月季、铺地柏

杨枝绿影：
新疆杨、河北杨、红花槐＋榆叶梅、紫叶矮樱、鸡爪槭＋丁香、红瑞木、美人蕉＋马蔺、铺地柏、沙冬青、千屈菜

翠柳道：
垂柳、女贞＋金枝国槐、龙柏＋紫叶李、珍珠梅、丁香＋沙地柏、月季

槐花林：
河北杨、白蜡、国槐、红花槐＋金枝槐、西府海棠、红宝石海棠＋紫穗槐、沙枣、丁香＋连翘、红叶小檗、金叶水腊＋常夏石竹、金星草、沙冬青、爬山虎

椿林闻鸟：
樟子松、臭椿、＋山桃、紫叶李、珍珠梅、榆叶梅、鸡爪槭、紫叶矮樱＋马蔺、美人蕉、大丽花、千屈菜

柳荫溪涧：
樟子松、黑皮柳、垂柳、卫矛＋金叶榆、紫叶李、日本多枝怪柳＋侧柏、龙柏、沙枣、红瑞木＋金叶莸、红叶小檗、金娃娃萱草

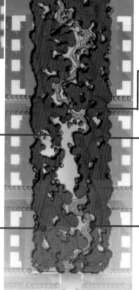

涿州永济公园设计

项目地点：河北省涿州市
设计时间：2011年
项目设计人：刘庭风

　　涿州永济公园项目于2011年完成设计工作，2012年7月向市民开放。永济公园主要依托国家级重点保护文物中国第一石拱桥——永济桥的保护、利用和拒马河河道的综合治理，打造一个集生态性、文化性、观赏性、知识性和休闲娱乐于一体的大型滨河公园。公园占地面积69hm²，总体布局为：一路（京广路）、一堤（左候堤）、一街（得闲古街）、一沙滩（亲水沙滩）；一园（百果园）、一坝（橡胶坝）、一水、一湿地；三台（圣母台、乾隆台、八修台）、两桥（永济桥、天衡桥）四片绿。主要景观分为四个片区：东南片区是大型公共休闲，东北片区是缓坡花港区，西北片区为湿地区，西南片区为碧桃迎春区。全园树种丰富，植被茂密，花香馥郁，水流云在，步移景异，景色如画，风光宜人。

一、永济桥历史

　　永济桥始建于明代万历二年（1574年），旧名巨马河桥，俗称大石桥，位于河北省涿州市老城区以北1.5km的拒马河上。现桥为乾隆二十五年（1760年）形制，全桥由三部分组成：主桥（九孔石桥）和南、北石堤引桥，全长627.65m。2006年，永济桥被确定为第六批全国重点文物保护单位之一。

永济桥

景观鸟瞰效果图

二、设计定位

项目设计以永济桥保护和展示为中心，为城市居民提供户外休闲活动场所，进而打造涿州第一大型滨河生态湿地公园，恢复涿州八景之一的拒马长虹景观。

三、设计构思

1. 永济桥保护

永济桥是全国重点文物保护单位，足以支撑一个公园的文化，成为园林中心，因此确定以此作为视觉中心和文化主题。

2. 功能分区和定位

全园按地域划分成五个功能区：文物保护区、文化活动区、丘陵湿地区、疏林草地区和碧桃园区。

3. 大型水景园

永济公园是大型水景园，设计水面达 47 hm²，占 58%，主河道长达 1.6 km，常水位宽度平均 100 m，最宽处达 400 m。如此大规模的水景园林在华北地区是罕见的。水上活动主要有坐船观赏永济桥、水上快艇、索桥远眺、观赏鲤鱼、钓鱼、湿地观赏、洲浜漫步、沙滩排球等。

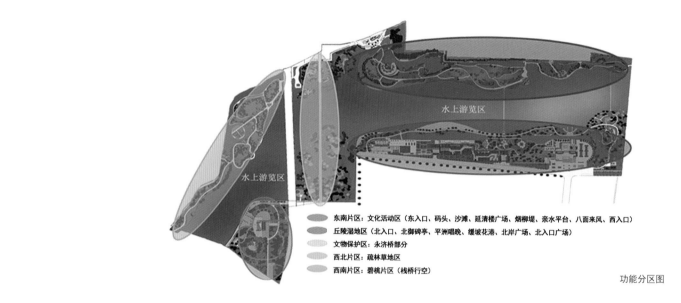

东南片区：文化活动区（东入口、码头、沙滩、延清楼广场、烟柳堤、亲水平台、八面来风、西入口）
丘陵湿地区（北入口、北御碑亭、平洲唱晚、缓坡花港、北岸广场、北入口广场）
文物保护区：永济桥部分
西北片区：疏林草地区
西南片区：碧桃片区（栈桥行空）

功能分区图

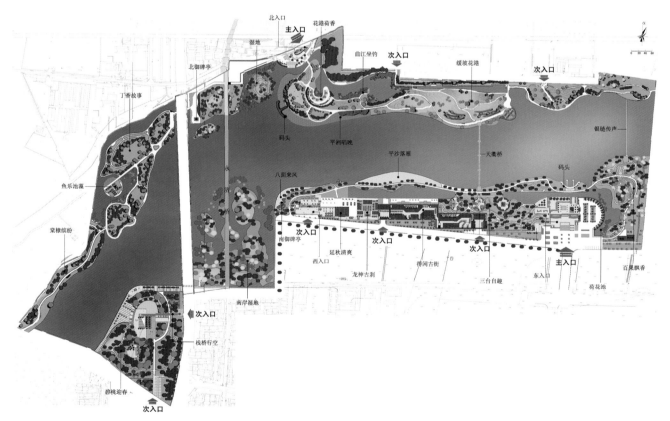

景观总平面图

四、规划分析

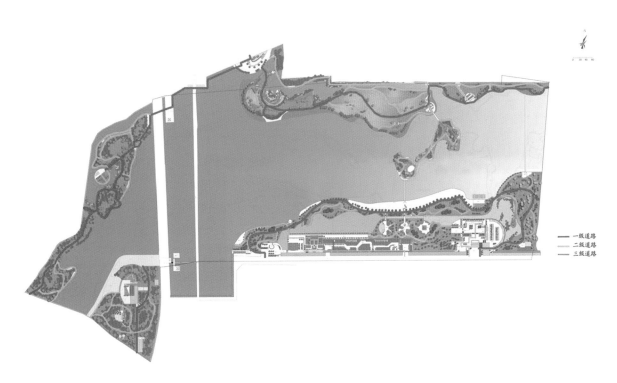

一级道路
二级道路
三级道路

道路分析

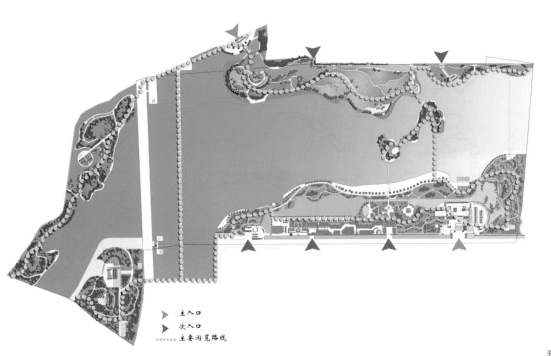

主入口
次入口
主要游览路线

游线分析

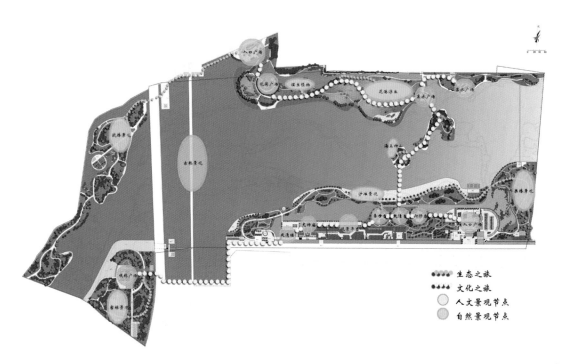

节点分析

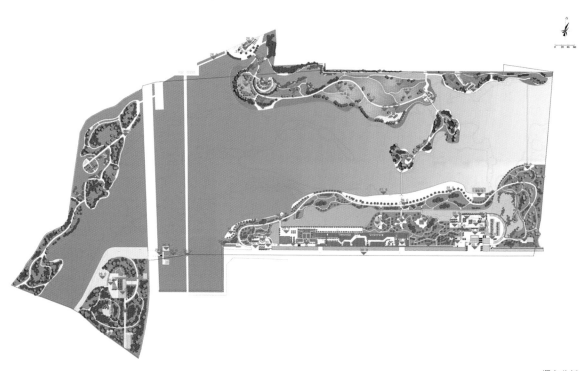

竖向分析

五、植物造景原则

（1）质朴自然之美：原生态景观绿地。

（2）秩序多变之美：人文景观绿地。

（3）灵动清秀之美：景观湿地。

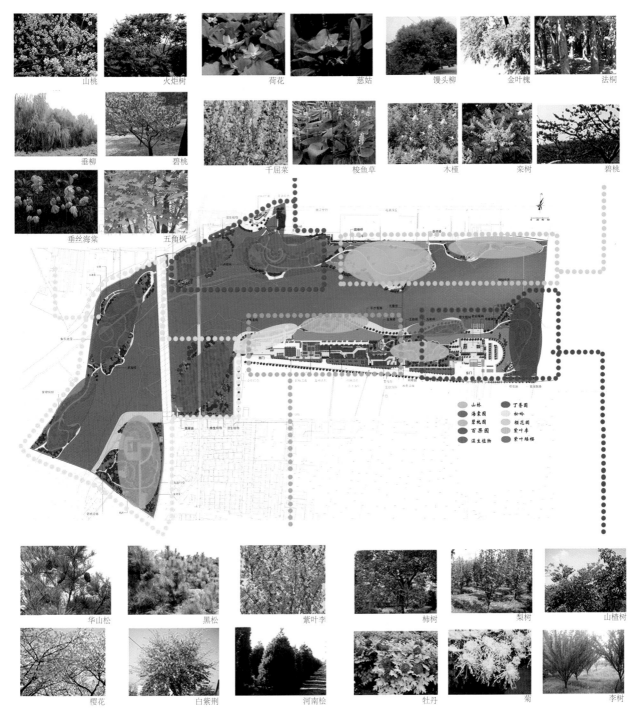

植物造景分析

六、建筑节点设计

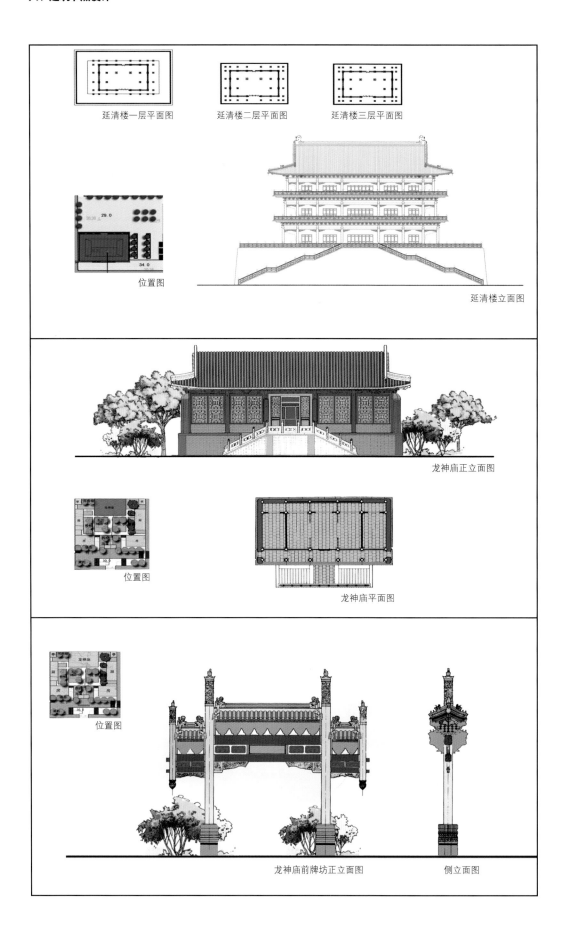

延清楼一层平面图　延清楼二层平面图　延清楼三层平面图

位置图

延清楼立面图

龙神庙正立面图

位置图

龙神庙平面图

位置图

龙神庙前牌坊正立面图　侧立面图

七、景观效果图与实景

入口效果图

得闲古街及西入口全景

悬索飞渡效果图

建成照片

张家口市宣化区钟鼓楼商业街详细方案设计

项目地点：河北省张家口市
设计时间：2013 年
项目设计人：张春彦 吴葱 朱磊

古城宣化，至今已有 1 260 多年的建城历史。古老深厚的文化积淀铸就了这座千年古城的灵魂。每一座古建筑，无不见证着这座城市的历史。而这座深藏悠久历史文化内涵的古城，正在迈向现代生活，古城中生活的人们，也正在寻觅着"古往今来"的契合所在。为此，站在钟鼓楼之间，似乎需要寻找一段记忆，在曾经的街道中开辟一片新生。

宣化位于张家口市东南 20 km，是京津与晋蒙之间的交通枢纽，交通十分便利。京包铁路穿境而过，宣大、丹拉、张石高速公路交会于此，四方连通，距北京仅 2 小时车程。

历史悠久、文化底蕴深厚的古城宣化，1992 年被评为河北省省级历史文化名城，2009 年被评为国家 3A 级景区，当之无愧地被誉为"京西第一府"。

悠久的历史，多元的文化：历史上宣化是汉民族和北方少数民族共存的地域，在这片土地上各族人民在相互交往、冲突、依存与不断融合中共同创造宣化地区的灿烂文化。

便利的交通，繁荣的经济：宣化北靠泰顶山，南临洋河水，西北距张家口仅 30 km，发达的交通促进经济繁荣，自古以来，宣化都是沟通南北交通的主要途径，是集散各地物资的重要商埠。

丰富的文物，旅游的胜地：宣化的文化旅游资源相当丰富，以钟鼓楼为原点，5 km 半径范围内旅游景点近十余处，足以构成一个旅游路线。

本次规划充分考虑到新建建筑与周边环境的协调，把用地范围外的钟鼓楼、时恩寺三处文物保护点纳入其中进行综合规划，同时划分出建筑协调区。其用地面积约 1.28 hm²，规划用地面积约 3.56 hm²，建筑协调区面积约 10.64 hm²。

鸟瞰效果图

153

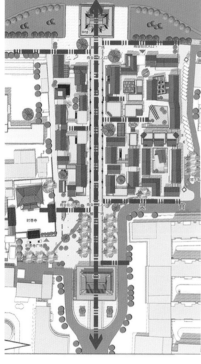 

"鱼骨状"街巷结构

一、方案构思与总体概念

鼓楼—钟楼—时恩寺一条布景化的街道，形式单调，功能乏味，站在街南，已经预测到街北的一切，但这些场所都是市民集体的记忆。总体概念基于对周边规划条件的可能性调整以及基地自身认知，得出一套基本框架，进而再由不同的空间组织方式实现无尽的可能性，而这些可能性则决定丰富的内容如何排列组合。方案改变周边的道路环境无疑更易于实现这种轴线效果。而且街巷之间的贯穿与错位搭接是方案一的特征，也使得空间增添了许多趣味。

二、传统元素

设计不仅仅是一层"表皮"而已，对宣化传统的解读，成为探寻方案概念的关键所在。

宣府八景：据《宣化府志》记载，宣化的八景是燕然叠翠、鸡鸣春晓、北山高寺、洋河冬泮、柳川万柳、响泉鸣蛙、黑峰残雪、箭岭晴烟。

京西军镇：震靖清远、九边之首、谷王戍边等。

上谷胡市：民俗有当地美食，如宣化白牛奶葡萄等。

明代古城：现存明长城九边重镇宣府镇镇城平面。

三、设计愿景

可观赏：宣化历史风俗画卷再现。

可体验：宣化市井生活场景再生。

可消费：宣化时尚消费景观引领。

四、设计目标

项目旨在为古城宣化营造一处以钟鼓楼等文物古迹为依托、具有符号性意义的特色商业街区。从三个层面实现其最终目标。

（1）重现宣化历史上的商业繁荣，构建未来"商业博物馆"。

（2）传承传统文化文脉，营造"老宣化印象"。

（3）注入新型经济活力，打造"开放新空间"。

五、文物保护单位保护区划

本次设计用地范围包括钟楼、鼓楼、时恩寺三处国宝单位，方案设计过程中充分考虑到新建筑与三处文物保护单位之间的关系，在建筑高度、街道宽度上做了详细设计。同时建议对其周边地区划分出建设控制地带，以此控制建筑高度对这三处文物保护单位的影响。

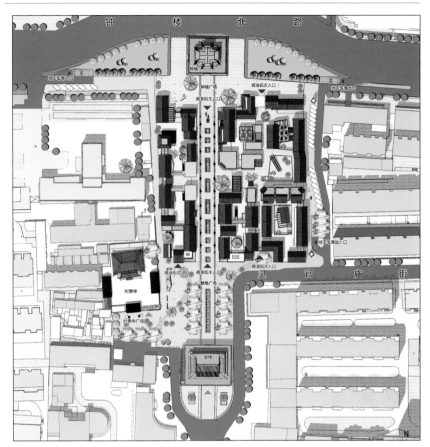

总平面图

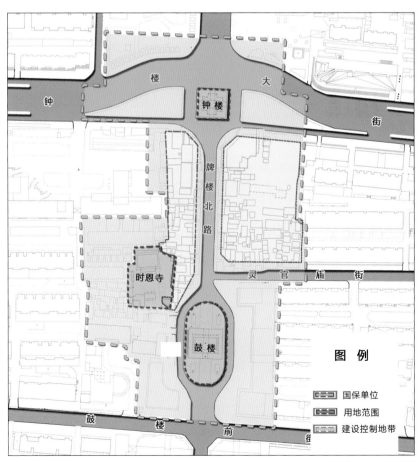

图　例

国保单位
用地范围
建设控制地带

文物保护单位保护区划图

六、视线分析

　　钟鼓楼之间步行街两侧的建筑檐口控制在 8 m 以下，街道宽度控制在 18～18.6 m，保证钟鼓楼大街的实现通廊效果，另外在各个街巷单元都利用建筑高低错落的关系设计观景点，以丰富空间层次，相互借景。

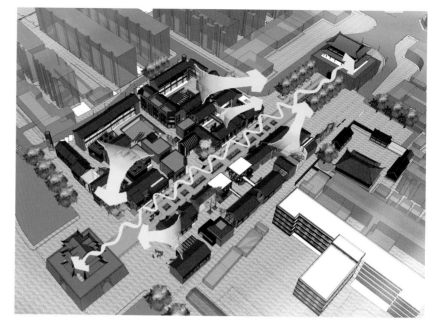

视线分析

主轴线夜景鸟瞰效果图

七、街道尺度设计

南北主轴线街道的高宽比 $D/H=1.8$。这种类型的街道空间比较宽阔，人身处其中心理上会更加自由安定，此比例关系适宜作为主要街道。

南北主轴线西侧南北街道的高宽比 $D/H=1.5$。这种类型的街道空间界线感增强，人的视线范围相对比较自由，交往尺度适宜且具有可凝聚性，作为一种安定又不压抑的感觉是最佳尺度。

南北主轴线东侧南北街道的高宽比 $D/H<1$。这种类型空间高而窄，通常作为巷空间，人处于这类的街巷空间，视线受宽度影响明显，活动空间尺度狭窄，给人一种想要穿越的感觉。因此，此类街道不适合长时间停留，而适合做室内休闲类业态。

南北主轴线东侧南北街道的高宽比 $D/H=1.1$。这种类型的空间使视界受限的感觉减弱，人的视线基本上比较自由，空间界定感比较强，这样的空间凝聚力较强，交往尺度适宜，业态选择类型也较为自由。

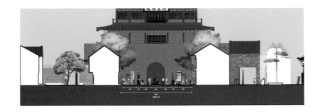

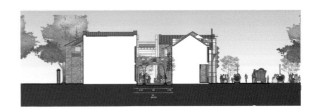

街道尺度设计分析

主街道效果图

商业节点效果图

鸟瞰效果图

辽东湾新区宜居宜游新港城城市风貌研究

项目负责人：胡一可　孔宇航

一、项目概况

1. 地理区位

辽东湾新区位于盘锦市最南部，辽东湾东北部，大辽河入海口右岸地处辽宁沿海经济带、辽宁中部城市群和辽西北经济圈三大区域的交会地，坐拥辽宁沿海经济带"主轴"与"渤海翼"，地理区位优势极为明显。

2. 发展历程

1949 年之前，沿水域中心城。

1949—1970 年，地域中心城 + 城区扩展。

1970—1984 年，地域中心城 + 交通城 + 口岸城。

1984 年至今，身兼国际性、区域性与地方性多重功能的区域中心城。

3. 演变特点

由运带贸：辐射腹地不断外扩。

由小做大：对外功能不断强化。

由单成多：自身功能不断提升。

4. 城市特色

四季分明：春季日照充足，夏季高温多雨，秋季天高气爽，冬季雪少风大。

地貌平坦：河流冲击形成沉积盆地，地势由北向南平缓降低，地面平坦，多水无山。

特产丰富：盛产大米及河蟹、鱼类等海产品，实乃关外的鱼米之乡，可以媲美江南。

旅游名城：8 万 hm² 的"世界最大苇田"和被誉为"天下奇观"的红海滩景观，向世人展示着"北国休闲之都、生态旅游名城"的风采。

文化宝地：具有独特的乡土文化——盘锦鼓乐、高跷秧歌、满族服饰、浮雕苇画、油塑工艺品等。

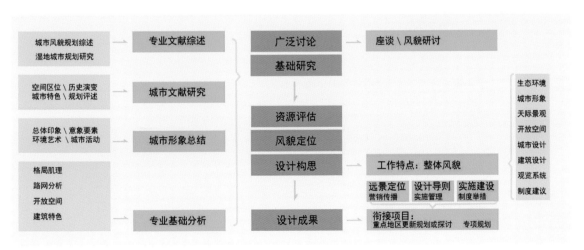

城市风貌研究框架

二、总体控制要求

项目片区应遵循总体协调原则，新建、改建建筑的形态风格与所在区域的地域特征相协调，体型、尺度与周边建筑呼应。住宅、公共建筑类的高层建筑项目应依托城市开敞空间和主要道路，形成高低错落、层次丰富、疏密有致的城市轮廓。总体规划应突出城市特色，增强可识别性。

（1）"岛城"与"桥"。规划在水网密集的地块采用两种主要模式，"水城"与"岛城"，并通过形式和功能各异的"桥"形成多样联系与风格特点。

（2）骑行。水岸线上，主要的城市公共功能设施和社区中心轴带上设置步行和自行车骑行环线，与机动车交通分离，并汇集贯穿辽河的沿岸，提供安全、舒适、独特的城市户外活动空间系统。

（3）邻里空间。小型而灵活的公共绿地、街头广场设置给社区居民提供尺度宜人、使用便利的公共空间；同时强调混合型社区的建设，多样化的建筑形式容纳不同阶层和年龄的人群，促进社会包容和群体交流，增进社区活力。

（4）交通节点。集合多种交通方式，如地铁、有轨电车、公交车、人行和自行车等。

（5）滨水主题生活的发掘再造。河沿岸意在塑造反映城市整体意向的空间形象，集中大型城市级公共功能和规模性群体活动，沿内部小尺度支流，通过布置文化休闲、小型商业、游憩等公众参与性强的公共设施，将城市新兴主题功能与自然环境结合在一起，强调滨水公共活动的引导与发生，延续并塑造新的生活方式。

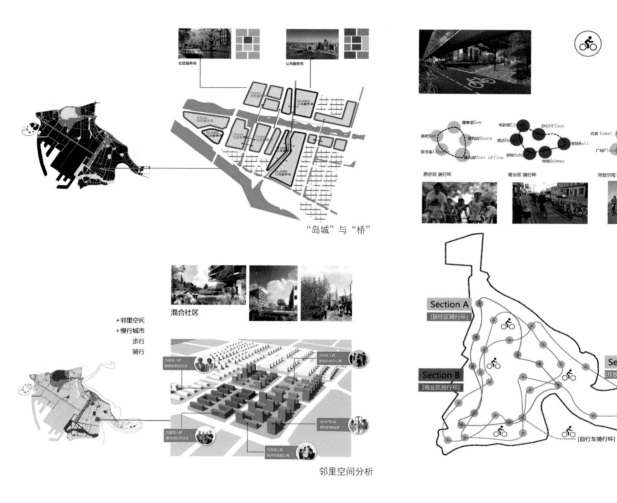

"岛城"与"桥"

邻里空间分析

骑行线路设计

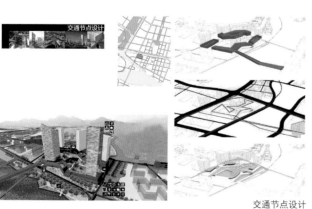

交通节点设计

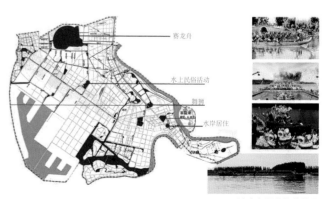

滨水主题文化的传承

水岸绿地设计意向

水岸绿地设计总图

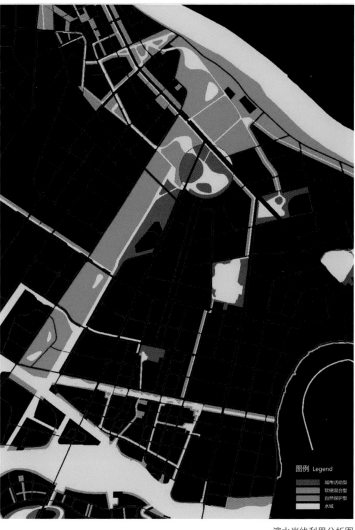

滨水岸线利用分析图

三、重要区域规划

（1）主要公园周边地区建筑高度。公园周边建设用地临公园一侧 30 m 范围内，建筑高度不宜大于 24 m。

（2）主要公园周边地区建筑连续面宽。临公园周边的住宅建筑高度不大于 24 m 时，最大连续面宽投影不宜大于 80 m；住宅建筑高度大于 24 m 时，最大连续面宽投影不宜大于 40 m；高层公共建筑宜以点式建筑为主。

（3）建筑裙房高度。临主要道路的高层建筑裙房高度不大于相临较宽道路红线宽度，即 $H:D \leqslant 1$；同时需满足裙房高度不大于 40 m。

高度、面宽控制

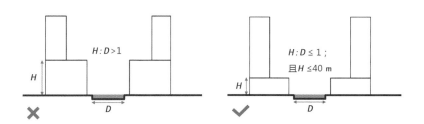

裙房控制

四、各风格规划控制解析

1. "丹麦村"风格规划控制

（1）路网形态。主干道呈核心放射形，通向核心空间。次干道连接相邻主干道，整体呈蜘蛛网状。

（2）道路尺度。四车道有人行道、非机动车道和绿化分隔带。两车道：人车混行。步行道：巷道宽度小于3m，没有绿化带，建筑围合街道空间。

（3）购物街。3～7m，步行道中央布置绿化小品以及休息座椅。

（4）肌理。联排建筑围合街区，只留有人行开口，形成连续的界面和私密的内院，每个街区大约50m×70m，街区封闭，内部为点状绿化和社区空间。

（5）界面。相邻建筑的色彩以及屋顶和屋檐高度不同，屋顶形式不同，形成连续而错落的街道界面。滨水空间按照建筑—道路—平台—水面的次序过渡，平台布置咖啡厅等餐饮休闲商业。

（6）建筑退让。机动车道建筑退让20～50m（根据国家规范），人行道路建筑退让≥0m。

（7）建筑高度。临街建筑3～4层，相邻建筑的屋檐高度不同。

（8）公共空间。平面形状不规则，3～4层的建筑限定边界，通过树木或者纪念碑强调中心，周边配套有咖啡厅等户外商业。

2. "荷兰村"风格规划控制

（1）河道。道路通向河岸，运河与建筑以"U"形布置，犹如一张蜘蛛网，圈圈环绕，运河就是环绕其中的一根丝。沿水空间布置主要的公共空间。河道两侧是步行道和平台。

（2）肌理。以街区为单位，复制线形排列，建筑垂直于街道排布。

（3）居住建筑。平行于街道，有一些错落，有出入口可进入建筑围合出的内院，形成公共绿地和停车场，或者平行于街道，有各自的院子与停车场；商业建筑沿道路布置，会有一些开口形成广场，建筑和道路的贴线率达90%以上，围合出内院。

（4）沿街界面。沿街道是3～5层的建筑联排布置，山墙面面对街道，每个立面之间或高度相同，或相差1～2层，建筑立面中心对称。

3. 德国村风格规划控制

路网模式较为规整，地块大多为长方形，建筑体量以围合居多，密度较小；怡人的步行尺度生活区域处于500步步行范围内；主要街道宽15～30m；绿地分散在街区内部，绿地面积占城市空间的20%～30%，人均100m²。形态与材料特点如下。

（1）建筑材料以红砖、红瓦为主，少有粉刷、装饰、贴面。较豪华的建筑外墙一般用麻石砌筑。

（2）屋顶坡度在50°以上，窗户开得较低，屋顶空间用作一层楼，有的还建两层。屋顶样式丰富。

（3）窗形简洁，尺度不大。

4. 奥地利村风格规划控制

路网模式较为自由；建筑沿路网走向布置；建筑体量以围合居多，密度较大；以整片区域划分为绿地。形态与材料特点如下。

（1）墙体由石块砌成，无过多的装饰细部，比较简洁；颜色以白、黄两色为主，辅以橙、红、蓝三色；部分墙面大量运用装饰、色彩和雕塑。

（2）屋顶形式多样，有四坡顶、复折顶、侧山墙屋顶，且材质处理多样化。

（3）窗形简洁，窗台多花台装饰，阳台栏杆为木质。

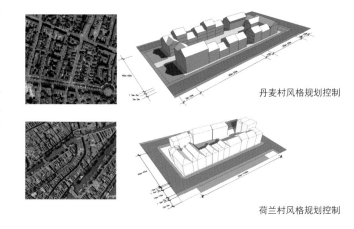

丹麦村风格规划控制

荷兰村风格规划控制

德国村规划控制分析

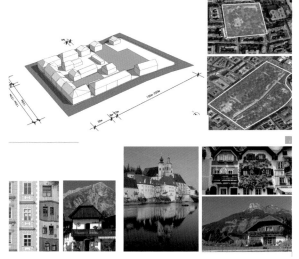

奥地利村规划控制分析

5. 威尼斯村风格规划控制

（1）城市肌理。建筑沿河道走势方向布置；城市路网受河道走势影响，呈不规则折线状。相邻街区间通过水系联系，间距控制在7～10m，呈现建筑高密度的布局状态。

（2）公共空间。建筑沿道路及地块边缘线布置，连续的建筑立面围合出城市公共空间，地块内部预留出较大的公共空间。

6. 瑞士村风格规划控制

（1）沿穿越城市的河流布局建筑；整体城市路网为顺延河流或垂直河流。

（2）建筑沿道路及地块边缘线布置，连续的建筑立面围合出城市公共空间；地块内部预留出较大的公共空间。

（3）城市主要干道宽度控制在20～30m，相邻街区间距控制在7～10m，呈现建筑高密度的布局状态。

7. 希腊村风格规划控制

（1）建筑沿道路及地块边缘线布置；街区内成面布置绿化，地块内部预留出较大的公共空间。

（2）景观层次控制。景观分为面状绿化、线性绿化、点状绿化三个层次。

（3）公共广场控制。一方面沿河布置步行街或广场，另一方面内部由建筑围合出广场。

（4）沿街绿化控制。多数道路旁不设置沿街绿化，只设置点状盆栽绿化。

8. 爱尔兰村风格规划控制

（1）街道平面布置。建筑临街道布置，只有干道设置人行道，建筑底部设商业，街道尺度以6～8m为主，人车混行。

（2）城市水系。河道穿城而过，沿河两岸设城市干道。

（3）城市滨水区及其驳岸。沿河岸设置游船码头，并布置城市主要景观带。

（4）城市绿地。城市绿地形式可分为被城市道路分割出的整块绿地公园、沿城市道路两侧布置的绿化带、街区中被前后两排住宅围合的宅间绿化。

9. 巴黎村风格规划控制

（1）城市主干道两侧建筑为4～5层，街巷两侧建筑直接临街布置，道路宽度控制在7～10m。

（2）沿街布置的建筑立面形式都较为规整，使用不同的色彩及材料，不同面宽的建筑连续紧密布置，并形成高低不一的丰富天际线。

（3）行政建筑及宗教建筑等公共建筑一般采用三段式立面布置，即分成基座、屋身及屋顶等。

（4）一般建筑的色彩以奶酪色系为主，以黄色、白色、橙色等为主要立面色彩，屋顶一般使用灰色瓦片。

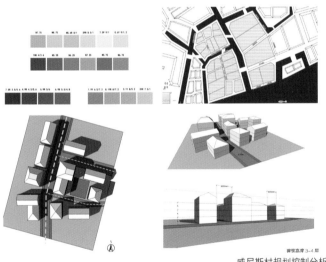

威尼斯村规划控制分析

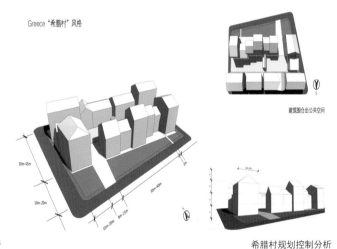

Greece "希腊村" 风格

希腊村规划控制分析

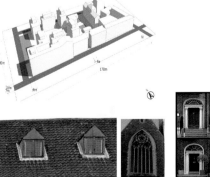

瑞士村规划控制分析

爱尔兰村规划控制分析

五、打造欧陆风情港城新风貌

以欧洲知名城镇样式为外观，以低碳智能社区为内核，沿向海大道打造特色建筑群，立足居住功能，丰富景观层次，形成"欧陆风情轴"，将大辽河变成盘锦的莱茵河。依托金帛湾水城靠港、临海、河流纵横、拥有内湖优势，立足高端服务、商业娱乐、生态居住功能，提升景观品位。

1. 高度控制

应规划和控制通往水体的绿化、视线和空间通廊，保持水体沿岸的开放性、公共性和可达性，使尽可能多的城市区域和水体间保持良好的景观通透性。单体建筑与相邻建筑及建筑群，不应设计成同一高度，应形成高度错落的天际线。

2. 色彩控制

建筑色彩控制需遵循"整体协调、局部统一、突出特色、展现风貌"的原则。依据现有的建筑色彩特色，整体色彩控制按照三类进行引导：灰色主导、暖黄色主导、砖红色主导。

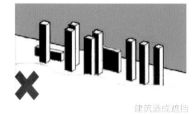

建筑造成遮挡

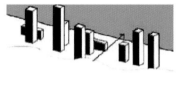

建筑形成轮廓

均匀布置

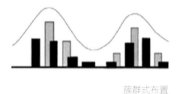

簇群式布置

高度控制指导意见

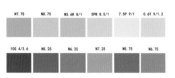

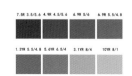

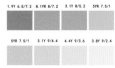

三类颜色引导意见

辽东湾新区旅游总体规划

项目负责人：胡一可 孔宇航 张赫

一、区域属性

盘锦辽东湾新区位于盘锦市最南端，规划面积306 km²。作为辽宁沿海经济带上最具活力的经济增长板块，辽东湾新区具备最佳的区位优势，毗邻"三港"（营口鲅鱼圈港、营口老港、盘锦港），临近"三站"（盘锦火车站、营口火车站、大石桥火车站），紧连"三路"（京深高速公路、沈大高速公路、盘海营高速公路）；半小时经济圈内，辐射营口市主城区、盘锦市大洼县5个乡镇等共计80余万人口，沈阳、大连均在2小时车程之内。项目位于辽河入海口，辽河和大海包围着辽东湾新区，滋润着生活在新区内的居民，感染着前来观赏的游客。

新城始建于2005年的辽滨经济区，这片土地上的建设正在如火如荼进行。空间、土地和水系布局基本完成，城市基础设施建设快速推进，文化、教育、医疗等公共服务不断完善，石化及精细化工、海洋工程装备制造等主导产业规模迅速扩大，服务、金融等产业蓄势待发。

二、规划解读

（1）发展定位：将盘锦发展成为我国著名的国际生态湿地旅游名城，北国水乡温泉旅游目的地，塑造"滨海湿地、北国水乡、温泉小镇、生态盘锦"的整体旅游形象。

（2）发展策略：加强区域合作，利用特色旅游资源，提供多元旅游产品；加强城镇建设与服务水平。

（3）发展布局：四带、四区、多点。辽东湾新区是东部主要的一级生态旅游景点。

（4）发展海陆交通，规划不同等级的旅游线路加之海上特色路线，保障游客的交通畅达。

（5）旅游服务设施：特色旅游服务小镇，结合景区的设施节点。

辽东湾新区严格承接上位旅游规划的多种规划要求，力争积极调动各方面的旅游规划资源，加强区域合作，打造特色旅游产品，利用海陆交通的便捷条件，将辽东湾新区打造成集滨海湿地、北国水乡、温泉小镇于一体的生态盘锦，更好地与服务中心协调发展。

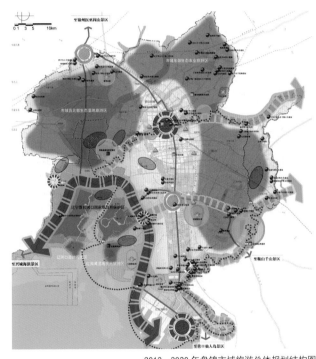

2012—2020年盘锦市域旅游总体规划结构图

1 大辽河 苇泽岛

北方冬季寒冷天气对旅游的限制

2 古渔雁文化

宣传力度有限，传播性不足

3 荣兴水库

景区离城市较远，可达性不强

4 二界沟渔村

红海滩景观时间短暂

存在的主要问题

规划结构

（1）三带：大辽河内河景观带、滨海景观带、轴心绿化带。

（2）三核：欧式风情核心区、历史人文核心区、生态绿核核心区。

（3）四区：人文历史文化区、生态绿化体验区、工业创意体验区、欧洲风情体验区。

（4）十二组团（如图所示）

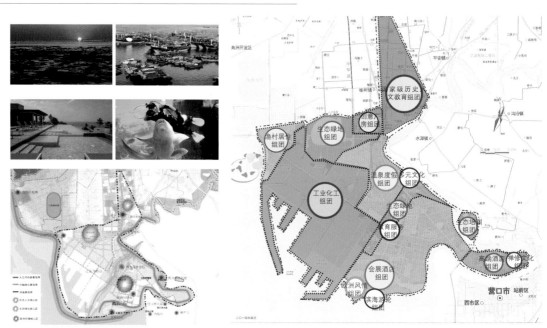

三带三核规划布局　　　　　　　　　　　　十二组团规划总图

三、辽东湾新区分区旅游发展引导

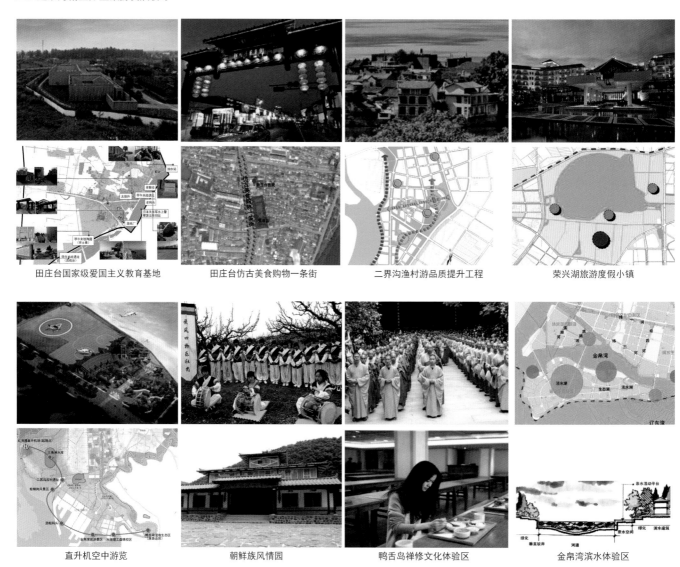

田庄台国家级爱国主义教育基地　　田庄台仿古美食购物一条街　　二界沟渔村游品质提升工程　　荣兴湖旅游度假小镇

直升机空中游览　　　　　　朝鲜族风情园　　　　　　鸭舌岛禅修文化体验区　　　　金帛湾滨水体验区

旅游路线规划

The European Core Area
欧洲风情核心区

购物中心
Shopping center

水上休闲
Water recreation

水上竞技
Water sports

Zen Culture Experience Area
禅修文化体验区

礼佛课程
Buddhist courses

佛教活动
Buddhist activity

禅修酒店
Buddhist hotel

Korean Autonomous Town
朝鲜族自治镇

风情民居
Traditional house

风情餐厅
Traditional restaurant

农垦文化
Farming culture

民族风情体验馆
Folk customs museum

传统活动
Traditional activities

The Ecological Wetland Town
生态旅游小镇

生态餐厅 Ecological restaurant
生态饮食 Green food
湿地风光 Wetland landscape
湿地休憩 Wetlands rest
体验馆 Experience pavilion

高尔夫 golf
湿地休憩 Wetlands rest

Coastal Cruise Experience Area
滨海多元体验区

狂欢节 carnival
篝火晚会 Bonfire party
购物海珠 shopping

岩上攀岩 rock climbing
水上极板 poppjled
水上滑翔 paragliders

攀岩 rock amato
帆船 turfing
滑板 skaceboard

Multicultural Experience Area
多元文化体验区

大米餐厅
Rice restaurant
制作工艺
Production process
农耕体验
Farming experience
民宿体验
Residential experience
稻田观光
Rice paddies for sightseeing
开心酒吧 bars
开心疗养 spa
开心餐厅 restrant

天然温泉
Natural hot spring
室外观光
Outdoor sightsee
养生会镇
health hall
室内运动
Indoor sports
温泉疗养 spa
瑜伽 yoga
普拉提 pilates

Creative Industrial Area
工业创意产业园区

创意角 Creative Angle
展示廊 Show porch
主题馆 themes
互动装置
The interactive device
主题餐厅
Themed restaurant
工业展示
Industrial display
主题酒吧
Theme bars

Silicon Valley
生态硅谷区

科技展览馆
Sciencend technology museum

科技城
Science and technology city

Education And Training Center
教育培训体验中心

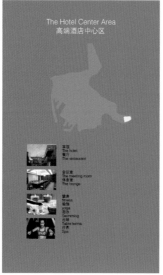

The Hotel Center Area
高端酒店中心区

酒店
The hotel
餐厅
The restaurant

会议室
The meeting room
休息室
The lounge

游泳
Swimming
瑜伽
yoga
乒乓
Table tennis
疗养
Spa

Er Jiegou Tourism Resort Town
二界沟特色渔村

滨水运动 Waterfront movement
急行商业街 Shopping mall
商业综合体 Business combination
国家展零港口 C1 the state port
海鲜餐厅 Seafood restaurant
饮食一条街 The food street
高档餐厅 Service restaurant
海第型 The local flavor
支脱节 Traditional festivals
河蟹节 Traditional festivals
簋火晚会 Bonfire party

Tian Zhuang Tai Characteristic Village
田庄台国家级历史人文小镇

茶兴寺庙
Chong Xing temple
影视基地
Movie and television base
回族美食
Traditional food
龙舞表演
Traditional performance
特色商业街
Shopping mall
宗教圣地
the holy land of religion
甲午中日战争遗址
The ruins of the sino-japanese war

四、旅游服务功能及旅游服务发展建议

1. 旅游服务功能

1）旅游住宿

以发展品牌星级酒店、度假酒店、经济型酒店、特色住宿设施为主。城区引进国际知名品牌星级酒店，推动本地品牌星级酒店集团化、连锁化经营；区县积极支持标准化的会议型酒店、中档商务酒店、经济型连锁酒店发展，进一步提高服务水平；结合旅游景区、旅游集散中心建设，布局温泉酒店、度假酒店、汽车营地、青年旅馆及特色主题旅馆；结合乡村旅游、海洋渔港建设，布局乡村旅馆、渔家旅馆、生态庄园、特色民宿及乡村度假酒店。

2）旅游餐饮

以"提档次、添类型、创特色"为目标，规范餐饮行业服务，发展特色餐饮，完善景区餐饮配套。弘扬传统的食品制作工艺，开发如"辽河名吃"等具有盘锦特色的美食系列；举办地方美食节，开发如盘锦河蟹、文蛤、朝鲜族泡菜等系列特色餐饮品牌；加快特色小吃街、美食城的规划建设，引导旅游餐饮企业挖掘特色菜品、风味小吃，打造特色美食集聚区。

3）旅行社

积极引导旅行社延伸产业链，提供邮轮、会展、度假等多元化旅游代理服务，培育大型旅游企业和集团；推动旅行社建立健全标准体系，提升管理水平和服务质量，完善网络营销服务体系，提升地接与组团能力和水平；加强与重点城市旅行社的对接，与主要的"在线旅行商"的合作，加强地接奖励措施，争取和吸引旅游客源。

4）旅行购物

引导旅游购物市场与场所的建设，加快盘锦市旅游商品开发进程。重点扶持以盘锦河蟹、文蛤、有机大米等为主的盘锦系列旅游商品，以高凝油工艺品、芦苇工艺品等为主的旅游纪念品。

5）文化娱乐

充分利用河蟹博物馆、辽东湾新区展馆等文化设施，开发文体娱乐类节目和节庆；依托城市广场、湖泊水系，建设城市文化娱乐综合体，引导城市文化娱乐活动；鼓励社会投资建设各类中高档文化娱乐设施，丰富文化娱乐形式，增添夜间文化娱乐活动；鼓励城市水上旅游线路与城市文化娱乐活动相结合，增加夜间特色文艺表演。

2. 旅游服务发展建议

1）加强行业监管，提升旅行社服务质量

加强旅行社间的业务联系，抓好旅行社内部质量建设，扩大旅行社的规模。加强旅行社与旅游景区之间的联系，共同促进盘锦市整体旅游业的发展。促进区内客源市场的流动，加强区域间资源的共享。不断地提高旅行社的服务水平，增强地方综合旅游实力。要加快旅行社诚信体系建设。

2）提高承载能力，规范旅游交通秩序

开发旅游区（点）之间的联系，加强旅游交通的承载力，加强旅游车队的安全监督。

3）发展特色餐饮，鼓励农户参与

旅游餐饮设施要布局合理，规模适中，突出特色。加大农家餐饮产品开发的力度，加强餐饮业管理。要深度挖掘以河蟹为代表的湿地水产资源，形成一系列的水产饮食文化。

4）完善接待设施，合理配置产品结构

重点调整旅游住宿设施类型结构与空间分布。旅游住宿设施档次合理配置，满足不同旅游动机的旅游者的需求。住宿设施的数量要适度超前于各规划期旅游市场的需求。

5）丰富娱乐项目，丰富文化生活选择

打造湿地旅游娱乐品牌，突出"生态、绿色、健康"的理念与市场感应形象。挖掘旅游娱乐业相关文化资源，推出系列旅游娱乐产品。

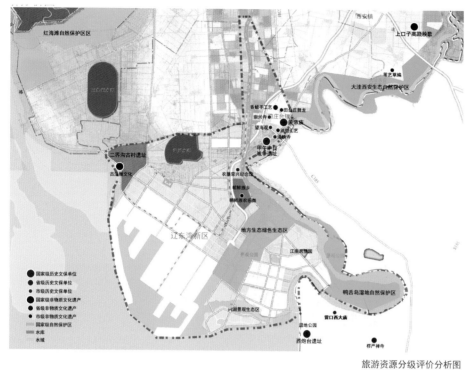

图例：
- 国家级历史文保单位
- 省级历史文保单位
- 市级历史文保单位
- 国家级非物质文化遗产
- 省级非物质文化遗产
- 市级非物质文化遗产
- 国家级自然保护区
- 水库
- 水域

旅游资源分级评价分析图

五、旅游环境与资源保护规划

1. 环境卫生处理与保护措施

（1）合理规划布局，保护生态景观。

（2）积极预防，培育良好的环境。

（3）加强绿化，培育良好的生态环境。

（4）节能降耗，实施景区清洁生产。

（5）加强环保教育，强化环境管理

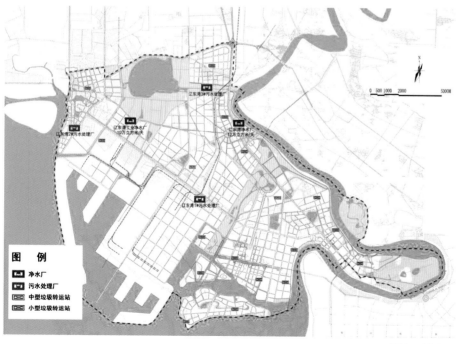

图 例
- 净水厂
- 污水处理厂
- 中型垃圾转运站
- 小型垃圾转运站

2. 旅游规划实施保障措施

（1）高度重视、加强领导。

（2）整合资金、加大扶持。

（3）注重人力资源开发。

（4）打造"魅力辽东湾"品牌。

（5）健全旅游安全监察机制。

（6）加强对旅游资源与环境的保护。

环境卫生规划图

武夷山北城新区策划及城市设计

项目负责人：孔宇航 陈天 胡一可

　　为了协调基地与周边城市的关系，实现整个区域的持续健康发展，本次规划在给定设计范围的基础上进行扩充，将规划设计范围内的形态与环境设计理念向外拓展，以实现与城市的有机对接。研究范围内的环境设计也可作为今后规划设计或城市建设的参考。

　　项目北面以自然山体为界，南面以西溪为界，东面以东溪为界，西面以自然山体为界，总用地面积约为 1.8 km²，是城市设计重点区域。基地周边生态优势明显，基地南侧有崇阳溪，西侧和北侧均为自然山体。主要体现在以下方面。

（1）生态廊道，基地内的水体湿地由崇阳溪、河口沼泽、两岸滩地及梯田构成。

（2）生态基质，包括沿岸低地农田、丘陵岗地农田、村落、林地复合区等。

（3）自然斑块，丘陵及自然山体绿地。基地内的低山丘陵岗地、低地平原、水体呈点状散布在基地内部，村落镶嵌散置其中，整个自然山水生态格局完整而协调，反映了武夷山的典型地域特征。

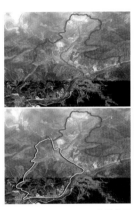

基地范围　　　　　　　　　　　　　用地概况

实体模型照片

171

实体模型照片之二

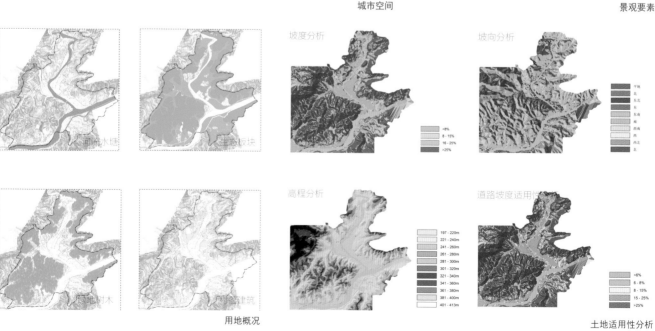

城市空间

景观要素

坡度分析

坡向分析

高程分析

道路坡度适用性

用地概况

土地适用性分析

现状问题研判

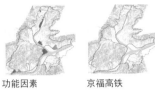

功能因素　　　　　京福高铁

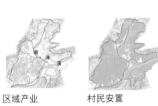

区域产业　　　　　村民安置

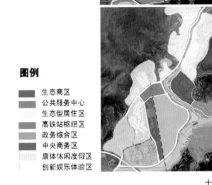

图例

- 生态商区
- 公共服务中心
- 生态型居住区
- 高铁站枢纽区
- 政务综合区
- 中央商务区
- 康体休闲度假区
- 创新娱乐体验区

土地用地规划

规划总平面图

站前新区平面

站前新区效果图

生态商区平面

生态商区效果图

图例

居住用地
商业用地
行政办公用地
道路广场用地
水域
防护绿地
公共绿地
滨水绿地

土地利用系统

政务综合区效果图

旅游小镇平面

旅游小镇效果图

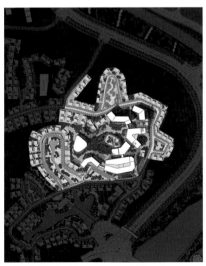

政务综合区平面

政务综合区效果图

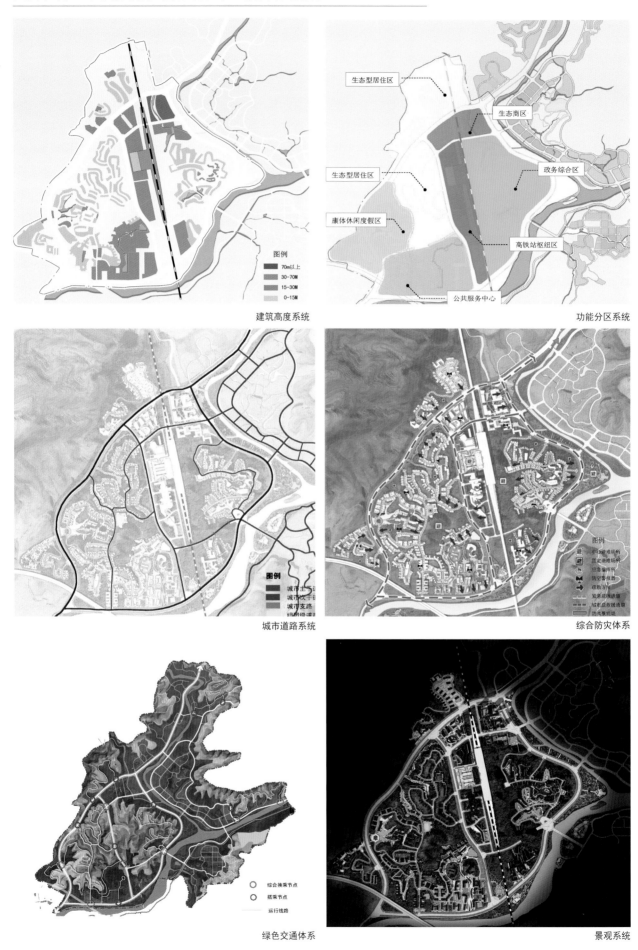

建筑高度系统

功能分区系统

城市道路系统

综合防灾体系

绿色交通体系

景观系统

河南新乡县市民活动广场景观设计

项目地点：河南省新乡县
设计时间：2013年
项目设计人：王焱 曹磊 高哲 张梦蕾 沈悦 代喆

　　河南省新乡县新建行政中心位于县城西南部，规划总占地面积36hm²。场地内规划有新建政府办公楼、商业办公楼及大型的市民活动广场，功能定位为新乡县新的城市集会、休闲空间。景观设计坚持绿色生态理念、文化共生理念、城市经验理念以及互动发展理念。在建设中突出绿色园林城市目标，建构城市与自然的和谐统一；突出人文城市目标，以历史文脉为源点创造舒适宜人的现代城市空间；重视现代城市空间形态的创造，通过绿化、广场、水系等开放空间的有机组织，形成集秩序、层次、自然于一体的中心区整体景观空间；重视城市生态景观环境的创造，形成生态系统完善、环境优美、鸟语花香、四季常青的花园型中心区生态系统。设计延续上层规划中"天圆地方""负阴抱阳""前庭后院"的设计构思，总体布局上以一条中轴线连贯三个广场，分别以五行、玉璧、镜湖赋予景观内涵。广场南部两侧园林绿化内以新乡县历史悠久的"新乡八景"为题材，设计现代景观下沉庭院。广场东、西入口处塑造新乡古老的仓颉文化教育园，五行广场、玉璧广场、镜湖广场、仓颉庭院和八景庭园共同打造融历史传承与地区文脉为一身、喻教于景的新时代市民活动广场景观。

鸟瞰效果图

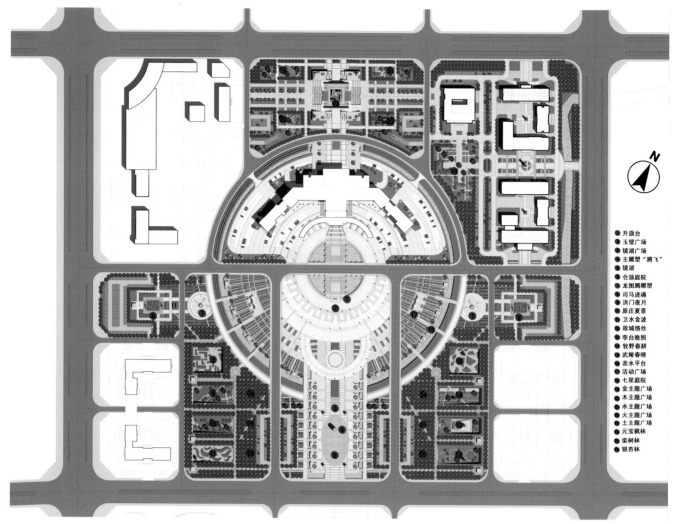

景观总平面图

- ● 升旗台
- ● 玉璧广场
- ● 镜湖广场
- ● 主雕塑"腾飞"
- ● 镜湖
- ● 仓颉庭院
- ● 龙图腾雕塑
- ● 司马送魂
- ● 洪门夜月
- ● 原庄夏景
- ● 卫水金波
- ● 故城络丝
- ● 李台晚照
- ● 牧野春耕
- ● 武陵春晓
- ● 亲水平台
- ● 活动广场
- ● 七星庭院
- ● 金主题广场
- ● 木主题广场
- ● 水主题广场
- ● 火主题广场
- ● 土主题广场
- ● 元宝枫林
- ● 栾树林
- ● 银杏林

一、方案设计指导思想

总体布局做到设计新颖、布局合理、环境优美、功能齐全、充分满足不同人群的需要，创造出具有长期发展潜力的广场空间。

1. 设计指导思想

（1）功能优先，做到共享化、人性化、可识别性和生态性在强调景观系统化、整体化的同时，突出广场及景观节点的特色，形成良好的景观效果。

（2）广场位于行政办公建筑群前，同时为市民提供休闲文化活动的场所，设计布局首先考虑规划的整体性环境以及与周边建筑群的相互协调。

（3）设计立足于本土文化的继承与创新，以新乡的自然环境特征和历史的人文特色为依据，尊重历史、借鉴古今文化，让人文和广场环境设计结合起来，体现地方特色。

（4）广场设计注重以人为本的指导思想，重点考虑公共空间和城市肌理，巧妙的竖向设计基础设施、交通，实现广场"可达性"和市民活动区域的"可留性"，强化广场作为公众中心"场所"的精神。

（5）广场设计兼顾经济效益、社会效益和环境效益，创造出长期发展潜力的广场空间。

2. 设计目标

"以人为本"创造舒适宜人、庄重大气的环境，体现人文生态，"人"是景观的使用者，因此首先考虑使用者的要求、做好总体布局，提高环境质量等功能要求。

夜景鸟瞰效果图

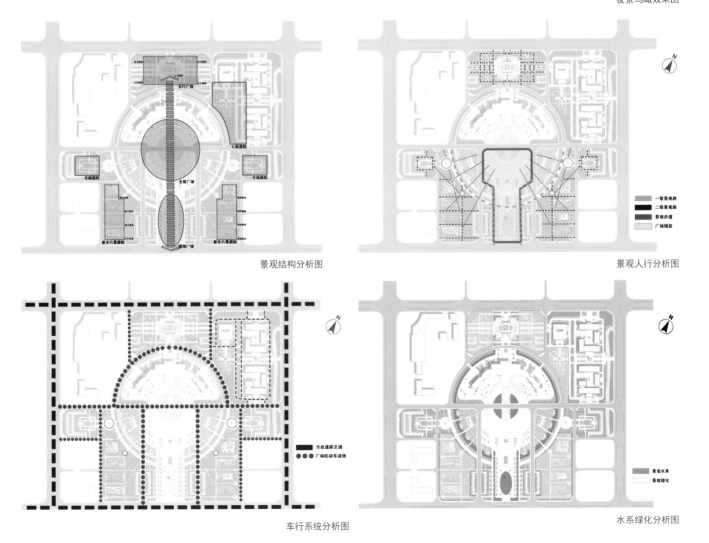

景观结构分析图

景观人行分析图

车行系统分析图

水系绿化分析图

二、总体布局——"一轴""三广场"

以场地中心纵向的"时间轴"贯穿三广场，分别为市政中心北部的五行广场、市政中心南部的市政广场（玉璧广场）及最南部的市民活动广场（镜湖广场）。

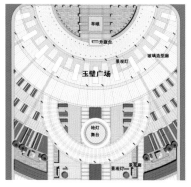
"一轴"玉璧广场

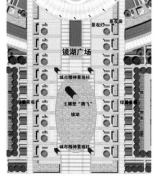
"一轴"镜湖广场

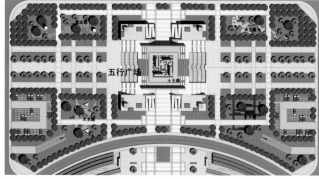
"一轴"五行广场

市政广场——玉璧广场

市政广场以玉璧为主题，又称玉璧广场。玉在古代士大夫阶层中代表了清正廉洁、无私奉献的玉之精神。孔子云"昔者君子比德与玉焉"。玉璧广场以周围圆形水系雕塑出玉璧之形，以玉璧中心之圆形水系雕琢出玉璧佩戴之孔。通过规划道路划分为北向建筑门前铺装区域、南向市政广场区域、东侧及西侧市民活动区域四个部分。四个部分的平面景观设计皆以圆形放射线为主要基地，以水系、景观灯、绿篱、铺装、亲水平台、亭廊为景观元素，共同构建中心式景观。玉璧广场在时间轴上代表"发展"及"现在"。

市民广场——镜湖广场

玉璧广场南侧为小型舞台，用来满足宣传演绎等文化活动需要，小型舞台以南为市民广场，又称镜湖广场。镜湖广场以广场南侧镜湖为中心，镜湖之题取自"以史为镜，可以知兴替"。

镜湖为以椭圆形缓坡下沉湖面，其中外圈湖面丰水期水底最低处水深为20cm，内有音乐喷泉，为戏水广场。镜湖水面起"聚气"功能，隐喻"水"之理念。镜湖四面被新乡城市精神"厚善、崇文、敬业、图强"为主题的四个雕塑灯柱环绕，中心北侧矗立高24m的希望主题雕塑。雕塑群诠释了市民广场象征未来的意向，使得广场的内在品格得到凝聚、激发和突显，镜湖周围区域为市民活动场地。镜湖广场在时间轴上代表"兴旺"及"未来"。

玉璧广场效果图

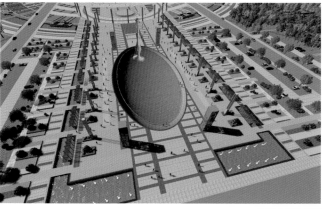
镜湖广场效果图

五行广场

　　五行广场以中国传统文化的五行为主题：广场布局以方形做基地，按五行方位分别布置南火、西金、北水、东木及中土。其中中土为小型抬升广场，位于主建筑中轴线上，抬升广场起"藏风"功能，隐喻"山"的理念。抬升广场以九宫格布局，中心一格为展示"土"的正方形广场，东西南北四个方向分别抬阶而下，其中东西两个方向为平面地雕展示新乡历史时代变迁的退台广场，南北两个方向则为展示新乡历史的雕塑墙。南火、西金、北水、东木则分别为四个小庭院，庭院以火尖锐之形、金方正之形、水流转之形、木直高之形为主题基本元素进行设计。五行相生相辅，为万物之始。因此五行广场在时间轴上代表"起始"及"过去"。

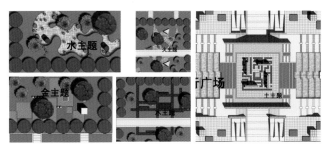

五行广场主题园

金主题园

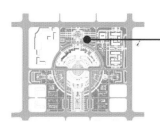

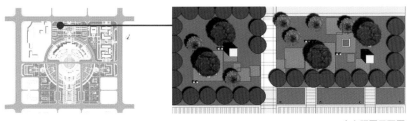

金主题园平面图

金主题园效果图

木主题园

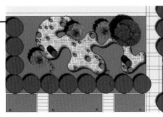

木主题园平面图

木主题园效果图

水主题园

水主题园平面图

水主题园效果图

火主题园

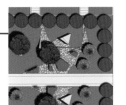

火主题园平面图

火主题园效果图

土主题园

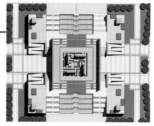

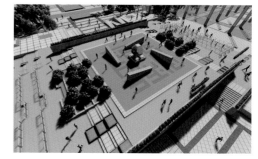

土主题园平面图

土主题园效果图

三、主题庭院

主题庭院包括广场东西两侧的仓颉庭院，南侧园林绿化内的新乡八景下沉庭院以及办公区域的七星庭院。

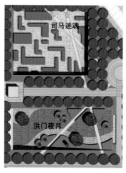

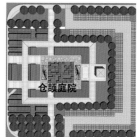

"五庭院"平面示意

1. 仓颉庭院

新乡县是仓颉文化的发源地。仓颉也称苍颉，原姓侯冈，名颉，号史黄氏，传说为黄帝的史官、汉字的创造者，被后人尊为中华文字始祖。仓颉的另一大贡献在于创造了龙图腾，龙图腾是民族大融合、大团结的象征，标志着炎黄部落的诞生——中华民族的诞生，揭开了中华民族历史的新纪元。龙图腾是凝结中华民族的旗帜和纽带。由龙图腾所产生的龙文化，成为中华民族的精神支柱、象征和灵魂。

仓颉庭院为整个市政中心广场的东西入口门户。庭院同样以方形为设计基底，以绿篱做造字"印章"，辅以龙形图腾地雕，尽端与玉璧广场交接处矗立球状龙形雕塑。龙形雕塑既界定玉璧广场及仓颉庭院，又能同时作为玉璧广场及仓颉庭院的景观背景。

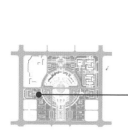

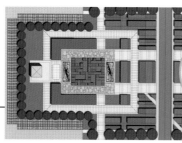

仓颉庭院平面图

仓颉庭院效果图

2. 七星庭院

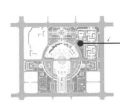

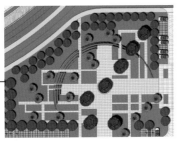

七星庭院平面图

七星庭院效果图

3. 八景庭院

　　"新乡八景"指的是明朝正德年间的新乡"八大景"。明初，河南乡贤沧溟先生（梁海，字德源，别号沧溟）的故乡鄘南（今新乡县）风光旖旎，时人归为八景，他曾以此为题作"八景诗"。后记载在《新乡县志》上，新乡八景分别为五陵春晓、牧野春耕、李台晚照、故城洛丝、司马迷魂、洪门夜月、原庄夏景、卫水金波。八景庭院以此为依据，在广场两侧分别建造四个下沉广场，力图拨开历史迷雾，归纳八景美学精髓，以现代的景观语言进行演绎。

五陵春晓

　　据《新乡县志》载："五陵岗在县北三十里，其阜有五，这里林石郁翠与汲邑（今卫辉市）山彪相连，曙光辉耀，势凌碧落，可以远眺适情。"

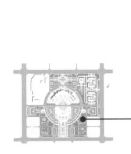

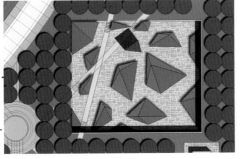

五陵春晓平面图

五陵春晓效果图

牧野春耕

　　牧野指市区东郊西牧村。据《新乡县志》载："牧野在县东北八里，即古牧野，武王伐纣陈师之地，太公庙尚存。"

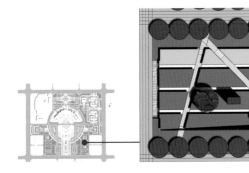

牧野春耕平面图

牧野春耕效果图

李台晚照

李台在县城西南三十里，相传为元代管民总管孙公懋避兵时建此台，巍巍屹立，势若冲霄，每遇夕阳，光明愈盛，后代人称"晚照寨"，现在仍有石碣存放。今位于新乡市西南，现属新乡县大召营乡。据《新乡县志》记载："夕阳掩映，光影逼人。"

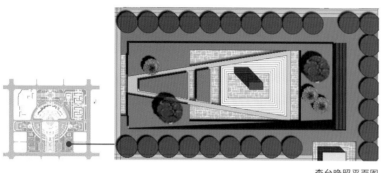

李台晚照平面图　　　　　　　　　李台晚照效果图

故城络丝

故城在老县城西十二里，汉代原为获嘉县城，大隋开皇六年（公元586年）新乡县建立，获嘉县西迁，旧城仍有遗迹。故城村冯石城济渎庙旁有一潭，相传古人以络丝探之方及底，故曰络丝潭。据《新乡县志》载："故城络丝在县西南十里故城村。冯石城，济窦庙旁。龙穴深邃，古称以络丝探之，方及底，今淤没。"

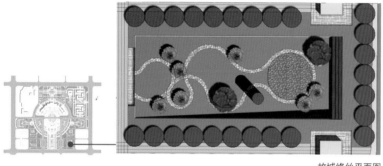

故城络丝平面图　　　　　　　　　故城络丝效果图

司马迷魂

司马村现属于开发区关堤镇。离老县城南二十里，古有天宁寺，如其门方向不辨，如失魂魄。传说肖银宗在此地摆过迷魂阵。据《新乡县志》载："司马神移，畛域纵横，长堤斜映，至其地，往往方隅莫辩。"另载："新乡旧有司马村，村有大迷魂寺（也叫天宁寺）。金承安年间建，顺治重修。"

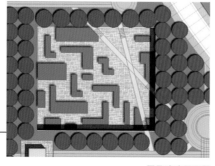

司马迷魂平面图　　　　　　　　　司马迷魂效果图

洪门夜月

洪门，旧作鸿门。据《新乡县志》载："鸿门夜月，四望白沙，夜色如昼，可助野趣，亦动怆怀。"鸿门现为新乡市洪门镇。

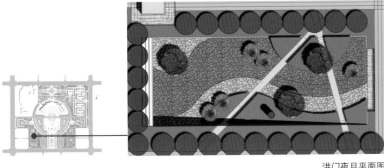

洪门夜月平面图

洪门夜月效果图

原庄夏景

据《新乡县志》记载："原庄夏景，绿树荫浓，鸟声上下，坐卧其间，可以消暑。"原庄在县城西北十五里，土地肥沃，甲于他境，每遇盛夏桑麻掩映，奇花好鸟，不能尽识。

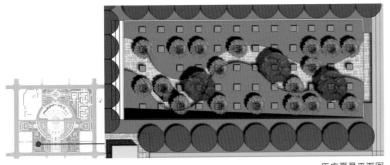

原庄夏景平面图

原庄夏景效果图

卫水金波

卫水位于辉县苏门山下，经新乡东流入汲。据《新乡县志》载："水光澄澈，凡百步许，每遇微风拂之，浪纹如织。"又："卫河之源发辉县苏门山，至合河镇入界，合小丹河东流绕县北城下，折而东入卫辉府，今为运道，一名御河。"

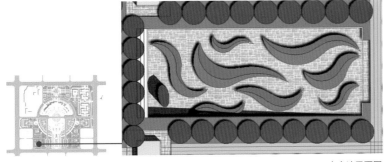

卫水金波平面图

卫水金波效果图

黄骅市天健湖文体公园景观规划设计

项目地点：河北省黄骅市
设计时间：2013 年
项目设计人：王焱 曹磊 石磊

黄骅市天健湖文体公园北起渤海路，南至中心路，西至经二路，东至昌华大街，规划总占地面积 22.86 万 m²。功能定位是为能够为 30 万～40 万人服务，集体育赛事、全民健身、休闲娱乐和体育产业开发、群众文化生活为一体的文化体育公园。项目主要包括"一园、一场、一馆"工程。"一园"即公园主体，由天健湖、全景码头、丛林鸟语、欢歌花谷、轮滑场地等景观组成，其中湖系占地约 118 亩。"一场"即体育场，规划建筑面积 8 000 m²，容纳 10 000 个座位，达到体育赛事等级丙级标准，场内规划建设标准足球场、400 m 赛道及田径比赛场地等。"一馆"即游泳馆，游泳馆规划建筑面积 3 600 m²，容纳 500 个座位，达到体育赛事等级丙级标准，馆内规划的主要设施包括标准 50 m 八赛道的比赛池一个和儿童戏水池一个。

体育场与游泳馆建筑设计紧扣"渤海欢歌"的主题，用流线建筑造型营造体育公园活泼、健康、积极向上的空间氛围。景观设计延续这一主题，在三个片区设计中分别采用"直到尽头自然曲""曲到妙处即成园""时时遇诗境、处处皆物华"为设计原点，以流畅曲线组织园区景点，共同营造后工业时代的有机大地艺术形态。

局部鸟瞰效果图

整体鸟瞰效果图

一、设计理念

整个项目的设计理念如下。

（1）创建"与大地共舞——后工业时代有机大地艺术形态"。

（2）直到尽头自然曲，曲到妙处即成圆。

（3）生命在于运动。天健湖文体公园景观设计紧扣"渤海欢歌"设计主题，以"动"为景观设计出发点，以表现生命体韵律与特征的螺纹曲线组织整体景观规划。以有机的曲线、曲面和圆形、环形作为景观 DNA，突出表现广场空间、公园空间的后工业时代特征，强调整体性、流线型与有机形态，体现大地肌理美，打造一个独特、前卫、独具艺术性的地标景观。

二、设计原则

1. 以人为本的原则

景观规划充分考虑赛事举办与日常市民使用的两方面需求，组合机动车、非机动车行车路径，人车分流，动静分区。主要活动空间设计为开敞的流线型广场，既解决赛事期间的人流集散的功能问题，同时又满足了日常市民休闲娱乐的使用需要。

2. 艺术性原则

设计紧扣"渤海欢歌"主题，从扬帆起航、渤海浪花等意象出发，以有机的曲线、曲面组织设计，突出表现广场建筑空间、绿化生态空间的后工业时代的造型特点，强调系统动态、整体性、流线与有机形态，使之成为未来黄骅现代化城市的一个富有艺术性的地标景观。

3. 生态可持续发展的原则

设计充分考虑到可持续发展要求，节水节能，降低维护成本。铺装整体采用透水混凝土、透水广场砖，即收集雨水补充地下水，同时便于施工；水系设计结合生态湿地空间、生态驳岸空间，实现水体的自净化自循环功能；植物设计选择本土树种，实现草、花、灌木、乔木的复式生态植物群落，构筑可持续绿色景观。

4. 创新与发展的原则

独特的景观设计理念符合创新与发展的时代特点，同时也能带动区域经济的发展，成为展示城市面貌的重要场所。

三、设计目标

处处皆诗境，时时遇物华。

设计着力于把黄骅市天健湖文体公园打造成黄骅市的城市景观中心，成为未来黄骅现代化城市的一个富有艺术性的地标景观，同时让其成为展示黄骅市城市面貌的城市窗口以及市民主要的休闲娱乐场所。

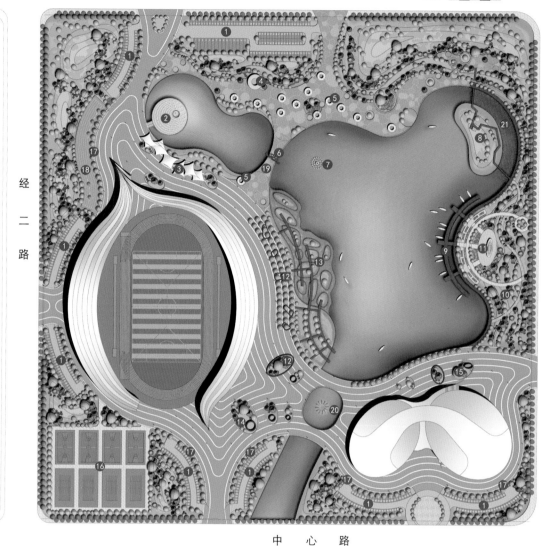

景观总平面图

1 停车场（451 个车位）

2 水上明珠——音乐喷泉岛

3 时光之韵——景观张拉膜

4 生态公共卫生间

5 律动之亭——现代园亭

6 跃——标志雕塑

7 水之起舞——水上喷泉

8 天健之洲——观景岛

9 天健之桥——游船码头

10 台地式绿化

11 游船服务处

12 休憩座椅

13 自然之洲——生态湿地

14 旋——广场雕塑岛

15 广场绿化岛

16 体育运动场

17 自行车存放处（860 车位）

18 轮滑场地

19 景观桥

20 欢歌——中心水池雕塑瀑布

21 水净化湿地

景观效果图之一

景观效果图之二

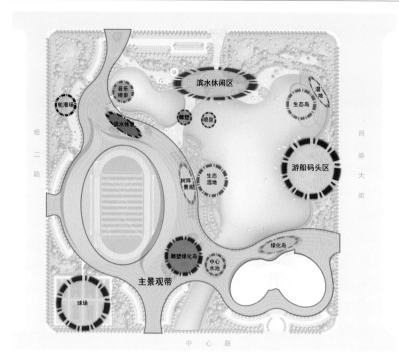

整体景观规划设计理念为"一带、两区、多节点"。

一带：流线型有机组织的自由广场为主景观带，连接体育馆与体育中心，贯穿整个公园场地。

两区：滨水休闲区与游船码头区为主要的休闲娱乐场所。

多节点：雕塑绿化岛、滨水休闲区、中心水池、树阵景观等多个景观节点穿插于自由广场之中；音乐喷泉、生态岛、生态湿地等多个景观节点游离于绿化水系之上，共同构建生态舒适的公园空间。

景观结构分析图

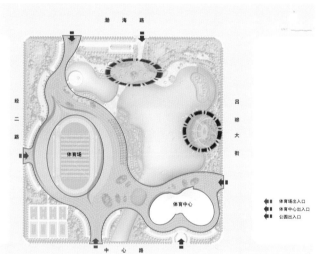

出入口分析图

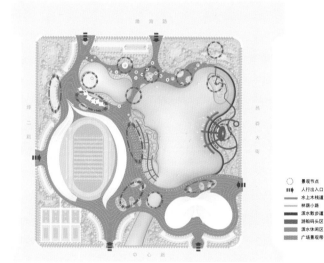

人行系统分析图

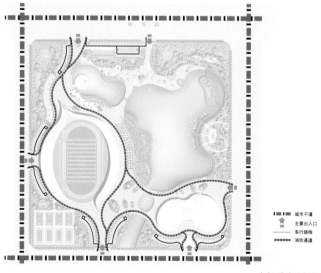

车行系统分析图

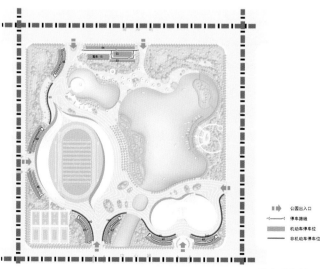

停车系统分析图

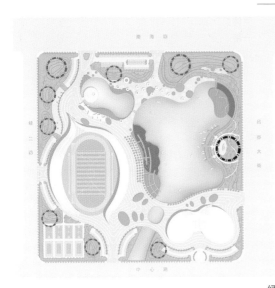

绿化系统分析图

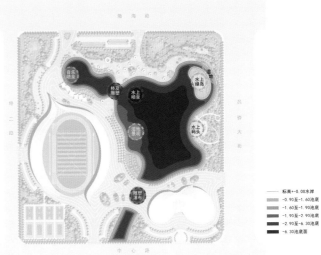

水景系统分析图

植物种植规划图

植物种植规划采用整体成生态系统，局部呈独立景观方式。规划中分别设置法桐树阵、银杏树阵、柳树堤、桃树堤、枣树林、梨树林等多项独立成景区域。公园整体沿活动区域密林复式种植方式，渤海路分别与经二路、昌骅大街交口处绿化则采用疏林草地方式。

天健之洲剖面图

自然之洲剖面图

自由广场平面图

直到尽头自然曲

　　自由广场以公园出入口、景观水系、建筑外形为参照物，由透水型深色混凝土铺面，辅以地面LED发光带，宽600mm浅色石材勾勒路径，树阵广场、绿化岛、雕塑岛、树池、休闲座椅点缀其上，共同构筑自由、流畅、洒脱、运动型的广场。

树阵休息透视图

雕塑绿化岛透视图

公园入口透视图

时光之韵透视图

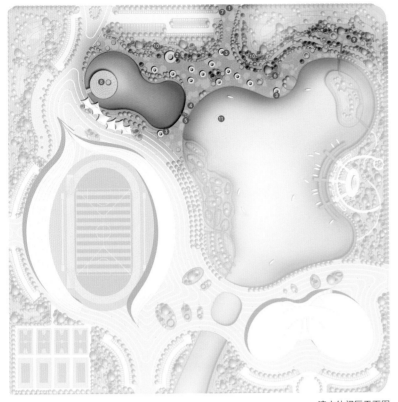

滨水休闲区平面图

曲到妙处即成圆

　　滨水休闲区以圆形为母题，以直径3、4.5、6、7.5、9、12、15ｍ等大小不同的圆形铺装组合成自由生长的区域铺装，环形生态公共卫生间、环形律动之亭、环形地面发光带、圆形绿化花坛点缀其上，构筑有机融于绿化之中的亲水休闲区域。公园入口直面水中大型喷泉，给人以视觉冲击力。

公园入口透视图

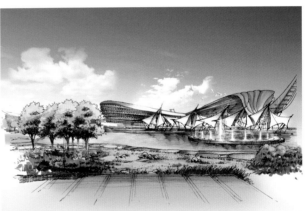

水上明珠透视图

跃——主雕塑透视图

天健之洲透视图

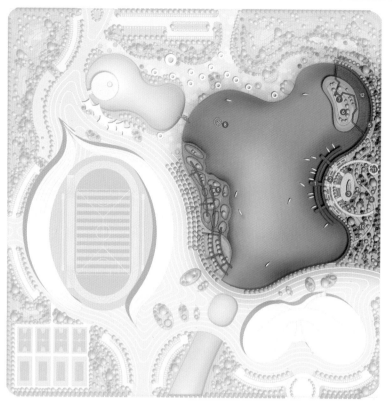

游船码头区平面图

处处皆诗境，时时遇物华

游船码头区以开阔水面、生态绿化岛、生态湿地、木栈桥、大型喷泉组织水系景观；以林中散步路径、花坛休息广场、码头服务区、滨水散步平台融于绿化系统之中，最终构筑处处皆景、步移景异的景观效果。

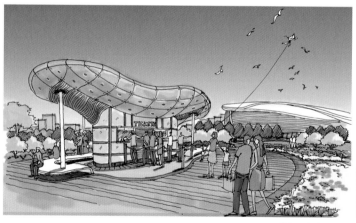

游船服务亭透视图

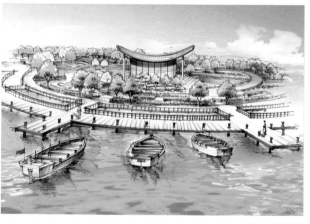

天健之桥透视图

花坛广场透视图

自然之洲透视图

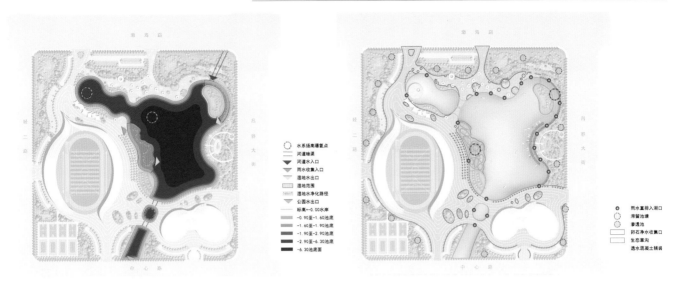

水系统规划图

雨洪管理规划图

公园竖向规划图

水收集流程图

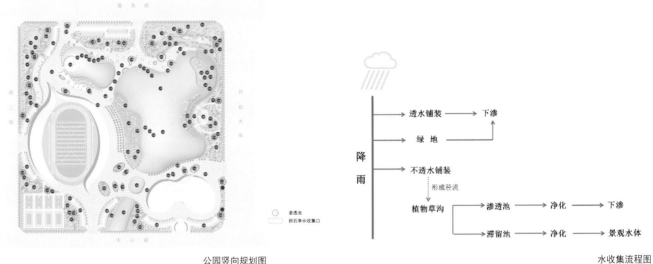

雨水湿地植物处理流程

用盛装土石的筐垒成的堤墙

进水管　前池　　地势较高的泽地植被　　地势较低的泽地植被　后处理池　流入中心湖

湿地处理流程图

唐山市丰南沿海工业区环境提升规划设计

项目地点：河北省唐山市
项目负责人：张明宇 赵迪

一、项目概述

　　唐山丰南沿海工业区地处环渤海、环京津双重经济圈腹地和唐津经济战略合作的核心区域，位于曹妃甸新区、天津滨海新区和唐山市中心城区金三角中心地带，区位优越，交通便捷。以"建设科学发展示范园区、打造现代化新型工业城"为发展总目标，重点发展钢铁精深加工、装备制造、新型材料、化工、高新技术产业和现代新兴服务业。唐山市丰南沿海工业区是唐山湾"四点一带"发展战略的重要组成部分，规划总面积 110 km²，目前起步区部分（6 km²）已基本建成，建筑及景观载体已形成较好面貌。

二、规划要素

　　(1) 规划控制中轴线：1 号路及其两侧为色彩规划、景观绿化及夜景照明设计控制中轴线。

　　(2) 规划控制扩展轴线：10 号路及其两侧、14 号路及其两侧为色彩规划、景观绿化及夜景照明设计控制中轴线控制扩展轴。

　　(3) 规划控制节点：1 号路与 10 号路、14 号路交口的景观节点；3 号路与 10 号路、14 号路交口的交通节点。其中，1 号路与 14 号路的景观节点为重点规划控制对象。

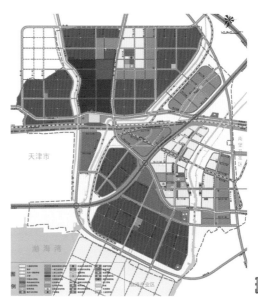

规划范围

丰南沿海工业区环境提升规划范围示意图

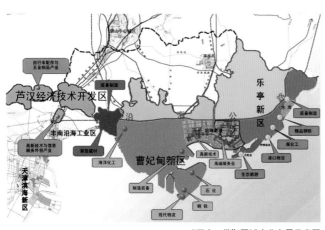

"四点一带"区域产业布局示意图

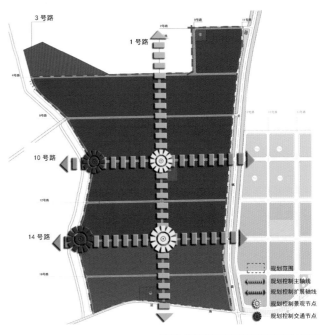

丰南沿海工业区环境提升规划要素示意图

三、规划原则

1. 整体和谐原则

丰南沿海工业区的景观提升设计应突出现代化工业特征，体现工业区的特色。

整体和谐原则主要体现在区内各要素之间相互协调，相互促进。应注重人工色与自然色或与城市自然环境色彩的协调，同时兼顾人工色之间和与城市建筑环境色彩之间的协调；注重自然景观和人工景观的协调；注重夜景灯光与工业区整体氛围的协调。

2. 反映地区文化

在全球化的趋势下许多城市出现了文化趋向的现象。不同地区、不同民族的景观审美偏好反映到城市色彩、城市景观、城市夜景中来也会形成独具特色的城市风貌，因此，在进行景观提升设计时还应遵循丰南沿海工业区各个产业对色彩、景观和夜景的偏好，以保持地区独有的意韵，达到弘扬时代文化的目的，以创造富于地方文化特色和现代化风格的现代化工业区形象。

3. 服从城市功能

景观提升设计要服从城市和地区的功能，使地区面貌能从建筑色彩、景观和夜景上有所反映。唐山地区的工业历史悠久，其历史、地理等因素形成特有的城市定位，在景观提升设计上应有所体现。

根据地区不同地块的功能特点给予有针对性的色彩、景观和夜景规划与设计。如办公建筑和厂房建筑应以稳重、现代为特征，住宅色彩则应温和宜人；绿化景观应与建筑色彩相搭配，提升工业区的活力；夜景则以突显工业区经济繁荣、产业蓬勃发展的面貌为原则，在功能照明的基础上，塑造其稳重大气的夜间形态。

四、总体构思

通过对丰南沿海工业区起步区进行景观提升规划设计，打造出整体和谐、自然美与机械美并重、工业特色与现代感交相辉映的现代化工业区形象。

（1）对规划范围内建筑色彩进行规划，改善建筑色彩杂乱，整体协调性较差的现状，形成以浅灰色系为主的主色调，营造"稳重、大气、

现代"的工业区色彩形象，同时为景观绿化提供一个统一的背景。

（2）通过景观设计改善园区环境和提升形象；着重构建工业精神，表现企业文化；具有一定的污染源，应注重生态防护性；满足一定的休闲功能——立足功能需求、生态原则、文化特征三位一体的整合。

（3）对规划范围内的重点建筑、重要节点、重要绿化景观进行夜景照明设计，以1号路、14号路为照明主体，以道路景观节点、重要建筑、绿化景观为依托，点、线、面、体相结合，形成以"生机、繁荣"为特色的夜间景观形象。

五、建筑色彩规划

1. 色彩控制等级定位

（1）一级控制区：1号路、14号路两侧建筑物及构筑物。该区域内建筑及构筑物色彩应严格按照色彩规划定位执行。

（2）二级控制区：规划范围内其他道路两侧建筑物及构筑物。该区域内建筑及构筑物色彩在按照色彩规划定位执行的基础上，可在明度控制上稍有变化。

（3）三级控制区：规划范围内其他建筑物及构筑物。该区域内建筑物及构筑物色彩在按照色彩规划定位执行的基础上，可在明度及彩度控制上稍有变化。

2. 主色调定位

丰南沿海工业区作为丰南区的一部分，其色彩规划应与丰南区整体色彩规划相协调。

丰南沿海工业区冬季持续时间较长，且平均温度较低。由于气温的高低不同将会导致人们在视觉上寻求与心理感受相平衡的色彩和质感因素，因此，选择视觉上感觉温暖的暖色系将会有助于缓解冬季给人们所带来的寒冷感受。

通过案例分析，工业区色彩基本以暖色调为主，大尺度厂房建筑作为工业区内绿化的背景，使绿化在灰色背景的衬托下更富有生气，展示现代化工业区充满活力的面貌。

考虑丰南沿海工业区现状建筑色彩体现的工业特色，再结合工业区的功能定位、用地布局分析，将丰南沿海工业区的主色调定位为中高明度、中彩度的灰、黄两色系。其中以浅灰色系为主，低彩度黄色系为辅。

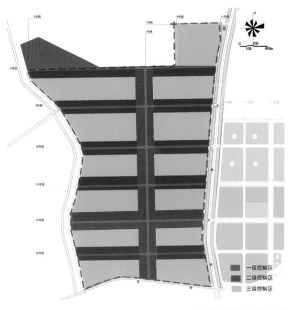

色彩控制等级定位示意图

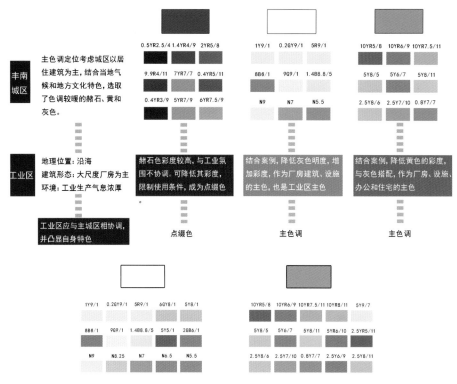

色调定位分析

六、道路景观整体规划设计

1. 道路景观整体设计的主要内容

（1）景观形象：建筑节点、视线通廊、轮廓线、视域、路景气氛等。

（2）交通组织：道路断面、车行交通、步行系统、交通集散、停车场、公交站点。

（3）道路绿化：绿化带、隔离带、绿化空间、广场绿地、行道树。

（4）建筑形态：建筑界面、建筑高度、建筑体量、退后红线。

（5）环境设施：广告标识、景观小品、休闲设施等。

（6）灯光夜景：路灯、行道灯、建筑立面照明、广告灯、绿化照明等。

2. 规划原则

丰南沿海工业区道路景观规划应强调功能与艺术的完美结合，以生态、艺术、科技、经济为导向。

（1）生态性原则：充分利用道路绿地的生态属性，综合改善园区环境。

（2）科技性原则：借助科技手段和先进设备，创造新型园区景观。

（3）艺术性原则：遵循美学原理，构建和谐、优美的道路景观。

（4）经济性原则：强调经济、实用、节约，充分利用自然气候、地形、当地材料等，构建亲切宜人的空间。

3. 规划定位

着眼丰南沿海工业区的整体开发，突出新区工业文化的内涵，建设出集形象展示与宣传、环境美化、功能完善的道路景观。

道路景观设计效果图

七、夜景照明规划总体构思

对规划范围内的重点建筑、重要节点、重要绿化景观进行夜景照明设计，点、线、面、体相结合，形成以"生机、繁荣"为特色的夜间景观形象。

1. 亮度控制等级定位

（1）中亮度区：1号路为规划范围内主轴线、14号路为主要迎宾道路，应控制其两侧建筑及景观夜景照明亮度等级为中等亮度（5～10 cd）。

（2）低亮度区：规划范围内其他区域道路照明亮度等级控制为低亮度区（0～5 cd）。

2. 光色控制定位

以功能照明中高压钠灯的黄色为基调，在此基础上对景观及建筑夜景照明光色进行控制。

（1）暖黄色区：道路沿线与功能照明光色相协调，考虑景观照明以暖黄色为主。

（2）暖白色区：厂区内塑造稳重大气的工业氛围，厂房和景观照明的光色以暖白为主。

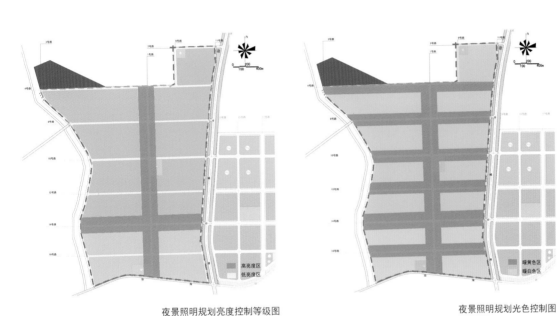

夜景照明规划亮度控制等级图　　　　　　夜景照明规划光色控制图

14号路夜景照明设计示意

八、厂区内夜景照明导则

为保证丰南沿海工业区起步区（10 km²）整体夜景效果的一致与美观，特制订本导则。

本导则适用于丰南沿海工业区起步区（10 km²）内厂区内整体夜景照明，包括厂区内场地照明、景观照明、建筑照明。

厂区内夜景照明应遵循整体性原则，场地照明、景观照明与建筑照明相互协调，形成良好的夜景空间层次；整体照明风格应力求简洁，充分展现城市工业的现代化面貌，体现工业特色。

厂区内夜景照明，建筑照明亮度最高，场地照明（包括道路）次之，景观照明亮度最低。光色方面，建筑照明以暖白为主，场地及景观照明以暖黄色为主，可适当采用彩色光。

夜景照明效果图

夜景照明效果图

1. 建筑照明可采用三段式划分手法

（1）底层入口处加强照明，突出其引导性，泛光照明打亮底部，在人视尺度上营造和谐亲切的夜景观氛围。

（2）建筑中段可稍暗处理，以内透为主，在街区尺度上形成宁静、庄重的街区形象。

（3）建筑顶部可用线状洗墙灯或投光灯突出体量，在城市尺度上塑造建筑群宏观形象，体现区域的工业面貌。

2. 场地及景观照明

（1）道路沿线设置景观灯，保证人行的识别要求；人行可到达区域照度值要求应符合下表，保证人眼对障碍物识别。

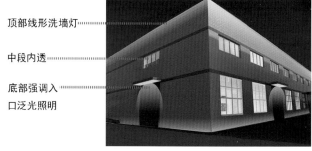

顶部线形洗墙灯
中段内透
底部强调入口泛光照明

建筑照明划分

照明场所	绿地	人行道	公共活动区				主要出入口
			市政广场	交通广场	商业广场	其他广场	
水平照度（lx）	≤3	5～10	15～25	10～20	10～20	5～10	20～30

注：1. 人行道的最小水平照度为2～5 lx；
　　2. 人行道的最小半柱面照度为2 lx。

（2）公共活动区域亮度相对较高，形成视觉的中心及兴奋点。

（3）景观照明不可影响建筑及场地功能。

（4）可适当采用彩色光及灯光雕塑手法，营造独特的景观夜景照明效果。

颐和园赅春园遗址保护性展示规划与复原设计研究

项目地点：北京市
项目设计人：张龙 张春彦 张凤梧 赵迪

一、项目概况

    乾隆十四年（1749 年）为解决北京西郊水患，乾隆皇帝命有司拓湖清淤，扩大昆明湖前身瓮山泊的容量，同时利用清淤的泥土堆培瓮山，改善山形及绿化条件。"山湖继既成，岂能无亭台之点缀"，清漪园的建设旋即拉开大幕，前山的大报恩延寿寺、长廊等，以及湖面上的部分点景建筑于乾隆十五年（1750 年）率先动工。

    乾隆十六年（1751 年）正月十三乾隆第一次南巡，回銮途中过江宁永济寺，对其临江悬阁钟爱有加。回京后，在万寿山后山进行了写仿创作，九年后，乾隆皇帝在《题留云阁》中透露了其当年游幸永济寺及这一写仿事实。

    乾隆十七年（1752 年）三月二十五乾隆皇帝创作《清可轩》《香岩室》；六月十七"清可轩西边现安五屏风一座"，同年在清可轩石壁题刻乾隆御笔"清可轩""苍崖半入云涛堆""方外游""烟霞润色""诗态""寒碧""香岩室"。

    咸丰十年（1860 年）英法联军焚掠西郊诸园，赅春园、味闲斋同时遭劫，根据光绪朝重修时勘查记录和民国时期的老照片，当时尚存的建筑有赅春园宫门、味闲斋垂花门、味闲斋、清可轩、蕴真赏惬、竹亸、钟亭。

    光绪十二年（1886）慈禧太后重修颐和园，受经济与时局所限，赅春园未能重建，残存建筑日益破败。

    清末至民国（1886—1949 年）拆除与维修情况有待进一步调查。

    1952 年，整修赅春园钟亭。

    1958 年，油饰整修赅春园钟亭。

    1959 年，油饰整修清可轩门。

    1991 年，颐和园管理处组织对遗址进行了清理、保护和展示。

乾隆十七年题于赅春园石壁上的"清可轩""诗态""集翠"

民国时期尚存的清可轩　　　　　　　　遗址勘测图中尚有清可轩的柱高信息

光绪朝重修颐和园时期绘制的　　　　　1991年整修后进行展示的钟亭
赅春园现状勘测图

赅春园建筑群位置示意图

颐和园在北京位置示意图

二、工作程序、遗址展示案例、文物本体研究

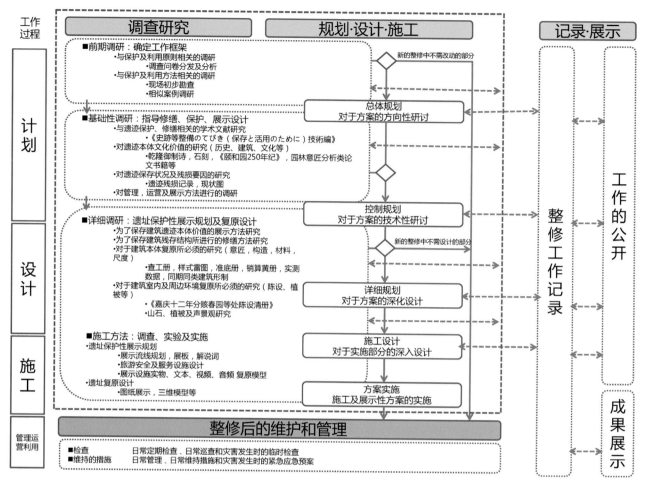

遗址展示工作程序分析

1. 园林活动研究——抚琴

古训中，琴通"禁"，用来禁止淫邪放纵的感情，存养古雅纯正的志向，引导人们通晓仁义，修身养性。古时文人隐者的游园活动多与抚琴密不可分。弹奏古琴也与治国之道直接联系。赅春园中留云室与蕴真赏惬两处陈设有古琴，乾隆御制诗中也记载了抚琴听琴这一活动，其中意蕴，除品味园林雅趣外，也有自勉审乐思政道之意。

乾隆御制诗中曾写道：

挂琴拟号陶，安铫聊仿陆。

——乾隆十七年《清可轩》

萝薜镇滋荣，琴书惟静谧。

——乾隆二十五年《清可轩》

· 古训中的琴瑟之音

夫瑟以小弦为大声，大弦为小声，是小大易位，贵贱易位，儒者以为害义，故不鼓也。
——《韩非子·外储说左下》

（陶潜）性不解音，而蓄素琴一张，弦徽不具，每抚酒之会，则抚而和之，曰：但识琴中趣，何劳弦上音。
——《晋书·隐逸》

· 帝王琴瑟之趣

宋徽宗听琴图（故宫博物院藏）

雍正行乐图册中的抚琴（故宫博物院藏）

弘历观荷抚琴图（故宫博物院藏）

2. 园林活动研究——烹茶

茶文化形成于唐，宋太祖时形成礼制。儒家礼制与治世之道均在饮茶中得到反映。茶仙卢仝《七碗茶歌》曾直抒切虑民苦之胸臆，直接表达了儒家重民重农的思想。惠山，人文荟萃。自唐以来历代文人在此留下了无数煮泉品茗的逸事佳话。乾隆第二次南巡经惠山时有诗云"近日采茶我爱观，关民生计勤自然。"因此烹茶品茗也是对江南茶农辛苦劳作的潜在提示。

乾隆御制诗中曾写道：

倚峭岩轩架几楹，竹垆偶仿惠山烹。

——乾隆十七年《清可轩》

· 烹茶的渊源

· 帝王儒士的品茗传统

卢仝《七碗茶歌》：
一碗喉吻润，二碗破孤闷。
三碗搜枯肠，唯有文字五千卷。
四碗发轻汗，平生不平事，尽向毛孔散。
五碗肌骨清，六碗通仙灵。
七碗吃不得也，唯觉两腋习习清风生。
蓬莱山，在何处？玉川子乘此清风欲归去。
山中群仙司下土，地位清高隔风雨。
安得知百万亿苍生命，堕在颠崖受辛苦。
便为谏议问苍生，到头合得苏息否？

惠山京小龙团
苏轼
踏遍江南南岸山，
逢山未免更留连。
独携天上小团月，
来试人间第二泉。
石路萦回九龙脊，
水光翻动五湖天。
孙登无语空归去，
半岭松声万壑传。

陆羽烹茶图

卢仝烹茶图
（故宫博物院藏）

宋徽宗文会图（部分）中的点茶内容（故宫博物院藏）

唐寅品茶图
（部分）

3. 园林创作研究——写仿金陵永济寺悬阁

1）留云室

园中留云室建造于山石之上，部分挑出山石，并在下方以两根水柱支撑。乾隆诗中曾明确写道，这种做法是因为南巡经过金陵永济寺时，喜爱寺中一座悬阁，归而仿其建造。

昔游金陵永济寺，爱彼临江之悬阁。
铁索系栋凿壁安，古迹犹能寻约略。

——乾隆二十五年《题留云室》

本来意欲写江南，江山清致颇能兼。

——乾隆二十六年《戏题留云阁》

2）香嵒室

《香嵒室》诗中也提到过此处意欲写仿金陵永济寺而建：

我昔游金陵，悦彼山阴景。倚壁复临江，厥有招提境。
归来写其状，喜此亦横岭。虽非俯绿波，构筑颇相等。

——乾隆四十六年《香嵒室》

康熙南巡图（部分）中的金陵永济寺（故宫博物院藏）

陔春园留云室复原图

金陵永济寺悬阁（故宫博物院藏）

康熙南巡图（部分）中的金陵"横岭"（故宫博物院藏）

陔春园留云室现状

4. 植物材料和植物景观营造

1）御制诗中对赅春园植物景观的记载

乾隆曾在赅春园和味闲斋留下诗作 98 首，与植物造景有关的诗有 36 首，其中清可轩 25 首，赅春园 6 首，香嵒室 3 首，味闲斋 2 首。诗词中描述了园内栽植的植物种类、配置方式和植物景观意境，表达了乾隆皇帝对园林植物的审美情趣。诗中明确指出松、盆梅、柳、竹、藤、莲、荷和青苔等十余种植物，同时提到幽林、花雨、禾田等植物景象。

2）现状遗址的植被分析

赅春园宫门内的庭院中遗存二级古树七株，种类为桧柏和侧柏，推断应为清漪园时期古植。园墙外有数株古树油松和柏树，体现出“天目古松”所暗喻的王者之风的情结。现状遗址中的其他植物多为万寿山上近些年生长的野生树种，有元宝枫、栾树、国槐、侧柏、桧柏、山桃、构树、小叶朴、胶东卫矛、丝棉木、榆树等，在山林中自然生长，其植物种类、配置方式已不能反映清漪园时期的植物景观原貌。

5. 赅春园植物审美意境

赅春园的命名包含着植物审美意境，表示春意完备的园林，是赏园林春景之处。“试看苞含甲荠处，千红万紫个胚胎”等诗句中多次提到春花万紫千红的景象。但乾隆并未在诗词中提及任何春花类的植物种类，推断可能是乾隆感悟“赅春”二字的禅机，并不需要繁花盛开才是春。

赅春园是乾隆参佛冥想之处，清可轩后面的岩壁上雕刻有十八罗汉佛像，香嵒室内供奉石观音和摆设佛经等。乾隆在清可轩题咏中有 25 首诗描绘到植物景观，多次提到“天葩”“仙药”“青莲”“芙蓉”“青苔”等宗教植物。

赅春园可称为皇帝的文人园，体现出儒家文化和道家文化的思想。御制诗中指出：清可轩的室内可以观赏琴、书、盆梅和岩壁上青苔，室外欣赏乔林和花灌木，并明确提到被称为“岁寒三友”的松、竹和梅（盆梅）。植物材料不求奇花异木，说明乾隆作为文人追求“清新雅致”的风格。

根据御制诗的描写，在香嵒室内可观赏外面濛濛的花雨，描绘出“野草与秋花”和“缤纷花雨蒙”的意境，亲近自然。清可轩内可观赏“千林蔚俵池，无叶有花缀”的自然密林景象。赅春园内眺望“林姿峰态朗含滋”，描写森林与山峰的俊朗姿态。在诗中还提到萝径、林扉、奇草、仙草、乔林、野果等充满野趣的植物景观，表现出乾隆自然、朴实的植物审美情趣。

表 御制诗中点名植物种类的诗句列表

诗名	年份	诗句	描写植物
《清可轩》	乾隆二十六年	步磴拾松枝，便试竹炉火	松
《清可轩》	乾隆二十九年	盆梅未放荣，缘弗攻以火	盆栽梅花
《赅春园》	乾隆二十五年	赅春亶赅春，讵谓富花柳	花，柳
《清可轩》	乾隆十九年	竹秀石奇参道妙，水流云在示真常	竹
《清可轩》	乾隆二十五年	萝薜镇滋荣，琴书唯静谧	藤本
《清可轩》	乾隆二十六年	石壁育仙茅，山祖缀野果	仙草
《清可轩》	乾隆二十九年	山阴最佳处，侧依芙蓉朵	荷
《清可轩》	乾隆二十五年	青莲乃许居，是为太古室	睡莲或荷
《清可轩》	乾隆三十一年	峭石为墙壁，青青滋兰荪	菖蒲
《清可轩》	乾隆三十四年	绿苔错绣冬不枯，日月壶中有别照	青苔
《题香嵒室》	乾隆二十五年	居以水月相，原即薝葡域	栀子花

园内遗存二级古树，
种植于踏步石前

三、十八罗汉摩崖石刻识别专项研究

现状照片　　　　　　　　　　　三维点云影像　　　　　　　　　　　现状图

十八罗汉识别及次序判定如下。

（1）首先挑出摩崖壁刻中保存最为完整的罗汉像，确定其持物及姿态，并以佛日楼供藏唐卡组画为依据，根据手持法器及罗汉姿态对应，判定罗汉名称及序位。

（2）保存不完整或组画中未发现可对位的罗汉像，根据其他图像资料及经文描述判定，未能判定者标识为待考。

（3）后研究过程中发现乾隆朝《丁观鹏画十六应真像》，此组套图上书罗汉名称，为乾隆帝钦定阿哩噶哩字，并有乾隆亲为作赞。经对位后，其中罗汉持物、手印、姿态及衣着等其他细部特征与留云摩崖佛像相似度极高拟判定此套图为造像蓝本。

（4）判定造像蓝本后，参照之前的研究成果，修正补完罗汉的判定，并重新梳理罗汉序位，寻找规律。

（5）确定罗汉排序为环绕式，并以此为基准判断整体缺失的罗汉名称及次序。

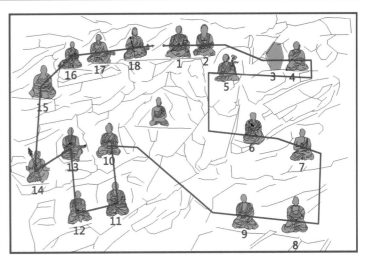

四、遗址现状测绘

遗址三维点云影像

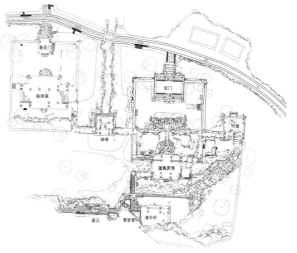

遗址现状平面图

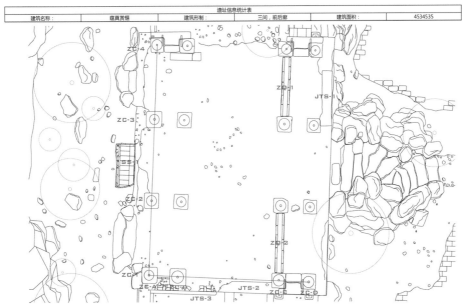

遗址信息统计表					
建筑名称：	蕴真赏惬	建筑形制：	三间，前后廊	建筑面积：	4534535

蕴真赏惬遗存建筑构件统计1

构件名称	编号	尺寸 (mm)
柱础（ZC）	ZC-A1	方石见方630 古镜直径420
	ZC-A2	方石见方640 古镜直径440
	ZC-A3	方石见方630 古镜直径445
	ZC-A4	方石见方610 古镜直径415
	ZC-B1	方石见方670 古镜直径500
	ZC-B2	方石见方660 古镜直径480
	ZC-B3	方石见方680 古镜直径480
	ZC-B4	方石见方650 古镜直径440
	ZC-C1	方石见方680 古镜直径500
	ZC-C2	方石见方645 古镜直径470
	ZC-C3	方石见方680 古镜直径500
	ZC-C4	方石见方650 古镜直径450
	ZC-D1	方石见方650 古镜直径450

ZC-A1　ZC-A2　ZC-A3　ZC-A4

ZC-B1　ZC-B2　ZC-B3　ZC-B4

ZC-C1　ZC-C2　ZC-C3　ZC-C4

蕴真赏惬遗存建筑构件统计 2

五、展示规划

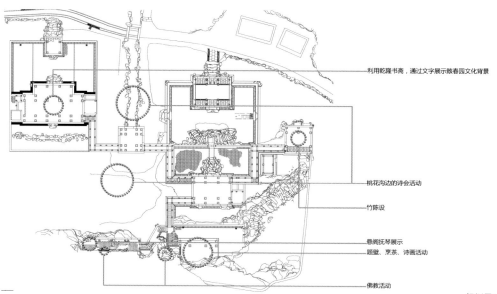

利用乾隆书斋，通过文字展示赅春园文化背景

桃花沟边的诗会活动

竹陈设

悬阁抚琴展示

题壁、烹茶、诗画活动

佛教活动

规划展示——文化价值展示

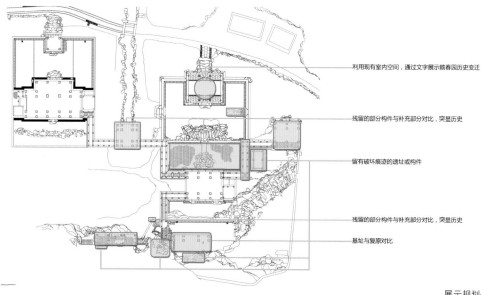

利用现有室内空间，通过文字展示赅春园历史变迁

残留的部分构件与补充部分对比，突显历史

留有破坏痕迹的遗址或构件

残留的部分构件与补充部分对比，突显历史

基址与复原对比

展示规划——历史变迁展示

六、复原设计

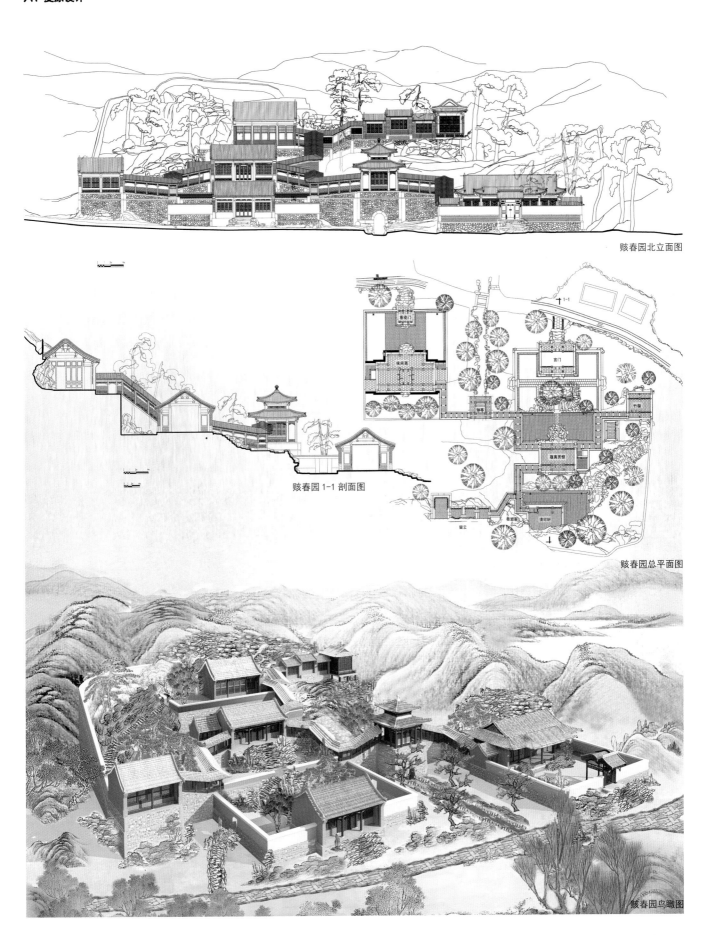

赅春园北立面图

赅春园 1-1 剖面图

赅春园总平面图

赅春园鸟瞰图

嘉义县朴子溪流域生态园规划、设计工作计划

设计时间：2003 年
项目设计人：虎尾科技大学 李彦希[1]

一、计划缘起

本计划乃为嘉义县环保局一系列河川改造工作中的重要一环，期整合邻近台糖蒜头糖厂闲置厂房与土地，规划提供朴子溪流域一处环境生态教育解说多功能室内外教育空间，再一次开启朴子溪与县民之对话窗口。

二、区位及范围

本基地位于台湾嘉义县六脚乡工厂村蒜头糖厂内及邻近之朴子溪高滩地。

三、计划范围

糖厂内之范围约 18 300 m²（室内 4 500 m² 与户外 13 800 m²），高滩地面积为 44 100 m²，总面积约 624 000 m²。

四、计划目标

○ 呈现朴子溪流域内丰富的自然生态资源。

○ 结合本县地理人文景观，提供民众亲水空间。

○ 设计了解水环境生态与朴子溪污染整治工作的教育解说展示园区。

○ 结合邻近地区其他设施景点发挥整体功能。

五、发展理念

○ 序列式土地利用方案

○ 生态旅游

○ 生态工程

六、发展定位

○ 发展为嘉义县新都市核心。

○ 整合为休闲旅游新据点。

○ 建构地方人文生态教育园区。

河川，我们曾经亲近过的生命流域；数十年来却越来越像污秽魔炼！

思考二十一世纪新生活环境观，我们和河川将重建关系！

河川，将再成为城镇的希望绿廊、溪戏的快乐天堂、生态的探索殿堂！

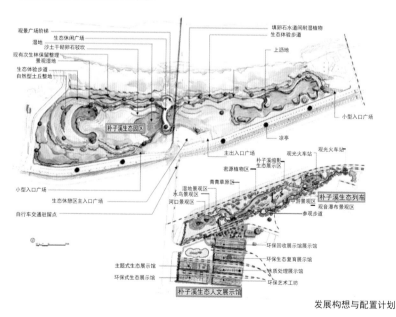

发展构想与配置计划

成果现况

1 李彦希，虎尾科技大学休闲游憩系副教授，本科毕业于中兴大学园艺学系园艺专业，硕士毕业于中兴大学园艺学系（造园组）造园景观专业，博士毕业于中兴大学园艺学系（造园组）造园景观专业；曾任中州技术学院景观设计系助理教授、朝阳科技大学都市计划暨景观设计系兼任讲师以及上境科技股份有限公司景观部副理等职务。

盐水镇兴隆水月河塘绿色工程——第二期设计

设计时间：2000 年
项目设计人：虎尾科技大学 李彦希

一、计划缘起

本规划范围位于盐水镇，昔日原为盐水八景之一——水月河塘，经过河道淤积、港口消失，留下水道与池塘，为重塑往日河塘水月景致，冀以旧有景致意象重塑河塘人文景观。

二、区位及范围

项目范围为盐水镇盐水溪畔河岸空间。

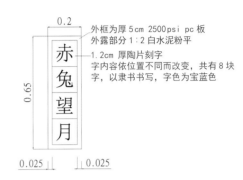

外框为厚 5 cm 2500 psi pc 板
外露部分 1：2 白水泥粉平

1.2 cm 厚陶片刻字
字内容依位置不同而改变，共有 8 块字，以隶书书写，字色为宝蓝色

陶片刻字板施工大样图

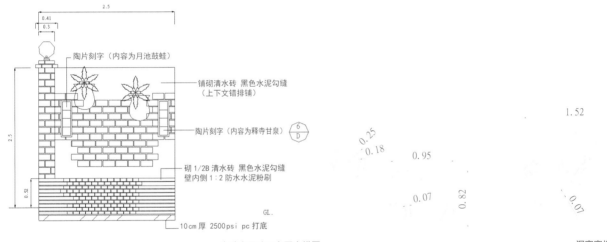

陶片刻字（内容为月池鼓蛙）

铺砌清水砖 黑色水泥勾缝
（上下文错排铺）

陶片刻字（内容为释寺甘泉）

砌 1/2B 清水砖 黑色水泥勾缝
壁内侧 1：2 防水水泥粉刷

10 cm 厚 2500 psi pc 打底

砌砖半月池正立面大样图

洞窗窗框大样示意图

成果现况

209

大坑风景区休闲步道整体景观资源委托规划设计

设计时间：2002 年
项目设计人：虎尾科技大学 李彦希

一、计划缘起

大坑风景区休闲步道是台中市民一处重要的休闲场所，也是热门景点。"九二一"大地震大坑步道亦是灾区之一，以致不得不宣布封闭。经过两年努力复建，登山步道已慢慢恢复以往的风貌，只是部分木头做的阶梯现在换成水泥材质，而曾经茂密的树丛，部分亦只剩枯秃的山岭，以致整体景观质量受到冲击，自然风貌与休闲安全皆遭受考验，需针对整体景观资源进行调查评估与规划设计，以顺应未来追求健康、学习之休闲趋势，除恢复自然林野之风貌，也重新提供居民一处自然健康、安全无虞之登山步道系统。

二、区位及范围

台中市大坑 1-5 号步道。

三、计划构想

（1）加强营销推展，满足不同客层之需求。
（2）确立资源特色与发展主题定位。
（3）展现生态与知性之游憩魅力。
（4）整合动线系统，增强地区自明性。

四、发展愿景

创造台中市之肺。
创造自然生态、多元体验、强身健体之步行天堂。

五、解说系统建立

步道识别系统导入如下。
一号步道——竹林主题；
二号步道——油桐花主题；
三号步道——枫香主题；
四号步道——山樱花主题；
五号步道——松树主题。

步道识别系统

六、细部设施构想

戳章小屋

可依据不同特色之步道，导入不同图案之戳章，以做为登山完成之证明。

宣示山门

利用步道内已死亡的松树做为木锣，利用敲响木锣之仪式，宣示保卫山林生态的决心。

紧急医药箱

步道内已有紧急医药箱的设立，唯其金属外观的材质与环境景观较不协调，建议以防腐木材加以改善。

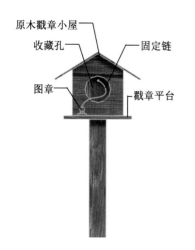

戳章小屋模拟示意图

宣示山门模拟示意图

七、细部设施构想

摄影平台

摄影告示牌

戳章小屋

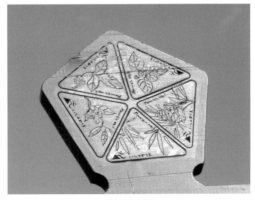

成果现况

致谢
ACKNOWLEDGEMENTS

感谢 25 年来为天津大学与台湾高校建筑与风景园林专业学术和教学交流做出辛勤努力的台湾老师和同学们，你们已是我们的老朋新友。

感谢天津大学建筑学院院领导对风景园林学科的全力支持，这项工作交给我们是对我们极大的信任和支持。

感谢博士生沈悦同学，整个作品集的绝大部分资料整理和排版工作均出自她之手。

曹磊

于 2015 年 9 月

图书在版编目（ＣＩＰ）数据

天津大学·台湾高校风景园林专业教师作品集 ： 天津大学建校 120 周年建筑学院与台湾高校交流 25 周年纪念 / 曹磊，喻肇青，李素馨编 . — 天津 ： 天津大学出版社，2015.12
  ISBN 978-7-5618-5500-3

Ⅰ . ①天… Ⅱ . ①曹… ②喻… ③李… Ⅲ . ①园林设计－作品集－中国－现代 Ⅳ . ① TU986.2

中国版本图书馆 CIP 数据核字（2015）第 309614 号

出版发行　天津大学出版社
地　　址　天津市卫津路92号天津大学内（邮编：300072）
电　　话　发行部 022-27403647
网　　址　publish.tju.edu.cn
印　　刷　廊坊市瑞德印刷有限公司
经　　销　全国各地新华书店
开　　本　210 mm×285 mm
印　　张　19
字　　数　372千
版　　次　2015年12月第1版
印　　次　2015年12月第1次
定　　价　198.00元